Valerie Huber

FOMO Sapiens

Verpassen wir die heile Welt?
34 Fragen, die mich nachts wachhalten

Valerie Huber

FOMO Sapiens

Verpassen wir die heile Welt?
34 Fragen, die mich nachts wachhalten

GOLDEGG

Bildrechte Autor*innenfoto: Valeria Mitelman
Bildrechte Umschlaggestaltung: Minitta Kandlbauer

Der Verlag und seine Autoren sind für Reaktionen, Hinweise oder Meinungen dankbar. Bitte wenden Sie sich diesbezüglich an verlag@goldegg-verlag.com.

Der Goldegg Verlag achtet bei seinen Büchern und Magazinen auf nachhaltiges Produzieren. Goldegg Bücher sind umweltfreundlich produziert und orientieren sich in Materialien, Herstellungsorten, Arbeitsbedingungen und Produktionsformen an den Bedürfnissen von Gesellschaft und Umwelt.

FSC www.fsc.org
MIX
Papier aus verantwortungsvollen Quellen
FSC® C014138

ISBN: 978-3-99060-473-1

Unter den Linden 21 • D-10117 Berlin
Telefon: +49 800 505 43 76-0

Goldegg Verlag GmbH, Österreich
Mommsengasse 4/2 • A-1040 Wien
Telefon: +43 1 505 43 76-0

E-Mail: office@goldegg-verlag.com
www.goldegg-verlag.com

Layout, Satz und Herstellung: Goldegg Verlag GmbH, Wien
Printed in the EU

FOMO Sapiens

Substantiv – der, die

[fomo • sapiens]

Bedeutung:
ein Mensch, der Angst hat,
etwas zu verpassen

Worttrennung:
FO | MO
Sa | pi | ens

FOMO [Fear of missing out]:
die Angst, etwas zu verpassen

Sapiens:
verständig, vernünftig, klug, weise, einsichtsvoll
[rex; sententia; consilium; vita; animi magnitudo; aetas]

Inhalt

Die 34 Fragen, die mich nachts wachhalten

Anmerkung

Wenn ich bis jetzt eines gelernt habe, ist es, dass nicht alles schwarz und weiß ist im Leben. Dennoch ist es gerade deshalb wichtig, Farbe zu bekennen – am besten laut und so oft wie möglich.

Bevor ihr zu lesen beginnt, bitte denkt daran, dass dieses Buch aus einer persönlichen Sichtweise erzählt wird, die sicherlich keiner grundlegenden Wahrheit entspricht. Es soll weder belehren, bewerten, zurechtweisen, noch möchte ich damit jemandem auf die Füße treten. Ich bin mir dessen bewusst, dass es sich um einen privilegierten Standpunkt handelt und außerhalb meiner kleinen Bubble die Welt durchaus eine andere ist. Es geht nicht darum, alles richtig zu machen, sondern anzufangen – selbst wenn der Weg lang und steinig erscheinen mag.

Wir, Generation FOMO Sapiens

Eines ist klar: Es ist gerade nicht leicht, ein junger Mensch der Spezies Homo sapiens zu sein. Trotz multipler Krisen wie Klimawandel, Kriege, Pandemien, Inflation und noch nie da gewesener Herausforderungen haben wir durch wirtschaftlichen und digitalen Fortschritt mehr Möglichkeiten als je zuvor. Dennoch sind wir so unglücklich wie noch nie. Overthinking, Ohnmachtsgefühle, Zukunftsängste, Weltschmerz und psychische Belastungen sind aus unserem Alltag nicht mehr wegzudenken.

Wir müssen ständig, viel und immer mehr. Wir hetzen von hier nach da und wissen nicht mehr, wonach wir anfangs gesucht haben. An allen Ecken und Enden bröckelt die Fassade der heilen Welt, die unsere Eltern mühselig für uns gemalt hatten. Das Leben macht nur noch an manchen Tagen Spaß und wir rutschen immer mehr in unsere Köpfe.

Nachts liegen wir wach, stundenlang, und kauen an einem Schwall endloser Fragen:

Was ist wichtig und was bleibt?

Haben wir solche Angst, etwas zu verpassen, dass das wirkliche Leben vielleicht tatsächlich an uns vorüberzieht?

Wie schaffen wir es als junge Menschen in Zeiten wie diesen, unser persönliches kleines Glück zu finden und zu bewahren?

Wie entkommen wir dem Gefühl der Ohnmacht und der Unzufriedenheit und finden wieder Vertrauen in unsere Zukunft?

Wie können wir beitragen und sinnvoll leben?

Es ist nicht abzustreiten, welche Last und Verantwortung auf unseren Schultern liegt – »FOMO sapiens« blickt realistisch und dennoch optimistisch, trotz hohem Problembewusstsein für globale Fehlentwicklungen, in eine Zukunft, die rosig sein kann, wenn wir uns Mühe geben. In kurzen, unabhängigen Essays (ja, diese dürfen natürlich auch kreuz und quer gelesen werden) beschreibt und erklärt »FOMO sapiens« unverblümt unsere oft trostlos erscheinende Gegenwart und warum es sich trotzdem immer lohnt, hoffnungsvoll und engagiert zu bleiben.

Was können wir heute tun, um unser Morgen anders zu gestalten?

Die kollektive Unzufriedenheit

Sind wir in einer Quarterlife-Crisis?

Im Grunde genommen ist alles relativ und unsere Anwesenheit auf diesem Planeten völlig bedeutungslos. Genauso willkürlich wie die Existenz unserer Spezies Homo sapiens. Wir sind alle dank eines riesengroßen Mega-Zufalls zum jetzigen Moment auf dieser Welt, die rein zufällig durch einen noch nie da gewesenen Urknall entstanden ist. Wie viele Monate oder sogar Jahre unseres Lebens verbringen wir damit, uns existenzielle Fragen über unsere Bestimmung zu stellen, die uns das Gefühl von Bedeutung bescheren sollen! Schluss damit. Es gibt keinen tieferen Sinn, kein kniffliges Rätsel, das wir lösen müssen, keinen Zweck, wofür wir wie durch Zauberhand auf diesen zufälligerweise bewohnbaren Planeten gesetzt wurden.

Wie es aussieht – und ganz unsentimental betrachtet –, wird es uns als Art sowieso nicht mehr allzu lange geben. Und ich finde, das ist auch okay so. Wir haben das Menschsein doch ziemlich ausgereizt, findet ihr nicht? Wir fliegen ins Weltall, bauen Computer, die schlauer sind als wir, erfinden Maschinen, die uns allerhand Arbeit abnehmen – wir haben den Höhepunkt unserer Evolution erreicht. Von nun an bauen wir nur noch ab.

Warum aber dennoch nicht alles egal und nichtig ist?

Wir müssen versuchen, den langsamen oder vielleicht doch schnellen Verfall unserer Art für möglichst viele Menschen angenehm zu gestalten und dabei den Schlüssel zu unserem eigenen kleinen Glück nicht aus den Augen zu verlieren.

Oh Gott, das klingt nun ja alles unheimlich pessimistisch. So schlimm ist es aber nicht – wir müssen der Zukunft mit einem zwinkernden Auge und einer großen Portion Optimismus, Tatendrang und Leichtigkeit entgegenblicken.

Ich bin nun 28 Jahre alt. Richtig, ich habe die Vierteljahrhundert-Marke passiert und bewege mich nun, mich mit Händen und Füßen dagegen sträubend, auf den 30er zu. Von einer Quarterlife-Crisis kann also gar nicht mehr die Rede sein. Ich gebe es zu, ich habe Angst vorm Altern. In einer Welt, die so sehr bestrebt ist, die Jugend zu konservieren, läuft die Zeit seit der Pandemie noch schneller, die Probleme auf der Welt fügen sich tetrisgleich zu hohen, lückenlosen Mauern zusammen und wir bekommen nur noch fragmentarisch mit, was alles um uns herum passiert. Es ist schwierig, in solchen Zeiten nicht den Fokus oder den Boden unter den Füßen zu verlieren.

Nachdem ich immer einen Plan gehabt hatte, immer genau wusste, was ich wollte, verlor ich auf einmal jegliche Orientierung und Entscheidungskraft. Ich fragte mich, was ich mit meiner Zeit anfangen sollte und was das alles hier überhaupt für einen Sinn hätte. Ich fing an, mir existenzielle Fragen zu stellen, welchen Bereichen ich in meinem Leben Raum geben wollte, und schwankte minütlich zwischen »Es ist alles gut so, wie es ist, ich muss einfach nur dranbleiben« und »Ich packe meine Sachen, wandere morgen auf eine Insel aus und eröffne eine Strandbar« hin und her. Urplötzlich fehlte mir die Selbstbestimmtheit, und ich brauchte drei verschiedene Meinungen, bevor ich nur den Hauch einer Entscheidung fällen konnte.

Doch genau in dieser Unsicherheit, in diesem Chaos steckt auch Potenzial. *Wenn nichts sicher ist, ist alles möglich.* Die Qual der Wahl zu haben, befeuert dennoch genau die Angst in uns, etwas zu verpassen.

So eine Mikro-Krise oder Selbstfindungsphase ist wahrscheinlich völlig normal in dem Alter (auf keinen Fall vergleichbar mit einer ernstzunehmenden diagnostizierten psychischen Erkrankung), trotzdem fühlt es sich nach einem »Stecken-geblieben-Sein« an, nach einem »Jetzt-bin-ich-hier-was-nun?«. War der Weg, den ich bis jetzt eingeschlagen habe, der richtige, oder möchte ich mein Leben eigentlich ganz anders definieren und gestalten?

Immer mehr Menschen in meinem Umfeld klagten über die gleichen Gedanken und inneren Konflikte und mir wurde klar, dass es vermutlich sehr vielen von uns gerade ziemlich gleich ergeht. Was wäre, wenn sich vielleicht der Großteil unserer Generation gerade verloren und ohnmächtig fühlte, und was hätte das für unsere Zukunft zu bedeuten?

Vielleicht wisst ihr, wovon ich spreche, vielleicht seid ihr aber auch Teil meiner Elterngeneration und lest dieses Buch, um uns etwas besser zu verstehen, weil ihr euch fragt, was denn um Himmels willen mit dieser jungen Generation los ist?

Die Antwort lautet: Wir wissen es selbst nicht. Andauernd hören wir, wie es früher war: Unsere Boomer-Eltern standen damals bereits mitten im Berufsleben, hatten geheiratet und Kinder bekommen, ein Haus gebaut und hatten klare Visionen und Perspektiven für die Zukunft.

Ich traue mich zu sagen, dass die meisten von uns diese nicht haben. Natürlich gibt es Ausnahmen – die gibt es immer. Aber der Großteil meiner Generation weiß nicht, was er will. Was sollen wir denn heutzutage auch wollen? Zwischen Kriegen, Pandemien, Naturkatastrophen, Inflation und Gasengpässen?

Es ist nicht mehr festgeschrieben, was wir wie haben wollen sollten. Es gibt keine Anleitung, kein Rezept mit Packungsbeilage. Klar, das gab es früher auch nicht, aber es gab ein konservatives System mit bestimmten Werten

Es ist nicht mehr festgeschrieben, was wir wie haben wollen sollten.

und Anforderungen, denen es zu entsprechen galt. Wie gut, dass diese immer weiter hinterfragt und aufgebrochen wurden – dennoch machen es uns neue Ideen und Möglichkeiten nicht unbedingt leichter, den richtigen Weg für uns zu finden.

Heute ist es wichtig, alles anders zu machen – egal wie, *Hauptsache anders sein.* Ja kein Teil der Masse sein, wir sind Individualisten, wir schwimmen gegen den Strom! Und wenn einer ein konformes Leben führt, ist er schlicht und einfach ein Langweiler. Wir müssen doch das Abenteuer wollen, um die halbe Welt gereist sein, uns sexuell ausgelebt haben, Veganismus und Surfen ausprobiert haben, fünf verschiedene Sprachen sprechen, uns einen VW-Bus umgebaut haben und acht Wochen in einem Schweige-Meditationskloster in Tibet verbracht haben, um nur ansatzweise interessant zu wirken.

Ich wiederhole, natürlich gibt es auch das andere Extrem. Konservatismus erlebt momentan ein Comeback, nicht nur in der Politik. Immer mehr Menschen in meinem Umkreis und auf Instagram heiraten jung und bekommen ein Kind nach dem anderen – noch ein Indiz dafür, dass ich wirklich langsam alt werde. Aber sehnen wir uns nicht alle tief in uns drin nach einer gewissen Sicherheit, nach einem loyalen Partner oder der liebevollen Lebensgefährtin, nach Geborgenheit und Stabilität? Steigt das Verlangen nach Alltag und Normalität in solch unsicheren Zeiten oder möchten wir – getrieben von unserer FOMO – jetzt erst recht hinaus in die weite Welt, um etwas zu erleben, bevor wir es vielleicht nicht mehr können?

Ihr fragt euch nun vielleicht: Wieso denkt dieses junge Ding, das in jeder Hinsicht privilegiert ist, dass es in einer Krise stecke? Wieso schätzt es nicht das, was es hat, sondern möchte immer mehr oder alles anders?

Diese innere Unzufriedenheit ist das Konvolut aus multiplen Erscheinungen unserer modernen Welt und gleichzeitig ein Produkt unserer Gedanken. Menschen sind generell viel zu verkopft und wollen zu viel. Wir können die Schönheit eines Moments nicht mehr richtig wahrnehmen, weil wir gedanklich schienbeintief entweder im Schlamm der Vergangenheit feststecken oder schon Stunden oder Wochen im Voraus von der idealen Zukunft träumen. Wir spielen im Kopf in Sekundenschnelle hundert mögliche Horrorszenarien durch, die in der Form dann meist ohnehin nicht zur Realität werden. Sich im Vorhinein über etwas Sorgen zu machen, ist komplett unsinnig. Sollte die gefürchtete Situation irgendwann eintreten, müssen wir uns ihr dann ohnehin stellen. Machen wir uns schon davor verrückt, vergeuden wir unsere Energie im Heute für ein mögliches Zukunftsszenario und müssen uns am Ende des Tages doppelt damit beschäftigen. Tritt es nie ein, haben wir uns umsonst den Kopf zerbrochen und wertvolle Zeit verschwendet.

Wir sind abgelenkt – das ist heute leichter denn je. Unsere Reize sind überflutet, unser Kopf bis an den Rand befüllt und überfordert vom Multitasking zwischen Fernseher, Smartphone und der Mail, die noch schnell vor dem Abendessen abgeschickt werden muss. Und wäre da nicht immer dieser kleine Kritik-Gnom auf unserer Schulter, der 24/7 herumnörgelt und uns nicht einschlafen lässt. Es ist eine der größten Aufgaben im Leben, diese innere Stimme, die Tag und Nacht unaufhörlich plappert, in den Griff zu bekommen, die Herrin oder der Herr unserer Gedanken zu werden und zu lernen, diese zu kontrollieren, bevor sie uns kontrollieren. Wir müssen unsere Gedanken wie ein Dompteur bändigen und über die Jahre hinweg von der Raubkatze zum Schmusekätzchen umerziehen. Diese innere Stimme lenkt uns ab von dem, was eigentlich wichtig und wahr ist – sie hindert uns, Dinge so wahrzunehmen, wie sie sind. Denn unser Gehirn beurteilt ungefragt und ununterbrochen. Wir haben es verlernt, Dinge ohne einen Filter im Moment zu betrachten, ohne uns sofort eine Meinung zu bilden, ohne unterbewusst oder bewusst zu kritisieren und zu bewerten.

Es ist zwar eine Floskel, aber es stimmt: Unser Denken bestimmt unser Leben. Menschen, die es schaffen, optimistisch zu bleiben, werden auf Dauer positivere Reaktionen ernten als Menschen, die immer vom Schlechtesten ausgehen. Das ist Energie. Diese geht nicht verloren, sie bleibt stets erhalten, wird umgewandelt und findet irgendwann auf unerklärbare Weise zu uns zurück.

Wir haben es nicht leicht. Wir Millennials, also alle, die zwischen 1980 und 2000 geboren wurden. Die Generation X ... oder doch Y? Wie auch immer – wer soll sich denn bei den ganzen Begrifflichkeiten noch auskennen?

Man bezeichnet uns als egozentrisch, beziehungsunfähig, freiheitsliebend, unbändig, anspruchsvoll, fordernd, abhängig, gierig, lustlos, faul und träge. Trotzdem gilt das Motto: Mehr ist mehr. Mehr Geld, mehr Status, mehr Follower. Wir sind das, wofür wir uns auf Instagram ausgeben. Ein Treffen in einem Café? Geht nur mit dem Handy auf dem Tisch, jede Sekunde griffbereit. Lesen – was war das noch mal? Haben uns unsere Eltern verwöhnt oder falsch erzogen? Wer weiß, sie haben sicherlich ihr Bestes gegeben. Waren es die Lehrer*innen, die uns das Lesen nicht schmackhaft gemacht haben, oder war es das System, das für den langsamen, aber sicheren Verfall unserer Moral und Empathie verantwortlich war?

Ich möchte nicht verallgemeinern und auch nicht den Zeigefinger erheben, ich möchte nur das Horrorszenario aufzeigen, das tatsächlich existiert. Laut der Postbank-Jugend-Digitalstudie waren im Jahr 2021 Jugendliche zwischen 16 und 18 Jahren wöchentlich 70,4 Stunden, das heißt *täglich ganze 10 Stunden*, im Internet! Im Durchschnitt berühren wir unsere Handy-Touchscreens 2.617-mal am Tag. Bei intensiven Smartphone-Nutzer*innen ist es sogar 5.427-mal, was jährlich über 2 Millionen Berührungen ergibt.[1] Ich glaube, wir können sagen, dass hier etwas gewaltig schiefläuft. 10 Stunden im Internet, das ist nicht mehr grenzwertig, das ist ungesund und gefährlich. Soziale Inkompetenz, psychische Krankheiten und Lebensunfähigkeit sind vorprogrammiert.

Wir checken unsere Mails, schauen uns Videos auf Instagram an, scrollen einfach nur so aus Langweile oder aus Scham, in der U-Bahn andere Menschen ansehen zu müssen, minutenlang unsere Fotos durch. Dem geschulten Beobachter entgeht nicht, wie manche Leute dabei absichtlich ihr Gesicht anstrengen, um möglichst beschäftigt und gestresst zu wirken, obwohl sie bloß Bilder anschauen oder ein Spiel spielen. Wie ist es nur zur Mode geworden, rund um die Uhr beschäftigt und gestresst zu sein? Klar, wer mehr arbeitet, hat mehr Erfolg, Geld und ist angesehener in der Gesellschaft. Arbeit ist in. Erfolg ist in. Aber Zufriedenheit? Brauchen wir das? Liebe? Ja, vielleicht irgendwann. Kinder? Nein! Okay, na gut, vielleicht ab 35, wenn wir Karriere gemacht haben.

Durch die Digitalisierung und Social Media distanzieren wir uns von uns selbst, unserem Umfeld und unseren Mitmenschen. *Wir sind entfremdet.* Warum ist es uns plötzlich unangenehm, anderen in die Augen zu blicken? Warum können wir nicht einfach nur sein? Wir suchen ständig eine Beschäftigung und sind somit ständig im Stress. Was soll ich denn bitte mit mir ganz alleine anfangen, ohne etwas auf der To-do-Liste?

Wir sind entfremdet.

Wir suchen förmlich diesen Stress. Wir sagen uns, es sei ein guter Stress, und glauben auch daran. Doch hierbei manipulieren wir uns selbst. Tief drinnen spüren wir, dass Stress wahnsinnig ungesund ist und gefährlich sein kann. Er kann psychische und physische Folgen haben, von Depressionen und Burn-outs bis hin zu Vergesslichkeit, Bluthochdruck und Atem- und Herzbeschwerden. Viele junge Leute berichten heute schon früh von einem schlechten Gedächtnis. Mittlerweile ist bewiesen, dass das Stresslevel einer

Person mit Gedächtnisverlusten zusammenhängt. Offenbar wird bei Dauerstress genau die Hirnregion beschädigt, die Erinnerungen speichert.

Wir sind so sehr im Hamsterrad gefangen, dass wir gar nicht mehr mitbekommen, dass wir unserer Psyche und unserem Körper ernsthaft schaden, wenn wir dauernd produktiv sein müssen, dauernd etwas schaffen und erledigen müssen. Wir sind ohnehin schon dem Druck von außen ausgeliefert, da muss der innere nicht auch noch miteifern, oder? Aber genau das ist ein weiteres Problem der Millennials: Den größten Druck machen wir uns nämlich selbst. *Wir sind unsere größten Kritiker*innen.* Perfektionismus? Immer her damit.

Wie schön wäre es, wenn wir die Frage, was wir heute noch vorhaben, mit »Heute habe ich gar nichts geplant. Heute nehme ich mir den Tag für mich und mache nur das, was mir Spaß macht« beantworten könnten und kein schlechtes Gewissen dabei zu haben bräuchten? Hand aufs Herz, wem fällt das leicht? Ganz ohne Schuld und den inneren Gnom, der uns Faulheit und fehlende Produktivität und Ehrgeiz attestiert.

Die Burn-out-Zahlen unter jungen Menschen steigen stetig, immer mehr Leute haben psychische Erkrankungen. Laut einer neuen Gesundheitsstudie der WHO steigt die Anzahl der psychischen Probleme bei Kindern und Jugendlichen rasant an. Besonders hart trifft dies Mädchen nach der Pubertät.[2] Eine Steigerung der psychischen Erkrankungen wurde aber bereits vor der Pandemie vermerkt. Schuld daran sind die Digitalisierung und der Vormarsch von Social Media und die damit verbundene FOMO. Kinder, die bereits mit einem Bildschirm aufwachsen, werden entfremdet, entmenschlicht und verlieren die Fähigkeit, präsent im Moment zu leben. Sie hängen rund um die Uhr an dem kleinen Zauberkästchen und verlieren dadurch den Bezug zur Realität. Dies ist verbunden mit Dauerstress, Druck,

Vergleich und unrealistischen Idealbildern von Körpern, Berufen und Lebensweisen.

Aktuell sind Kinder und Jugendliche zusätzlich von multiplen Krisen betroffen. Die Probleme häufen sich, und die Jüngsten der Gesellschaft bleiben nicht verschont. *In Österreich zeigten sich 2021 bei 41 % der 18- bis 24-Jährigen Symptome einer Depression!* So verzeichnen 44 % der Schülerinnen schlechte Laune und Gereiztheit, circa 30 % haben Schwierigkeiten beim Einschlafen, Zukunftssorgen und Angstgefühle. Fast ein Drittel der jungen Mädchen zwischen 10 und 18 ist mit seinem Leben nicht zufrieden.[3]

Erschreckende Zahlen – aber wundert uns das überhaupt noch?

Die Angst, etwas zu verpassen

Woher kommt unsere Angst?

Laut Social Media geht es uns doch allen so richtig gut. Obwohl unsere Lieblingsinfluencer*innen bei Ereignissen wie Krieg, Klimawandel und Umweltkatastrophen brav zum Spenden aufrufen, steht am nächsten Tag wieder das »What I eat in a day«-Video auf der Agenda. Die Welt ist so fortschrittlich wie noch nie zuvor, der Mensch wird dank moderner Medizin immer älter, und das erste Mal könnten wir mit den Ressourcen, die uns zur Verfügung stehen, die gesamte Weltbevölkerung ernähren. Theoretisch müsste niemand mehr hungern. Angeblich stehen den meisten Menschen der westlichen Welt alle Möglichkeiten offen, das zu tun und das zu werden, was sie wollen. Wir sind freier, wohlhabender, gesünder, gebildeter als je zuvor. Wir haben die Chance, fremde Länder zu bereisen, Schulbildung zu genießen, zu studieren, wir können uns in Mitteleuropa sicher fühlen und profitieren von einem staatlichen Auffangnetz. Wir können uns kreativ wie persönlich entfalten, aus einem breitgefächerten kulturellen Angebot wählen, Sport betreiben, Austauschsemester absolvieren, Autos kaufen, in einen Zug nach Lissabon steigen, heiraten, Kinder kriegen, uns scheiden lassen, essen oder ins Kino gehen, uns tätowieren lassen oder einen Hund kaufen. Wir haben innerhalb unseres Systems scheinbar unbegrenzte Möglichkeiten und können uns jederzeit frei nach Laune dafür entscheiden, worauf wir gerade Lust haben.

Dennoch sind wir einfach nicht glücklich. *Wir sind eine Generation, gezeichnet von Zukunftsängsten.* Während unsere Vorfahren in Zentraleuropa mit äußeren Widrigkeiten und Umständen wie Armut, Krankheit, Hunger und Krieg zu kämpfen hatten, sind es heute vielmehr psychische Beeinträchtigungen wie die immer näher rückende Klimakatastrophe, eine weltweite Pandemie, die für einen Moment den gesamten Planeten lahmgelegt und alles infrage gestellt hat, die Digitalisierung und soziale Medien, die sich stark auf unser Seelenleben auswirken und für eine *allgemeine Destabilisierung* sorgen.

Wir sind eine Generation, gezeichnet von Zukunftsängsten.

Und hier kommt das Wörtchen FOMO ins Spiel. FOMO bedeutet »Fear of missing out«, also »die Angst, etwas zu verpassen«. Sie ist ein kleiner, fieser Begleiter, der uns verwehrt, jemals wirklich zufrieden zu sein. Menschen mit FOMO oder *FOBO (»Fear of a better option«)* sind gedanklich stets bei dem, was sie nicht haben und was sie gerade verpassen. Kaum haben sie eine Entscheidung gefällt, hinterfragen sie diese, denn sie wollen zu jeder Zeit das Beste für sich rausholen. Sie sind fixiert darauf, die optimale Wahl getroffen zu haben und die ganzen hundert Prozent für sich herauszuschlagen.

FOBO = »Fear of a better option«

Auf Social Media wird uns vorgegaukelt, wie unendlich glücklich und zufrieden alle anderen doch wären, wie viel mehr sie besäßen und wie viel schöner und spannender ihr Leben wäre. Durch diese Täuschung erscheint uns unser Leben mangelhaft und langweilig, und die Unzufriedenheit wächst. Wir haben das Gefühl, nie genug zu haben und das Maximum im Leben nicht erreichen zu können. Dieses Phänomen wird als »Maximumfalle« bezeichnet. Die sogenannten »Maximierer*innen« sind also mit ständigem

Abwägen, Messen, Zählen und Vergleichen beschäftigt, was durch den Überschuss an Optionen kein Ende nehmen kann. *Es entsteht eine Besessenheit von der potenziellen bestmöglichen Option. So entsteht ein ewiger Kreislauf von Unzufriedenheit, Demotivation und Frustration.*

Durch ein konstantes Hinterherjagen verpassen wir unser Hier und Jetzt und sehen nicht, was wir bereits alles erlebt haben und besitzen. Wir verpassen es förmlich, zu leben. Wir haben das Gefühl, dass die Zeit schneller vergeht, was Angst oder sogar Panik auslösen kann. Durch den Vergleich mit den scheinbar perfekten Leben der anderen auf Social Media macht sich zusätzliche Frustration und Unzufriedenheit in uns breit. Wir sind durch die ständige Beschallung von Medien und Werbung einer Reizüberflutung ausgesetzt, welche unsere Konzentrationsfähigkeit mindert. Erfolge und positive Ereignisse können nicht mehr wirklich wahrgenommen werden. Maximierer*innen verfallen daher leichter in Depressionen und unerreichbaren Perfektionismus.

Den »Maximizern« stehen die »Satisficer« gegenüber. Diese schaffen es, sich schnell zu entscheiden und danach auch zu ihrer Wahl zu stehen. Durch ihre Genügsamkeit sind sie zufriedener, selbstbewusster, optimistischer und haben ein größeres Selbstwertgefühl.

Die Antwort liegt wohl darin, »die erste Alternative auszuwählen, die den eigenen Ansprüchen genügt, und danach aufzuhören zu suchen«, behauptet der US-amerikanische Psychologe Barry Schwartz.[4]

Wir denken rund 18 Stunden pro Tag. Von den 30.000 bis 60.000 Gedanken, die täglich über die Autobahn unseres Gehirns rasen, sind nur sage und schreibe »3 % positive, 25 % negative und 72 % neutrale, flüchtige bzw. unbedeutende Gedanken.«[5]

Unsere inneren Dialoge haben wohl einen hundertprozentigen, direkten Einfluss auf unsere Erfolge und Misserfolge. Durch Gedanken, Glaubenssätze und Selbstgespräche können wir uns bewusst entscheiden, ob wir zu den »Maximizern« oder »Satisficern« gehören wollen – ob wir Positivität oder Negativität leben wollen.

Demnach ist es eine der wichtigsten Entscheidungen in unserem Leben, uns bewusst für die Positivität zu entscheiden.

Durch die besagte Zukunftsangst, Verunsicherung und Social Media ist FOMO ein global unterschätztes Phänomen, ein Nebenprodukt des modernen Zeitalters des Internets, das reelle psychische Belastungen hervorruft. Neben Erschöpfung und Einsamkeit sind Depression, Angstzustände und somit eine verringerte Lebensqualität mögliche Folgen von FOMO.

Durch FOMO wird bewusst Mangel kreiert, um uns zum Konsum zu verleiten.

Der Begriff »FOMO« wurde das erste Mal durch den Marketingstrategen Dan Herman im Jahre 1996 verwendet. Acht Jahre später griff der Autor Patrick J. McGinnis die Thematik in seiner Kolumne auf, die im Magazin der Harvard Business School veröffentlicht wurde. In seinem Artikel behandelte er vorwiegend den verwandten Begriff »FOBO« (Fear of a better option; Angst, eine bessere Option zu verpassen), der »FOMO« sehr ähnlich ist und sich teilweise mit ihm überschneidet. Es ist kein Zufall, dass der Begriff als Marketingstrategie entwickelt wurde – *»FOMO« wird bewusst dafür eingesetzt, uns Dinge zu verkaufen, die wir nicht brauchen, einen konkreten Mangel zu kreieren, um uns zum Konsum zu verleiten.* Was uns nicht bewusst ist: Die gesamte Social-Media-Strategie beruht auf dem Prinzip von FOMO und FOBO. Was auf Social Media anfängt, schleicht sich anschließend immer weiter in alle anderen Bereiche unseres Lebens. Immer mehr Menschen werden zu Sklaven ihrer FOMO und sehen nicht, wie sie durch sie ihr wirkliches Leben verpassen.[6]

Wenn ich Angst vor der Zukunft habe, wenn ich unsicher bin, was geschehen wird, wie es weitergehen soll, und dadurch unter Dauerstress leide, habe ich enormen Druck, die Zeit, die mir in meinem ohnehin kurzen Leben bleibt, möglichst gut zu nutzen und zu gestalten. Dieser Druck wird durch die Nutzung von Social Media noch vervielfacht. Wie soll ich mich jemals entscheiden, jemals festlegen können, jemals zufrieden mit meiner aktuellen Situation sein, wenn ich rund um die Uhr beobachte, wie eine Unmenge an Menschen gerade etwas viel Besseres, Produktiveres, Interessanteres tut? Wir vergleichen unseren normalen Alltag mit fiktiven, gefilterten, inszenierten Hochglanzleben, die schlicht und einfach nicht existieren.

Wir sind heute zu jeder Zeit mit der gesamten Welt verbunden. Wir erleben also in Echtzeit mit, dass es im selben Moment gerade unzählig viele Möglichkeiten und Erlebnisse gibt, die wir ebenso erfahren könnten. Dieses Bewusstsein löst Stress aus. Stress, dabei zu sein, mitmachen und mithalten zu können. Sozialer Stress, gesellschaftlich wettbewerbsfähig zu bleiben. Angst, nicht dabei zu sein, kein Teil der Gesellschaft zu sein. Anxiety (= Angststörungen) und Panikattacken breiten sich immer weiter in der Bevölkerung aus.

Durch Dating-Plattformen wie Tinder und Co. werden Partner*innen und somit Menschen immer austauschbarer. »Warum sollte ich mich festlegen, wenn jede Sekunde ein potenziell besserer Mann oder eine schönere Frau um die Ecke kommen könnte?« Wir entwickeln uns zu einer wahren Wegwerfgesellschaft.

Jahrhundertelang herrschte der Glaube vor, dass die Chance, viele Optionen zu haben, Selbstbestimmtheit und Glück auslöse. Doch eine neuere Erkenntnis besagt, dass sich die Unzufriedenheit und die Angst, etwas zu bereuen, also die falsche Entscheidung getroffen zu haben, negativ auf unser Glücksempfinden auswirkt. Je mehr Optionen wir also haben, desto größer ist die Wahrscheinlichkeit, die falsche gewählt zu haben. Dies eliminiert jede Form von Wohlgefühl, das wir nach einer gefällten Entscheidung gehabt hätten. Entscheiden wir uns für die eine Sache, wird uns kurz danach gesagt, dass es noch viel bessere Wahlmöglichkeiten gegeben hätte.

Dieses Phänomen heißt »Overchoice«, auf Deutsch »Auswahlparadox«. Hierbei erschweren uns zu viele Entscheidungsmöglichkeiten jegliche Entscheidung. Wir werden mit einem Gefühl zurückgelassen, das uns immer im Unklaren lassen wird: »Habe ich mich nun für das Falsche entschieden? Was verpasse ich? Wäre ich mit der anderen Option nicht glücklicher gewesen?« Unser Gehirn geht so weit, dass wir uns denken, dass die andere Wahl ja vielleicht die Lösung unserer existenziellen Probleme gewesen wäre.

Im Fall von Entscheidungen ist – wie so oft – weniger mehr.

Ironischerweise kann es genau die Fähigkeit sein, uns dazu zu entscheiden, unseren mentalen Habitus zu ändern, die uns von der Last des Auswahlparadoxes befreien könnte.

Radikale Entscheidungen

Wieso fällt es uns so schwer, uns festzulegen?

Sich zu entscheiden bedeutet, zu einer Sache Ja und zur anderen Nein zu sagen. Weg von der bequemen, vagen Haltung, hin zur klaren Positionierung. Vielen von uns fällt es heute schwer, sich festzulegen, weil wir unserem Urteilsvermögen nicht ausreichend vertrauen und die Angst, uns falsch zu entscheiden, zu groß ist.

Am Ende des Tages sind wir auf uns allein gestellt und tragen die alleinige Verantwortung für unser Leben und unsere Entscheidungen. Es wird niemand kommen, um uns zu retten, keine weisende Hand Gottes, die einen Richtungspfeil für uns aufstellt. Natürlich gibt es manchmal Indizien für Entscheidungen, es liegt aber zu hundert Prozent bei uns, diese zu erkennen, auszuwerten und selbst die Zügel in die Hand zu nehmen und bewusst Entscheidungen für unser Leben zu fällen. Das ist aber gar nicht so einfach. Die FOMO ist es, die uns an der Entscheidungsfindung hindert. Wie kann ich mich für eine Sache entscheiden, wenn die andere Sache vielleicht um ein Quäntchen besser ist? Das können wir im Vorhinein natürlich nie wissen. *Wir haben es verlernt, auf unseren Kompass zu schauen*: Besonders Frauen haben das Geschenk einer tiefen Intuition,

Wir haben es verlernt, auf unseren Kompass zu schauen.

eines Bauchgefühls, das uns meistens den richtigen Weg anzeigt. Doch wir müssen wieder anfangen, hinzuhören.

Bei mir äußert sich Entscheidungsangst, ausgelöst durch FOMO, beispielsweise ganz stark bei der Auswahl eines Restaurants oder beim Bestellen der Gerichte. Es ist ein ganz banales Beispiel, doch wie könnte ich mich denn für eine der Speisen entscheiden, wenn es fünf weitere gibt, die alle unglaublich gut klingen? Wenn ich das eine bestelle, verpasse ich vielleicht das beste Gericht, das ich je zu mir genommen hätte. Das Risiko, das Falsche zu wählen, erscheint mir in dem Moment so groß, dass der Kellner oder die Kellnerin oft mehrmals kommen muss, bevor ich mich entschieden habe. Und glaubt mir, ich weiß, wie furchtbar das ist. Für die Restaurantmitarbeiter*innen, für meine Begleitung und auch für mich. Stellt euch vor, mit der ständigen Angst zu leben, die falsche Wahl zu treffen und das Richtige, das Bessere somit zu verpassen! Ich weiß natürlich, wie lächerlich das klingen mag, aber selbst hier kann eine kleine Entscheidung bereits Stress auslösen. Das Gehirn wägt in Sekundenschnelle ab, welche Zutaten denn bei welchem Gericht besser wären und welche Geschmackskombination für den Moment die richtige sei. Meist liegt die Lösung dann darin, mit mehreren Menschen essen zu gehen, um mehrere Gerichte bestellen zu können und somit alles mal probieren zu können. Oft gehe ich aber auch dem Personal so lange auf die Nerven, bis ich mir meinen Traumteller aus drei verschiedenen Gerichten zusammengebastelt habe. Meiner Begleitung ist das verständlicherweise höchst unangenehm. Was beim Essen natürlich banal ist, äußert sich aber auch in allen Lebensbereichen und kann somit unseren kompletten Alltag kontrollieren.

Bei der Essensauswahl ist die Unfähigkeit, zu entscheiden, eigentlich lächerlich und hinderlich. Hier ist die Konsequenz, nämlich dass das Essen einfach nicht schmeckt, harmlos. Bei größeren Entscheidungen jedoch können ganz andere Konsequenzen folgen. Deshalb ist es hier wichtig, alle relevanten Informationen zu sammeln, die Situation zu analysieren und die möglichen Resultate durchzuspielen und andere Meinungen einzuholen, um auch andere Perspektiven zu berücksichtigen. Ebenso sollte sich Zeit genommen werden, für die nötige Distanz ein paar Nächte darüber geschlafen werden, um sich für das rational Richtige zu entscheiden, das ein gutes Gefühl und Klarheit hinterlässt.

Essenziell ist, »sich von den Ängsten nicht in die Handlungsunfähigkeit treiben zu lassen, sondern sich die eigenen Ängste bewusst zu machen und diese nicht zu leugnen. Nur wer zu seinen Ängsten steht, kann langfristig lernen, so mit ihnen umzugehen, dass trotzdem gute Entscheidungen getroffen werden können.«[7]

Bei Entscheidungen ist jedoch ein Faktor besonders ausschlaggebend, und zwar unsere Intuition, unsere innere Stimme, auf die wir im Alltag viel zu selten hören. Wir haben uns von ihr entfernt und sind darauf konditioniert, lieber zu grübeln und abzuwägen, anstatt die Option zu wählen, die sich aus dem Bauch heraus gleich zu Beginn einfach richtig anfühlt.

Bei intuitiven Entscheidungen wird nicht überlegt, abgewogen und gegrübelt, sie werden spontan, aus dem Bauch heraus entschieden. Dies liegt an unserem Gehirn. Unser Neokortex (der jüngste Teil unserer Gehirnrinde), der für das bewusste Denken zuständig ist, wird nämlich in seiner Arbeitsweise von unserem Mandelkern (Amygdala) beeinflusst und nimmt im Zwischenhirn Empfindungen auf.[8] Das bedeutet, dass unser rationales Denken klar von Gefühlen beeinflusst wird. *Gefühl siegt also über Verstand.* Das bewies Neurowissenschaftler António R. Damásio, nachdem er das Verhalten eines Tumorpatienten beobachtet hatte. Diesem wurde ein Tumor entfernt, wobei Teile seines Gehirns beschädigt wurden. Bei der Operation wurde das Gefühlszentrum verletzt, und er verlor die Fähigkeit, zu fühlen. Das Resultat war, dass es dem Patienten plötzlich nicht mehr möglich war, Entscheidungen zu treffen.[9]

Wenn wir uns für etwas entscheiden, entscheiden wir uns gleichzeitig immer gegen etwas. Doch einfach Nein zu sagen, ist für viele von uns keine Selbstverständlichkeit. Dies ist nämlich eine Sache des Selbstbewusstseins. Wir haben Angst vor Liebesentzug. Wenn wir Nein sagen, schleichen sich relativ schnell folgende Gedanken ein: Wenn ich Nein sage, werde ich von anderen abgelehnt, enttäusche, kränke und verletze ich andere, agiere ich herzlos und egoistisch und werde eines Tages einsam und verlassen zurückbleiben.[10] Aus Angst, diese Konsequenzen tragen zu müssen, sagen wir also lieber Ja. Wir werden dadurch eher gemocht, werden als guter, selbstloser Mensch angesehen, vermeiden Konflikte und verhindern Schuldgefühle. *Auf Dauer macht uns das »People-Pleasing« jedoch nicht glücklich.* Wir verleugnen immer mehr unsere wahren Gefühle und uns selbst. Wenn wir Nein sagen, sind wir zufriedener und im Einklang mit unseren Bedürfnissen. Wir verschaffen uns Respekt und unsere Selbstachtung steigt. Wir lassen uns nicht ausnutzen, können mit gutem Gewissen in den Spiegel schauen und fühlen uns ermächtigt.

Auf Dauer macht uns »People Pleasing« nicht glücklich.

Nein zu sagen, hat also viel mit Selbstachtung und der Erlaubnis uns selbst gegenüber, eine Egoistin bzw. ein Egoist zu sein, zu tun. Wir sind keine schlechten Menschen, wenn wir auf unsere eigenen Bedürfnisse achten und diese klar kommunizieren. Dabei besteht keine Notwendigkeit, uns rechtfertigen zu müssen. Ein klares Nein ist unheimlich stark und reicht als deutliche Ansage. Besonders Frauen müssen wieder lernen, ohne schlechtes Gewissen, selbstbewusst und shameless Nein zu sagen, wenn sie etwas nicht möchten.

Dinge nicht mehr zu tun, auf die wir keine Lust haben, ist unheimlich befreiend. Wie oft fühlen wir uns verpflichtet oder gezwungen, etwas zu erledigen, Verabredungen einzuhalten, auf Veranstaltungen und Partys zu gehen? Mach ich nicht mehr! Wenn ich nicht den großen Drang verspüre, etwas zu tun, dann: mache. Ich. Es. Einfach. Nicht. Mehr! Und das tut unfassbar gut. Wir sind niemandem etwas schuldig. Wir sind zu nichts verpflichtet. Am Ende des Tages muss es uns mit unserem Leben und unseren Entscheidungen gut gehen und nicht den anderen. Natürlich ist richtig und gut, immer auch auf andere zu achten, dennoch sind wir uns selbst am Ende des Tages immer die bzw. der Nächste und müssen auf unser eigenes Wohlergehen achten.

Klarheit kann uns also zu vielem verhelfen. Eine der wichtigsten Lektionen, die ich für mich in den letzten Jahren lernen durfte, ist, nach den Dingen, die ich möchte, einfach zu fragen. Fragen kostet nichts und tut meistens auch nicht weh. Wie oft trauen wir uns nicht, nach einem besseren Tisch zu fragen oder nach einem anderen Termin? Wie oft geben wir uns mit Situationen zufrieden, weil wir nicht unangenehm auffallen wollen? Fragen ist vielen Leuten unglaublich peinlich, sie wollen anderen bloß keine Umstände bereiten. Das ist auch sehr nobel, trotzdem entscheidet so eine kleine Frage oft, ob wir eine gute Erfahrung machen oder eben nicht. Es ist ein Riesenunterschied, ob ich den 8-Stunden-Flug im Mittelsitz zwischen zwei korpulenten Herrschaften, die alle 30 Minuten aufs Klo gehen, eingezwängt verbringen muss oder ob ich mich bequem in einer Dreierreihe ausbreiten kann, keine Rückenschmerzen habe und ausgeschlafen ankomme, nur weil ich die Stewardess nach einem besseren Sitzplatz gefragt habe. Zwischen diesen zwei Szenarien liegt bloß eine simple, kleine Frage. Manche mögen dies als frech abstempeln, es ist aber meist für die andere Person überhaupt kein Problem, dir einen anderen Tisch zu geben oder ein Meeting um zwei Stunden zu verschieben. Wer weiß, vielleicht ist es der anderen Person sogar recht? Durch eine simple Frage kann unsere Lebensqualität erheblich gesteigert werden. Und ja, Frechheit siegt bekanntlich.

Metaphorisch gesehen ist es bei Entscheidungen wie bei einer Wanderung. Wir sind losmarschiert, den Hügel hinaufgestapft und befinden uns plötzlich vor einer Weggabelung. Links führt die Route A und rechts der Pfad B den Berg hinauf. Entscheiden wir uns nun für den linken Weg, werden wir nie wissen, was sich auf dem rechten Weg befunden hätte. Begeben wir uns also auf den Weg A, werden wir nie die Aussichtspunkte, die Waldwege sehen, nie auf den Sitzbänken des anderen Pfades sitzen. Dafür können sich aber alle Wunder und Überraschungen der gewählten Route entfalten. Der Weg, den wir einschlagen, kann nun immer schöner werden und wachsen, immer mehr Erfahrungen und Menschen werden in den gewählten Weg, in das gewählte Leben eingeladen.

Wählen wir aber keine der beiden Optionen und tapsen unsicher am Stand umher, gehen ein paar Schritte den linken Pfad entlang, drehen uns aber wieder um, um dann doch ein paar Schritte des anderen Weges auszuprobieren, bleiben wir am Ende des Tages immer am selben Punkt stehen. Das ist FOMO. Treffen wir aus Angst, die falsche Entscheidung zu treffen, gar keine Entscheidung, bewegen wir uns nicht vom Fleck. Wir stagnieren. Wir berauben uns selbst der Möglichkeit, einen der Wege aufblühen zu lassen, das Leben sich auf einem der Wege entfalten zu lassen.

Um bewusste Lebensentscheidungen zu treffen, müssen wir unsere FOMO überwinden und uns festlegen. Uns trotz des Risikos entscheiden und bekennen.

Aber was ist überhaupt das Richtige? *Jeder Weg, den wir einschlagen, hat das Potenzial, der richtige zu werden.* Auch wenn er sich vielleicht als anders entpuppt als ursprünglich geplant. Und sollten wir später realisieren, dass er nicht der richtige war, dann entscheiden wir uns einfach um. Den Luxus haben wir heutzutage. Natürlich müssen die

Jeder Weg, den wir einschlagen, hat das Potenzial, der richtige zu werden.

Umstände gegeben sein – mit drei Kindern und in einer fixen Beziehung gestaltet sich dies natürlich schwieriger, und Entscheidungen sollten immer mit Rücksicht auf andere getroffen werden. Dennoch sind die Zeiten vorbei, in denen wir unser gesamtes Leben lang einen einzigen Job ausüben müssen. Wir haben heute die Freiheit, selbst mit 50 noch Quereinsteiger*in zu werden und damit irrsinnig erfolgreich zu sein.

Wir können also festhalten, dass Entscheidungen grundlegend wichtig sind. Sie geben uns Klarheit, die uns in unsicheren Zeiten wie diesen ruhige Nächte bescheren kann. An gewissen Punkten in unserem Leben lechzen wir geradezu nach klaren Entscheidungen. In anderen Lebenssituationen können wir sie wiederum einfach über Bord werfen, unsere Träume und Wünsche neu definieren, um danach neue Entscheidungen zu treffen.

Die Wahl zu haben, bedeutet Freiheit. Uns frei entscheiden zu können, ist ein Luxus, den nicht alle Menschen auf dieser Welt haben.

Die Wahl zu haben, bedeutet Freiheit.

Doch, wie schon erwähnt, zu viele Freiheiten – und daher die Qual der Wahl zu haben – machen das Leben nicht einfacher, sondern im Gegenteil komplizierter und oftmals unberechenbarer. Es ist nicht einfach, die Stärke zu besitzen, mit unseren Entscheidungen im Reinen zu sein, sie, nachdem wir sie getroffen haben, loszulassen und uns zufriedenzugeben. Für Menschen mit FOMO stellt dies eine lebenslange Aufgabe dar. Die Kunst liegt darin, uns glücklich zu schätzen, frei entscheiden zu können und zu wissen, dass wir diese Entscheidung wieder über Bord werfen können, in einem Land zu leben, wo viele Faktoren nicht strikt vorgegeben werden, Eltern zu haben, die uns nicht vorschreiben, wen wir heiraten sollen oder welchen Beruf wir ausüben sollen. Wir haben den großen Luxus, unser Leben frei zu gestalten. *Also, entscheiden wir bewusst – denn Entscheidung bedeutet Freiheit und ist ein sofortiger Befreiungsschlag gegen unsere ständige FOMO.*

Die Ursache des Problems

Was läuft wirklich schief?

Wir können versuchen, uns alles schönzureden, doch wir haben als Generation mehrere schwerwiegende Probleme. Persönlich wie auch gesellschaftlich. Ich weiß, ich weiß, jede Generation hatte ihre Probleme – der Unterschied ist, dass wir heute vernetzt sind. Wenn die Medienbranche einem Thema Relevanz zuschreibt, bekommen wir jede Krise, jeden Krieg, jedes Problem unserer Zeit hautnah und in Echtzeit mit.

Der Klimawandel, Kriege, Hunger, Armut, Not, soziale Ungerechtigkeit, Inflation, Artensterben, das Kippen des Ökosystems, die Überdigitalisierung, der Überkonsum, die Ausbeutung unseres Planeten – sie haben alle einen gemeinsamen Nenner, eine Ursache, einen Auslöser. Es ist eigentlich ganz logisch, und ich denke, jede und jeder, der sich mit diesen Themen schon einmal befasst hat, kann den Zusammenhang herstellen: Es ist unser seit Jahrhunderten gewachsenes Wirtschaftssystem, das auf Ausbeutung und Profitmaximierung basiert, das vor unumkehrbaren Folgen keinen Halt macht, das vor Leid und Ungerechtigkeit nicht zurückschreckt, das unendlich viele Menschen ausbeutet, um ein paar wenige zu bereichern.

Ich weiß, dass politische und wirtschaftliche Themen bei jungen Menschen gerade nicht sehr beliebt sind, trotzdem haben die meisten Themen unserer Generation einen politischen Ursprung und können nur durch ein kollektives Umdenken, einen politischen Wandel, der das nötige Interesse voraussetzt, bekämpft und beseitigt werden. Politik muss wieder sexy werden, weil sie uns alle angeht! All diese realen Probleme und Krisen sind wie tickende Zeitbomben, die von unseren Regierungen nicht adäquat gehandhabt werden. Es ist wahrlich ein Wettrennen gegen die Zeit, um uns als Gesellschaft aus diesem komatösen, passiven Tiefschlaf zu erheben und anzufangen, die richtigen Fragen zu stellen, Alternativen zu finden, massiven Druck auf unsere Machthabenden auszuüben und Veränderungen konsequent einzufordern.

Natürlich ist es leichter, einen Netflix-Marathon zu starten oder sich jedes Wochenende einen hinter die Binde zu kippen – schließlich lieben wir Menschen es, abgelenkt zu werden, so sind wir gepolt. Aber diese Art von Realitätsverweigerung wird auf Dauer nicht zielführend sein. Versteht mich nicht falsch, es ist durchaus schwierig, nicht auf den Gedankenzug aufzuspringen, der sagt: »Ach, es ist doch viel zu spät, wir können nichts mehr ändern – deshalb genieße ich mein Leben, so gut es geht!« Ich denke, es gibt Tage und Zeiten, da denken wir alle so. Wieso zum Teufel sollte ich mich kasteien, wenn Millionen von Menschen weltweit täglich Fleisch essen, Auto fahren und Kendall Jenner einen Privatjet benutzt, um von West L. A. nach East L. A. zu reisen? Ist unlogisch, unfair und ergibt keinen Sinn.

Der Kapitalismus macht vor nichts halt.

Die Welt ist ungerecht, und das wird sie immer sein. Bestimmte Menschen werden immer privilegierter sein als andere. Einige wenige werden stets mehr tun, als andere jemals tun wollen. Obwohl ich immer noch der Meinung bin, dass eine Einzige oder ein Einziger einen Unterschied machen kann, im Kleinen wie im Großen etwas verändern kann – siehe etwa Greta Thunberg –, bin ich heute gleichzeitig der absoluten Überzeugung, dass Entscheidungen, welche die Themen Klimawandel, Umweltschutz, Wirtschaft und die Erhaltung unseres Planeten betreffen, zweifellos auf Staats-, EU- oder UN-Ebene beschlossen werden müssen.

Rechte Politiker*innen auf der ganzen Welt negieren Probleme wie die Klimakrise und rühren keinen Finger. Große Konzerne verändern nichts an ihren umweltschädlichen, ausbeutenden Produktionsweisen, roden immer mehr Regenwaldfläche und pumpen immer mehr Abgase in unsere Atmosphäre. Es werden immer mehr Handychips und Elektroauto-Kobalt-Batterien, für die das Erz von Kindern im Kongo aus einsturzgefährdeten und lebensgefährlichen Minen gefischt werden muss, hergestellt. Es gibt immer mehr Autos, Flugzeuge und Schiffe. *Der Kapitalismus macht vor keinem Hilfeschrei, keiner Naturkatastrophe und keiner dystopischen wissenschaftlichen Prognose halt.*

Immer mehr wollen ist tödlich.

Es liegt schlichtweg nicht im Interesse der Politiker*innen, der CEOs und Firmeninhaber*innen dieser Welt, etwas zu verändern, da würde ihnen ja viel zu viel Geld durch die Lappen gehen.

Das menschliche Problem des Immer-mehr-Wollens, der unersättlichen Gier, ist tödlich. Und unsere Wirtschaftsform auch.

Klimaschutz und Kapitalismus

Muss unsere Wirtschaft reformiert werden?

Die neoliberale westliche Politik und Wirtschaft setzen noch immer unzureichende Maßnahmen, um gegen den voranschreitenden Klimawandel und seine verheerenden Folgen anzukämpfen. Seit Jahrzehnten wissen wir über die Auswirkungen unserer umweltschädlichen Produktionsweisen Bescheid, doch die Stimmen der Expert*innen und Wissenschaftler*innen werden weiterhin ignoriert – die Krise wird nicht ansatzweise ernst genommen. Dabei ist der Klimawandel auch in unseren Breitengraden längst angekommen: Die heimischen Gletscher sind nicht mehr zu retten, immer häufiger kommt es zu Überschwemmungen, ein Hitzerekord jagt den nächsten. Seit Jahren scheitern Österreich und Europa kläglich daran, die Ziele des Pariser Klimaabkommens zu erfüllen. Als einziges Land Europas hat Österreich kein wirksames Klimaschutzgesetz – die gesamte Thematik wird verharmlost und ins Lächerliche gezogen.

Doch die wahren Verlierer*innen dieser Klimakrise und unseres Wirtschaftssystems sind – in erster Instanz – andere. Sie sitzen auf ihren ausgetrockneten Feldern im globalen Süden und warten auf Regen – vergeblich. Während anderswo der Meeresspiegel steigt und ganze Inselgruppen überflutet und somit unbewohnbar macht, rauben extreme Dürren in anderen Erdteilen den Menschen jegliche Lebensgrundlage.

Einfach ausgedrückt: Die industrialisierten Länder expandieren und beuten unseren Planeten, vor allem den globalen Süden, aus, um die größtmögliche Profitmaximierung zu erzielen und den Menschen im Westen ein Leben in materiellem Luxus zu ermöglichen. Auf wessen Kosten das geschieht, kümmert niemanden. So produzieren wir nicht nur billig im Ausland, wir verlagern auch unsere Emissionen in diese Länder. Unser Müll wird nach Afrika geschifft und dort verbrannt, die Menschen dort tragen gravierende Gesundheitsschäden davon. Um nur ja nichts an unserer Produktionsweise ändern zu müssen, kaufen wir sogar ihre saubere Luft, um sie verschmutzen zu können (der sogenannte Zertifikatehandel).

Fakt ist, dass Millionen von Afrikaner*innen in nur wenigen Jahren keine Lebensgrundlage in ihren eigenen Ländern mehr haben werden. Logischerweise wird ihnen keine andere Möglichkeit bleiben, als nach Europa zu fliehen, um überleben zu können. Wenn die Klimakrise nicht auf der Stelle ernst genommen und bekämpft wird, werden am Ende dieses Jahrhunderts in Afrika und Asien eine Milliarde Menschen an den Folgen von Dürren und Hunger sterben. »In 70 Jahren wird die Heimat von 200 Millionen Menschen im Meer versunken sein«, schreibt der National Geographic auf seiner Website.[11]

Die Malediven werden zum Beispiel komplett verschwunden sein, was momentan unvorstellbar zu sein scheint. Durch die Erwärmung der Meere dehnt sich das Wasser aus. Zusätzlich schmelzen Gletscher, und der Meeresspiegel steigt unaufhörlich. In absehbarer Zeit werden Millionen von Afrikaner*innen und Asiat*innen – sogenannte »Wasser-Flüchtlinge« – unseren Kontinent überströmen, weil ihnen in ihrer Heimat jegliche Lebensgrundlage genommen wurde.

Es ist fragwürdig, wie Österreich und Europa reagieren werden, wenn wir schon 2015/16 mit der »Flüchtlingskrise«

maßlos überfordert waren, wenn plötzlich Millionen Menschen eines ganzen Kontinents emigrieren müssen, weil ein Überleben dort – verursacht durch die reichen Industriestaaten – schlicht und einfach nicht mehr möglich ist. Was wird ein Europa tun, das heute schon mit der Situation an den EU-Außengrenzen überfordert ist? Eine EU, die heute bereits Tausende Flüchtlinge im Mittelmeer sehenden Auges ertrinken lässt?

Es sollte also im Interesse aller europäischen Staaten sein, die Hilfe vor Ort drastisch auszubauen. Denn es sind die zunehmenden sozialen und ökonomischen Spannungen und die durch den Klimawandel, den ungerechten Ressourcenverbrauch und die jahrhundertelange Ausbeutung hervorgerufene *Ungleichheit*, die die akutere Bedrohung darstellen als die ökologischen Auswirkungen der Klimakrise selbst. Das heißt im Klartext, dass die Menschheit höchstwahrscheinlich nicht aufgrund schmelzender Gletscher, des steigenden Meeresspiegels, der unerträglichen Hitze und unvorstellbarer Dürren oder Naturkatastrophen aussterben wird, sondern schon zuvor, durch Völkerwanderungen und Kriege um natürliche Ressourcen.

Selbst wenn wir im Kampf gegen den Klimawandel erfolgreich sein sollten, selbst wenn wir uns dazu durchringen könnten, ohne Rücksicht auf wirtschaftliche Interessen die richtigen Maßnahmen zu setzen, wird es eine sehr lange Zeit dauern, bis diese Maßnahmen greifen. Die sozialen und ökonomischen Ungleichgewichte würden bestehen bleiben, der Regen in Ostafrika würde nicht über Nacht zurückkehren, und die schnell wachsende afrikanische Bevölkerung würde noch zu lange von Klimakatastrophen bedroht sein.

Daher reichen die Maßnahmen gegen den Klimawandel nicht aus. Es müssen gleichzeitig Maßnahmen gegen die globalen sozialen und ökonomischen Ungleichgewichte gesetzt werden. Der Zusammenhang ist evident. Es wäre an der Zeit, den Reichtum, der jahrhundertelang durch Ausbeutung geschaffen wurde, endlich zu teilen.

Klimaschutz und neoliberaler Kapitalismus ist ein Widerspruch.

Klimaschutz und neoliberaler Kapitalismus ist ein Widerspruch.

Unser Wirtschaftssystem, wie wir es aus den letzten Jahrzehnten (und in einer differenzierten, aber im Prinzip ähnlichen Form schon seit Jahrhunderten) kennen, basiert auf Ausdehnung, Maximierung und Ausbeutung. Betriebe suchen weltweit nach immer besseren, schnelleren, billigeren Produktionsweisen, um den größtmöglichen Profit herauszuschlagen. So funktioniert der Kapitalismus, und er steht auch dazu. Auf den ersten Blick scheint das ja noch nicht allzu dramatisch. Doch blicken wir auf die andere Seite. Wenn Amazon, Apple und Co. jährlich Milliardengewinne machen, bedeutet das, dass irgendwo etwas nicht richtig läuft. »Wieso denn? Die haben einfach tolle Produkte, die kaufen die Menschen halt. Und somit wird Profit gemacht.« Leider nein. Um diese Art von Profit rauszuschlagen, müssen diese Firmen über einige Leichen gehen. Hinter verschlossenen Türen herrschen miserable, menschenunwürdige Arbeitsbedingungen und in den großen Fabriken kommt es zu Kinderarbeit und zur Ausbeutung der Angestellten. Große Unternehmen zahlen wenig bis keine Steuern und bedienen sich unheimlich umweltschädlicher, unethischer Produktionsweisen – sind also wahre Klimasünder. Nicht zu sprechen von den Kriegen um die natürlichen Ressourcen, wie etwa seltene Erden, Kobalt und Lithium. Unternehmer wie Elon Musk und Jeff Bezos werden als Propheten und Tech-Rockstars gefeiert. Ist es nicht vollkommen evident, dass unter anderem solche Einzelpersonen die Klimakatastrophe maximal befeuern? Und anstatt ihre Emissionen auszugleichen oder zurückzuschrauben, schicken sie nebenbei noch ein paar Raketen ins Weltall. Auch schon egal, oder?

Oder wissen sie ganz genau, wie es wirklich um unsere Erde steht, und wollen deshalb so krampfhaft Kolonien auf einem anderen Planeten entstehen lassen? Das Boot also erst überfüllen und dann das sinkende Schiff möglichst schnell verlassen.

Wieso werden diese Menschen nicht zur Verantwortung gezogen?

Wenn wir genau hinsehen, unverblümt der Realität der Tatsachen ins Auge blicken, müssen wir sehen, dass unsere *wirtschaftliche Ausdehnung den absoluten Gegenpol zu Klimaschutz darstellt.* Wenn die Wirtschaft bzw. die Regierungen der Welt ernsthaft am Aufhalten der Klimakrise interessiert wären, müssten sie einen sofortigen wirtschaftlichen »*Degrowth*«, also ein sich verringerndes Wirtschaftswachstum, vorantreiben.

Alle aktuellen Krisen dieser Welt entstehen, weil Menschen Profit machen wollen. Die Gier ist die Wurzel des Problems. Armut? Krieg? Die Klimakatastrophe? Bankenkollaps und Inflation? Diese Probleme passieren nicht einfach, sie stoßen uns nicht zu, sie sind menschengemacht.

Es ist an der Zeit, dass Volksvertreter*innen, die wahren Entscheidungsträger*innen und die Großkonzerne realisieren, dass wir alle im gleichen Boot sitzen. Diese sind aber kurzsichtig und sehen bloß den schnellen Profit. Wir müssen verstehen, dass Klimaaktivist*innen niemandem schaden wollen, sondern für dich und mich mitprotestieren. Der Klimawandel ist die größte Bedrohung, das größte, alles umfassende Problem unserer Zeit. Und wem ist er geschuldet? Unserer Unersättlichkeit.

Wir hätten zwar genug Ressourcen, um alle Menschen dieser Welt zu sättigen, doch nicht für jedermanns Gier. Der uneingedämmten Expansion setzen sich planetare Grenzen entgegen, was Konzerne wie Nestlé, Coca-Cola und H&M noch immer nicht anerkennen wollen. Ebenso wenig wie die Armut, den Hunger und das Sterben von Hunderten Millionen Menschen.

Laut UNICEF leiden aktuell 920 Millionen Kinder unter Wasserknappheit.[12] *Alle 13 Sekunden stirbt ein Kind an den Folgen von Hunger.*[13] *Unterversorgung und Mangelernährung in den ersten Lebensjahren können darüber hinaus zu geistigen und körperlichen Entwicklungsstörungen sowie Blindheit führen.*[14]

Der Schweizer Soziologe Jean Ziegler schrieb bereits 1980 in seinem Buch »Ändere die Welt!«, dass *»jedes Kind, das an den Folgen von Hunger stirbt, ermordet wird.«*[15] Das klingt sehr extrem, doch es ist die Wahrheit. Wir hätten die Mittel, es wäre keine Sache der Unmöglichkeit, Armut und Hunger zu beenden. Kinder sterben zu lassen, ist demnach unterlassene Hilfeleistung. Die Ressourcen wären da, nur der Wille fehlt. Stattdessen soll 2027 das erste Hotel im Weltall eröffnet werden, dafür gibt es natürlich Ressourcen – und den Willen.

Laut einer neuen Oxfam-Studie werden bloß sage und schreibe 2,9 % (!) der jährlichen G7-Militärausgaben benötigt, um den weltweiten Hunger zu beenden![16] Wie kann es sein, dass es scheinbar immer genug Geld für Krieg und Bomben gibt, aber nicht für den Kampf gegen Hunger und Elend? Mit 33 Milliarden Euro, weniger als drei Prozent ihrer Militärausgaben, hätten die sieben Staaten die Macht und die Möglichkeit, den gesamten Hunger der Welt zu eliminieren.

Die Realität sieht anders aus: Anstatt »15 Billionen Dollar an zugesagter, aber nicht geleisteter Entwicklungsunterstützung sowie Unterstützung angesichts der Auswirkungen des Klimawandels« zu bekommen, fließen täglich »291 Millionen US-Dollar an Schuldenrückzahlungen und Zinsen aus dem Globalen Süden an die G7.«[17]

Zudem gibt es immer mehr Kürzungen der Budgets der Entwicklungszusammenarbeit und der humanitären Hilfe.

Statt des international vereinbarten Ziels für humanitäre Hilfe von 0,7 % gibt Österreich aktuell nur 0,38 % des BIPs für die Entwicklungszusammenarbeit aus.[18]

Gewissen

Denn es ist ungut, wenn der Unmut guttut.
Wenn das Leid der andren
den einen nicht eingeht
und diese nicht einsehen,
dass ihr Brot geteilt wird
mit denen in Not.
Doch dann ist nichts mehr im Lot,
denn das ist ja fast rot,
Kommunismus, der böse,
der stürzt uns ins Minus,
sagt gleich Nihilismus?
Doch der Kapitalismus,
der Materialismus, der gute Konsum,
der will doch nichts Böses,
im besten Fall löst er alle Probleme
und am Ende dann stößt er alle Schmarotzer,
die Kleinrevoluzzer, die Ökos, die Locos,
mit ihrem Sozial-Hokuspokus,
hinunter auf die Stufe, vor das Schiff.
Denn wir nehmen keinen mit,
der nichts beiträgt, der nicht mitsägt,
der faul ist, der laut ist, der träge und schräg ist.
Denn wir sind das Land, das schon weiter sein könnte,
wenn das braune Blut nicht weiterlaufen würde
in den Adern der Jungen, der rundum Verdummten,
der Undenker, der Mitmacher,
der Geschichtsvergesser, der Lernverweigrer,
der stur Besessnen, der stupiden Sesshaften.

Engstirnig, einsilbig, langlebig,
eindringlich sicher mit ihrer Ansicht des Hasses,
des überlaufenden Fasses an Urteil und Reibung,
Trotz und Abneigung.
Unbändig, unmöglich, unfähig zu sehen,
was einst existiert, nun rasant kollabiert,
was da draußen verbrannt wird, erlöscht wird
und niemals geschätzt wird,
bis es zu spät ist.
Nun, Freunde,
wo ist die Humanität, der Verstand?
Der Notstand ist hier und die Brutalität.
Die Macht der Konzerne, der einzelnen Menschen,
die alles beherrschen, unmäßig besitzen
und wachsen und rauben und stauben nur ab,
während andere ärmer und ärmer werden,
weil diese Welt bloß existiert
auf Kosten der andren,
der kleinen, der leisen, stimmlosen,
glückverlassnen, ausgeraubten,
ausgeschlachteten, ausgebluteten,
ausgehöhlten Seelen der Welt.
Leben wir damit?
Ich frag dich,
leben wir damit?
Ich frag mich:
Was ist Gewissen?
Was ist gewiss?
Nichts ist gewiss,
nicht mal Gewissen.

Eine gespaltene Gesellschaft – zwischen Konsum und Verzicht

Auf welcher Seite wollen wir stehen?

Durch die Pandemie hat unsere Angst, etwas zu verpassen, noch mehr Fahrt aufgenommen. Wir haben Angst davor, dass unser Leben an uns vorbeizieht und wir nie wirklich gelebt haben. Deshalb konsumieren wir. Möglichst viel und möglichst schnell. Um alles aufzusaugen und um jeden Moment voll und ganz auszukosten. Wir denken, wir haben das Recht, im größtmöglichen Luxus zu leben, weil wir zufällig in Zentraleuropa geboren wurden und uns das nun mal zusteht. Auf wessen Kosten wir diesen Lifestyle ausführen, ist uns egal. Mit solchen Fragen befassen wir uns nicht. Dafür haben wir auch gar keine Zeit.

Wir tun also so, als wäre alles im Überfluss vorhanden, als gäbe es unendliche Ressourcen, die uns frei zur Verfügung stehen. Das Motto lautet: Wo kommt der Schinken her? Na, aus dem Kühlschrank!

Dieses blinde Vor-sich-Hinleben-ohne-zu-hinterfragen ist äußerst problematisch. Wir leben unseren Kindern vor, dass alles immer und jederzeit verfügbar ist – das ist heute mit unzähligen Lieferservices einfacher denn je. Ein Klick am Smartphone, und das Eis, auf das du gerade Lust hast, steht in zehn Minuten vor der Tür. Geht nicht, gibt's nicht!

Durch unsere FOMO nimmt aber gleichzeitig die Zukunftsangst auch immer weiter zu. Warum fühlen sich junge Menschen, die eigentlich den Rückhalt ihrer Familien und eines sozialen Netzes haben, so unsicher und haltlos? Wir fühlen uns, als könnte das Seil, der dünne Faden, an dem wir hängen, jede Sekunde reißen und wir daraufhin Hunderte Meter in die Tiefe stürzen. Das Vertrauen in eine gute Zukunft wird von äußeren, aber auch inneren Einflüssen geprägt. Natürlich glaubt ein Mensch, der als Kind in einer sicheren Nachbarschaft, gewaltfrei, ohne die Belastung psychischer, physischer oder finanzieller Probleme aufgewachsen ist, eher an sich und eine gute Zukunft, in der Platz für persönliche Entfaltung ist, als jemand, der schon früh mit Problemen, Gewalt und Mangel konfrontiert wurde.

Eine Person, die Tag und Nacht nur damit beschäftigt ist, genug Geld zu verdienen, um ihren Kindern etwas zu essen geben zu können, wird wahrscheinlich nicht das größte Vertrauen haben, dass das System sie unterstützen und auffangen wird. Gerade deshalb sind »Selfcare« oder persönliche Entfaltung, sei es Wellness, Zeit für Sport, kreative Aktivitäten, Retreats, Yoga-Klassen, Meditations-Workshops oder auch der Gang zum Psychologen, heute Luxusgüter, die nicht für jede und jeden uneingeschränkt zugänglich sind. Wer hat denn täglich Zeit für Atemübungen, Meditation, Yoga und ein Workout, bevor er oder sie Frühstück und Pausenbrot für die Kinder macht, um dann in einem 40-Stunden-Job zu arbeiten, um die Miete bezahlen zu können? Ist, glaube ich, illusorisch. Vielleicht nehmen sich einige nun selbst an der Nase, wahrscheinlich sind sogar Dinge, die wir als selbstverständlich ansehen, wie ins Fitnessstudio zu gehen oder in Ruhe mit einer Tasse Tee ein gutes Buch zu lesen, in Wahrheit ein Luxus, für den wir viel öfter dankbar sein sollten. Zeit zu haben und diese frei einteilen zu können, ist der größte Reichtum, den wir haben. Im Gegensatz zu

Besitz oder Geld ist sie begrenzt und genau deshalb so unglaublich kostbar.

Doch unsere FOMO bringt unser Zeitgefühl völlig durcheinander. Aus ständiger Angst, etwas zu verpassen, rast die Zeit uns förmlich davon. Wir können sie nie nur für einen Moment festhalten, weil es immer etwas noch Besseres zu tun oder zu erleben gilt. Unser gesunder Umgang mit Zeit ist komplett aus der Balance geraten. Die multiplen Krisen und die allgemeine Verunsicherung, die sich in der jungen Generation breitmachen, lösen massiven Stress aus. Die Welt scheint an jeder Ecke zu brennen, da ist Zukunftsangst natürlich legitim. Gerade denken wir, eine dreijährige Pandemie sei vorbei, da hören wir von Kriegen, Energieengpässen, Inflation und Blackouts, die immer näher rücken. Ganz ehrlich, wie könnten wir da keine Sorge um die Zukunft haben? Die zunehmende Instabilität der Welt, wie wir sie kennen, und die fehlenden Maßnahmen und Antworten auf diese Krisen können zu psychischen Belastungen und Depression führen. Wir haben keinen Halt, keine Sicherheit, kein Vertrauen mehr in eine gute Zukunft.

Nun gibt es zwei grundverschiedene Strömungen, die wir in der Gesellschaft erkennen können. Es gibt natürlich auch extreme Außenpole, doch die meisten von uns schwimmen in der Mittelzone umher und teilen sich in zwei Lager.

Auf der einen Seite stehen die Individualist*innen. Sie sind diejenigen, die primär auf sich schauen, die ihr Leben nach dem größtmöglichen Genuss für sich und ihre Familie gestalten und nicht auf die Auswirkungen ihres Verhaltens achten. Sie haben kein Problem damit, Marken von unethischen Konzernen zu tragen, Statussymbole sind ihnen sehr wichtig. Sie sind stolze Kapitalist*innen und wollen möglichst viel Profit akkumulieren, um Wohlstand für sich zu schaffen, egal auf wessen Kosten. Diese Menschen sind auf ihr eigenes Wohl bedacht und leben das Ellbogenprinzip. Weiter, schneller, reicher, höher hinaus. Dieses Konzept wird auch den Kindern vorgelebt, der Klimawandel und das Wohl anderer tangieren sie kaum bis gar nicht. Jede und jeder kümmert sich nur um sich, ist für ihr bzw. sein Glück selbst verantwortlich und schaut dabei nicht nach links und rechts. Das Prinzip des kapitalistischen Individualismus prägt seit Jahrzehnten die westlichen Gesellschaften, besonders in den Vereinigten Staaten ist dies der Status quo. Ich denke nicht, dass die Durchschnittsamerikaner*innen verstehen würden, warum dieses System problematisch ist. Für viele von ihnen bleibt das Wort »Sozialstaat«, wie wir ihn in den meisten europäischen Ländern kennen, ein Schimpfwort.

Auf der gegenüberliegenden Seite steht ein viel geringerer Anteil der Gesellschaft. Diejenigen, die auf ihre Mitmenschen achten, sich um andere kümmern, denen das Wohlergehen aller am Herzen liegt. Denn metaphorisch gesehen ist das Gegenteil von Kapital – richtig –: sozial.

Dies sind die Menschen, die sich dazu entschieden haben, ihr Leben in den Dienst der Allgemeinheit zu stellen, etwas Gutes zu tun und helfen zu wollen. Ich spreche von denjenigen, die zum Beispiel in Sozialberufen wie der Alten- und Krankenpflege oder der Behindertenbetreuung tätig sind. Ebenso können dies Menschen sein, die für gemeinnützige Organisationen oder NGOs arbeiten und wahrscheinlich nicht die höchsten Gehälter im Monat verdienen, aber einen Beitrag leisten wollen für die Gesellschaft, für die Menschen und den Planeten. Ich bewundere diese Menschen, die mit ihrem Einsatz in Wahrheit unser gesamtes System stützen. Wie absurd ist es, dass genau diese Leute, ohne die unser Gesellschaftskonstrukt schlicht und einfach zusammenbrechen würde, meist am wenigsten verdienen? Ebenso wie der Fakt, dass Geringverdiener*innen mehr spenden als sehr reiche Menschen. Wie unfair ist es, dass in Österreich Polizist*innen in der Ausbildung bezahlt werden, Krankenpfleger*innen aber nicht?

Wir müssen uns also selbst die Frage stellen: *Auf welcher Seite wollen wir stehen?* Natürlich ist es nicht so einfach. Und höchstwahrscheinlich haben die meisten von uns Anteile beider Seiten. Ich kann versuchen, mich hauptsächlich nachhaltig zu verhalten, und trotzdem konsumieren und eine Flugreise antreten. Eine Krankenschwester wird nicht zwingend in jedem Bereich ihres Lebens sozial und fürsorglich sein. Ich kann einen gut bezahlten Job bei einem großen Konzern haben und mich trotzdem an meinen freien Tagen beim Freiwilligendienst in der Gruft engagieren. Jede kleine Geste zählt.

Auf welcher Seite wollen wir stehen?

Ich frage mich aber, was passiert, wenn diese soziale Seite, die zum Menschsein dazugehört und uns im Kern alle vereint, auf einmal gänzlich verloren geht? Uns entgleiten als Gesellschaft immer mehr die Kontrolle und der Bezug zu unserer sozialen, humanitären, empathischen Seite.

Was passiert, wenn in unserer Gesellschaft der Begriff »Gutmensch« zum Schimpfwort wird? Wenn »gut zu sein« oder etwas »gut zu meinen« zu etwas Negativem verunglimpft wird? Ich finde, diese Entwicklung hält unserer Gesellschaft ganz schön den Spiegel vor. Ich für meinen Teil möchte ein guter Mensch sein, wer möchte, kann mich also gerne zu jeder Zeit als Gutmensch beschimpfen!

Was, wenn »Gutmensch« zum Schimpfwort wird?

Doch natürlich sind wir alle keine Heiligen und zwischen den beiden Extremen hin- und hergerissen. Logischerweise sind wir, wie alle anderen auch, im Konsumwahn unserer Generation gefangen, können aber versuchen, diesem schrittweise zu entkommen. Ja, wir sind abhängig und werden von Werbung und Social Media dauermanipuliert. Wir müssen das Problem also beim Namen nennen und uns ihm langsam entziehen. Wie bei jeder Sucht fällt einigen ein radikaler Schlussstrich leichter, anderen ein

Abnabelungsprozess in kleinen Schritten, um dem Kreislauf des Konsumwahns irgendwann zu entkommen. Das Stichwort ist hier wieder einmal Achtsamkeit. Bewusster Konsum, was brauche ich wirklich und worauf kann ich verzichten?

In Wien findet jedes Jahr der Wiener Opernball statt. Er ist der Ball der Bälle und das renommierteste Society-Event des Landes. Zweimal habe ich den Ball bereits besucht. Dieses Jahr habe ich auf Social Media und in meinem Freundeskreis beobachtet, wie begeistert viele auf dieses angebliche kulturelle Superevent blickten. Da ich bereits live dabei gewesen bin, hatte es keinen großen Reiz mehr für mich – »Been there, done that«.

Gleichzeitig habe ich verfolgt, dass viele Mitglieder der aktivistischen Seiten, denen ich auf Instagram folge, dieses Jahr vor Ort waren, um gegen den Ball zu protestieren. Es sei eine Veranstaltung der Eliten, die oberen Zehntausend feiern dort das Leben, kaufen sich Logen um 30.000 Euro, während ein Großteil der Bevölkerung sich die Strompreise nicht mehr leisten kann.

Und plötzlich fragte ich mich ernsthaft zum ersten Mal, was ich tun würde. Auf welcher Seite würde ich stehen?

Der Opernball ist weltberühmt und ein österreichisches Kulturgut, alles, was Rang und Namen hat, tummelt sich zu besagtem Anlass am Parkett der Wiener Staatsoper. Doch welche Bedeutung hat und was für ein Bild zeichnet dieser Ball der Eliten nach außen? Die Reichen tanzen und trinken, während die schwer arbeitende Bevölkerung nicht weiß, wie die nächste Miete zu bezahlen ist? Klingt ja fast wieder nach Monarchie. Und dass die OMV, ein einheimischer Erdöl-, Erdgas- und Chemiekonzern, eine der Hauptsponsorinnen des Balles ist, macht auch nicht gerade den besten Eindruck.

Ich entschied also still für mich, dass ich mich eher mit den Protestierenden vor den Toren der Staatsoper solidarisieren würde, als mich mit den champagnertrinkenden Politiker*innen und Society-Stars blicken zu lassen. Was würdest du tun?

Es ist nicht alles schwarz und weiß im Leben, doch manchmal ist es eben gerade deshalb so wichtig, Farbe zu bekennen. Am besten laut und so oft wie möglich.

Farbe bekennen: am besten laut und so oft wie möglich.

Doch was dürfen wir nun überhaupt noch? In Wahrheit ist ja alles, was wir als Menschen hier auf der Erde tun, umweltschädlich und belastend fürs Klima.

Wir können nicht alle aufs Land ziehen, Gemüse anbauen und als Selbstversorger*innen ohne Auto das Leben bestreiten. Klingt eigentlich ganz schön, aber ist natürlich komplett unrealistisch. Wir sind alle Teil eines Systems und fungieren als kleine Zahnräder, um das Ganze in Bewegung zu halten. Wir haben Jobs und Verpflichtungen in der Stadt, und Konsum ist eben ein großer Teil unserer westlichen Gesellschaften geworden.

Bitte glaubt nicht, dass ich sagen will, wir müssten jetzt alle päpstlicher als der Papst werden – überhaupt nicht! Das geht auch gar nicht. Gerda braucht nun mal ihr Auto, um Lebensmittel einzukaufen, und Hannes muss eben zweimal im Monat beruflich fliegen.

Wir sind als Gesellschaft natürlich in einem System gefangen, dem wir nicht so leicht entkommen können. Das System ist komplex, doch wir müssen alle anerkennen, dass wir eine Teilverantwortung tragen. Wir sind so sehr Teil des Systems, dass wir mit dem Kauf des neuesten iPhones oder der weißesten Nikes unseren kleinen Part dazu beitragen, dass die Welt und unser Klima an dem Punkt sind, wo sie sind. Es ist fast unmöglich, sich dem System komplett zu entziehen. Wir müssen aber ehrlich zu uns selbst sein und verstehen, dass wir dadurch alle auch Teil des Problems sind. Nicht aktiv, aber durch unser Konsumverhalten und unseren ökologischen Fußabdruck. Es ist ja nicht so, als gäbe es heute nicht andere Optionen als Apple und Nike.

Wir sind heute darauf programmiert, *Konsum als Freiheit* zu betrachten. Jegliche Einschränkung dieser Konsumfreiheit würde Verzicht bedeuten. Bei diesen Begriffen schreit unser innerer FOMO-Radar natürlich sofort laut auf. Einschränkung und Verzicht würden ja bedeuten, dass wir etwas aufgeben müssten, dass uns etwas weggenommen wird. Dadurch würden wir doch etwas verpassen! Sei es der schicke neue Mantel oder der Wochenendtrip mit dem Flugzeug nach Paris.

Natürlich – Einschränkungen tun weh. Und das ist der springende Punkt: *Wahre Veränderung muss wehtun.* Wahre Veränderung im Bereich sozialer Gerechtigkeit oder Klimaschutz kann nur durch Restriktionen und Regulierungen erfolgen. Und diese werden wir leider alle spüren müssen. Das sind nun natürlich nicht besonders erfreuliche Nachrichten. Wollen wir aber als Kollektiv Ungleichheit bekämpfen und unsere eigene Spezies vor dem Aussterben bewahren, müssen alle am selben Strang ziehen, um etwas zu bewirken. Und für manche wird das nun mal Verzicht bedeuten. Es kann nicht sein, dass die reichsten zehn Prozent der Weltbevölkerung für fast 50 % der CO_2-Emissionen verantwortlich sind! Das ist unfair, und deshalb ist es selbstverständlich, dass diese Menschen zuerst verzichten und sich einschränken müssen. Wir haben panische Angst, dass uns etwas weggenommen wird. Doch bevor Regina aus Salzburg ihr Auto nicht mehr fahren darf, müssen ganz andere Dinge geschehen, wie zum Beispiel die Einschränkung des privaten Flugverkehrs.

Wahre Veränderung muss wehtun.

Wir hätten zum ersten Mal in der Geschichte der Menschheit die Ressourcen, die notwendig wären, um alle

Menschen der Erde satt machen zu können, und es ist unsere Pflicht als Kollektiv, als Menschheit, alles dafür zu tun. Auch wenn unsere FOMO stark darunter leiden wird.

Doch wie wäre es, wenn Verzicht zu etwas Positivem werden würde?

Veganismus/Vegetarismus ist zum Beispiel ein Verzicht mit vielen positiven Begleiterscheinungen und einem hohem Verzicht-Wohlfühlfaktor. Veganer*innen erfreuen sich daran, dass sie auf den Konsum tierischer Produkte verzichten, damit das Leid von Milliarden Nutztieren mindern und abgesehen von den positiven Auswirkungen auf die Gesundheit somit gleichzeitig auch zum Klimaschutz beitragen können.

Veganismus ist ein tolles Bespiel für ein uneingeschränktes Leben trotz Verzicht, auch weil er freiwillig geschieht und nicht erzwungen wird.

Natürlich haben wir alle mit dem Thema Einschränkungen so unsere Probleme. Logisch – wer will sich schon freiwillig einschränken lassen? Leider benutzen heute immer mehr rechte und populistische Parteien FOMO als Mittel, um gegen sozialpolitische und klimafreundliche Regulierungen zu wettern. »Wir sind frei, wir wollen uns nicht einschränken lassen! Wir leben in einer Demokratie, wir wollen keine Klimadiktatur!« Ich verstehe die Angst vor Einschränkungen. Die Angst, dass wir unser Leben nicht frei leben dürfen. Doch kommen uns Einschränkungen wie Tempolimits oder Regulierungen bei der Massentierhaltung auf lange Sicht nicht mehr zugute, als dass sie uns schaden?

Demokratie ist sowieso eine interessante Sache. Wie oft hören wir in den Medien von der Erhaltung unserer so hoch geschätzten Demokratie? Doch sehen wir mal genau hin. Haben politische Parteien heutzutage überhaupt die notwendige Macht, konkrete Veränderung durchzusetzen? Ist ein demokratisches System sinnvoll, wenn rechtspopulistische Parteien demokratisch durch den Großteil einer Bevölkerung gewählt werden? Oder würde nicht eher eine Expert*innen-Regierung positivere Auswirkungen auf unsere Zukunft haben?

Liegt es aktuell wirklich in den Händen einer Bundeskanzlerin oder eines Bundeskanzlers, aktiv Gesetze, die dem Volk zugutekommen, zu verabschieden? Oder liegt die eigentliche Macht woanders, nämlich bei den großen Konzernen, der Industrie und deren Lobbyist*innen?

Wie ist es dazu gekommen, dass wir das Wohlergehen der Wirtschaft über das Wohlergehen der Menschen stellen? Wann hat sich jemand »Lasst uns Millionen von Bullshit-Jobs schaffen, damit alle mit dem Konstrukt Arbeit beschäftigt sind« gedacht?

Wann und wie ist es so weit gekommen, dass wir vergessen haben, zu leben, weil wir unsere Arbeit priorisieren? »Geht es der Wirtschaft gut, geht es den Menschen gut.« Blödsinn, es sollte heißen: »Ginge es den Menschen erst mal gut, kann es dann auch der Wirtschaft gut gehen.«

Doch es werden immer neue »needs« geschaffen, immer neue Notwendigkeiten, die wir scheinbar so dringend brauchen, um das Manipulations-Konsum-Rad in Bewegung zu halten.

Was wir wirklich bräuchten? *Degrowth.* Wie schon erwähnt, ist der Kapitalismus auf Expansion ausgelegt, er lebt von der Anhäufung und Maximierung des Kapitals. Doch der logisch denkende Mensch versteht immer mehr, dass es planetare Grenzen gibt. Dass die grenzenlose Ausweitung schlicht und einfach nicht mehr möglich ist. Deshalb wäre es für die westlichen Regierungen an der Zeit, einen Anti-Globalisierungs-Weg einzuschlagen. Konzerne müssten, abgesehen von klimaneutraler Produktion, künftig auf Regionalität setzen. Nur so kann der ökologische Fußabdruck minimiert werden. Anstatt auf Expansion und billige Produktionsstätten in Asien sollten wir auf lokale, kleine Betriebe setzen, bei denen sowohl Arbeitskonditionen als auch Qualität stimmen.

Der Unersättlichkeit muss ein Ende gesetzt werden. Da dies aber nicht von alleine erfolgt, müssen Großkonzerne wie Shell und Amazon zur Verantwortung gezogen werden, da sie es sich scheinbar nicht selbst eingestehen können, dass ihre Produktionsweisen unumkehrbare Folgen für die Menschheit haben. *Um dieser Ungleichheit und dem Klimawandel nun effizient entgegenzuwirken, bräuchte es jetzt smarte Regulierungen der Expansion und somit auf lange Sicht eine Kompression der Wirtschaft, um hierzulande fair und ökologisch produzieren zu können.*

Der Mensch ist egoistisch und nicht besonders weitsichtig. Er kümmert sich um das, was er gerade sieht, und so viel ist das nicht. Wir haben es im Wahn der Globalisierung und der wirtschaftlichen Ausweitung verabsäumt, nach nachhaltigen Strukturen zu suchen. Wir waren zu kurzsichtig und nur auf schnellen Profit bedacht.

Doch wie soll es weitergehen? Bei politischen und wirtschaftlichen Entscheidungen nur an den Moment und die nächsten zehn Jahre zu denken, ist nicht nur dumm, sondern engstirnig, unfair und asozial. Können wir das vor den kommenden Generationen verantworten?

Wir müssen nicht unseren Planeten retten, wir müssen uns selbst retten.

Wir müssen nicht unseren Planeten retten, wir müssen uns selbst retten.

Wieso sprechen wir heute bloß ununterbrochen von »Umweltschutz«? Der Erde ist es relativ egal, was wir hier oben treiben. Sie wird womöglich noch Milliarden von Jahren nach unserem Ende weiterexistieren, genauso, wie sie es die 4,5 Milliarden Jahre vor uns getan hat. Für sie ist das Experiment »Mensch« ein Wimpernschlag in ihrer Geschichte. Ein Parasit, der sich kurz festgeklammert, vieles zerstört und sich dann aber auch wieder in Luft aufgelöst hat. *Wovon wir eigentlich sprechen sollten, ist »Menschenschutz«.* Es geht hier doch nicht um den Planeten. Es geht um uns, unsere eigene Spezies! Unsere ach so intelligente Art, die sich über alle anderen Arten erhebt und sie ausbeutet, aber dumm genug ist, sich höchstwahrscheinlich selbst auszurotten. Nennen wir das Problem also endlich beim Namen und fangen wir an, uns selbst zu retten.

Müsste doch eigentlich ein guter Grund sein, etwas zu verändern? Scheinbar noch immer nicht triftig genug.

Das Problem mit dem Glücklichsein

Wo hört mein Weltschmerz auf und wo fängt mein persönliches Glück an?

Eigentlich klingt es nun so, als könnten wir uns in dieser Welt, die kurz vor dem Kollaps steht, gar nicht mehr erlauben, glücklich zu sein. Wen von uns deprimieren die permanenten Nachrichten von Zerstörung, Leid und Hunger nicht auf Dauer? Es gibt gewiss Menschen, die diesen Weltschmerz mehr spüren und erleben, und andere, die wiederum ganz leichtherzig und unbeschwert durchs Leben gehen und sich auf sich und ihre eigene kleine Welt konzentrieren können.

Aber dürfen wir das? Dürfen wir trotz der unmittelbar drohenden Katastrophen, die sich ringsherum zusammenbrauen, einfach glücklich sein? Nach einem Beitrag über den erneuten, verheerenden Bombenangriff beschwingt ins Nutella-Brot beißen und trällernd das Haus verlassen? Kommt unser Gehirn mit, und fühlen wir uns selbst noch authentisch, wenn wir Freude und Lachen zulassen – trotz der schlechten Nachrichten an jeder Ecke? Wie weit kann ich verdrängen und ausklammern, und wie wichtig ist das für mein Wohlbefinden?

> Verdrängung ermöglicht uns das seelische Überleben

Bereits in der Psychoanalyse stellte Freud fest, dass wir besser im Leben fahren, wenn wir Leid zunächst ignorieren – anstatt uns vom Schmerz überfluten zu lassen. *»Die*

Verdrängung ist ein ganz fundamentaler Abwehrmechanismus des Körpers. Er ermöglicht uns das seelische Überleben.«[19] Um heute Freude zu empfinden, müssen wir also ganz schön viel verdrängen.

Der Mensch kann auf lebensbedrohliche Gefahren reflexartig auf drei verschiedene Arten reagieren: kämpfen (fight), flüchten (flight) oder erstarren (freeze). *Wie wir auf bestimmte Gefahren oder Krisen wie die Klimakrise reagieren, in welchen Reflexmodus wir fallen, entscheidet sogar über unser politisches, also auch persönliches Handeln.*

Wenn wir uns das kurz anhand der Klimakrise ansehen: Hier wäre die förderlichste Gefahrenreaktion der Fight-Reflex. Im Fight-Modus werden negative Gefühle wie Angst oder Wut in eigene Handlungsfähigkeit umgewandelt, was darin resultiert, dass wir unseren Alltag nachhaltig gestalten, aktiv werden oder bei Wahlen ein entsprechendes Kreuzchen setzen. In diesem Fall motivieren uns unsere Emotionen wie Verzweiflung und Empörung zu aktivem Handeln. Diese können jedoch auf längere Sicht ermüden, belasten und lähmen – typische Freeze-Reaktionen. Anstatt zu agieren, verfallen wir in eine Passivität und resignieren. Wir bekommen ein Ohnmachtsgefühl, sowieso nichts verändern zu können, was uns daran hindert, in Aktion zu treten.

In der dritten Option, der Flight-Reaktion, verdrängen und verharmlosen wir die Krise und leugnen alle negativen Gefühle. »Die Flucht in andere Themen, in verstärkten Konsum und in einfache Lösungen […], das Verdrängen großer Fragen (welche Werte sind mir wichtig?) und das Leugnen der eigenen Verantwortlichkeit bis hin zu einem Anzweifeln von Fakten (vielleicht hat die Wissenschaft sich ja geirrt) können weitere Folgen sein.«[20]

Was also in der Übermittlung von Information essenziell ist, ist, dass dem Präsentieren von bedrückenden Fakten Lösungsansätze folgen müssen. Ansonsten ist es leicht, sich in die Resignation zurückzuziehen. Um von der Lähmung in die Handlung übergehen zu können, spielt das Wort »Hoffnung« eine tragende Rolle. Unser Aktivwerden hängt stark davon ab, ob wir unser Ziel als realistisch ansehen. Ist das Ziel von einer nachhaltigen Zukunft erreichbar, und kann mein Engagement zu diesem beitragen? Wenn die Verantwortung für die Klimakrise von Politiker*innen und Medien jedoch zu stark dem Individuum zugeschrieben wird, führt das ebenso zu Resignation, da nachhaltiges Verhalten in nicht nachhaltigen Strukturen sehr schwierig sein kann.[21]

Sicherlich ist es keine Lösung, sich komplett von der Außenwelt abzuschotten, laut zu singen und sich die Ohren zuzuhalten, wenn Nachrichten im Radio oder im Fernsehen laufen. Realitätsverweigerung ist hier der völlig falsche Zugang. Eine gute Balance wäre es, weiterhin in einem gesunden Maß informiert zu bleiben, mitzubekommen, was auf der Welt so geschieht, aber sich mental klar davon abzugrenzen und zu versuchen, sich nicht zu sehr davon beeinflussen zu lassen. Zu differenzieren und zu verstehen, dass das gerade nicht unsere Realität ist. Es ist unendlich traurig, tragisch und unfair, dass diese Dinge hier und jetzt passieren, mir darf es aber trotzdem in meiner Welt gut gehen. Ich kann dadurch gerade noch dankbarer für meine heile Realität sein und mich deswegen bemühen, noch mehr zurückzugeben bzw. verändern zu wollen. Positivität und Tatendrang können Berge versetzen.

Optimismus und Motivation sind essenziell für ein gutes Leben. Wir brauchen sie in Zeiten wie diesen wie die Luft zum Atmen. Ebenso einen Grund, warum wir morgens aufstehen, eine Aufgabe, die uns antreibt und zu Höchstleistungen verhilft. Ein persönlicher Sinn ist eng verbunden mit einem sozialen Nutzen und einer potenziellen Verbesserung unseres Umfelds.

Lange Zeit hatte ich das nicht. Ich habe mich unnütz und ohnmächtig gefühlt, obwohl es nach außen, zum Beispiel auf Social Media, ganz anders gewirkt hat. Die Leute, die ich traf, gratulierten mir zu meinem scheinbaren Erfolg, den sie auf Instagram verfolgen konnten. Ich selbst konnte nichts davon spüren. Die amerikanische Schriftstellerin Rebecca Solnit stellt in ihrem Buch »Hope in the Dark« fest: »Es gibt ein öffentliches Äquivalent zur privaten Depression, ein Gefühl, dass die Nation oder die Gesellschaft und nicht der Einzelne in der Klemme steckt.«[22] Eine ganze Weile lang spürten ich und viele andere eine gewisse Schwere, ein kollektives Unbehagen und Verlorensein. Wir waren einfach nicht glücklich und spürten die globalen Probleme, als wären sie unsere eigenen. Doch wie sehr sollten wir das generelle Ohnmachtsgefühl unseren Alltag und unser persönliches Glücksempfinden bestimmen lassen?

»Glück ist etwas, das man nicht anstreben kann, sondern etwas, das mit dem Tun kommt«, sagt Kulturwissenschaftlerin Annegret Braun. Ihr zufolge sind sich Glücksforscher einig: »Beziehungen sind die größte Glücksquelle.« Womit sowohl Partnerschaften als auch tiefgründige Freundschaften gemeint sind. Ebenso erreiche man eine glückliche Gesellschaft nur, »wenn Menschen sich gegenseitig – und nicht nur sich selbst – glücklich machen.« Braun rät hier »zu mehr Achtsamkeit, einer dankbaren Haltung und einer bewussteren Wahrnehmung der Umwelt und seiner Mitmenschen.«. Die Glücksforschung geht davon aus, dass das Glücklichsein zu 50% angeboren ist, sich zu 10% aus unseren Lebensumständen, wie beispielsweise Reichtum, Schönheit und Gesundheit, und zu erstaunlichen 40% aus unserem eigenen Willen zusammensetzt.[23] Glücklichsein können wir ihrer These nach trainieren und durch verschiedene Tricks erlernen. Durch ihre wissenschaftlich fundierte Anleitung präsentiert sie zwölf Glücksaktivitäten zur ganz persönlichen Glücksstrategie. Unter anderem stehen auf der Liste: Hilfsbereitschaft und Fürsorge; das Vermeiden von Vergleichen; Dankbarkeit und Optimismus.

»Wer glücklich sein will, muss auch in der Lage sein, sich so weit wie möglich von Traumata und schwierigen Zeiten zu erholen.«[24]

Deshalb muss Positivität oder Glück zur bewussten Entscheidung gemacht werden. Es ist heute so einfach, unter der Last von außen einzuknicken. *Die Stärke zu haben, zu Aufgaben und Lebensabschnitten bewusst Ja zu sagen, mit offenen Armen auf etwas loszustürmen, sich offenherzig in die Ungewissheit zu stürzen, das Abenteuer und die Weite zu suchen auf dem Weg zur ultimativen Freiheit* – diese Stärke müssen wir in uns wiederentdecken.

Es gibt für uns alle Wege, um glücklich zu sein. Wir alle haben das Recht auf Glück. »The pursuit of happiness« gehört selbst in der amerikanischen Unabhängigkeitserklärung zu einer der »selbstverständlichen Wahrheiten.«

Wirkliches Glück kann nur durch einen tieferen Sinn gefunden werden. Durch eine Aufgabe und einen erfüllenden Lebensinhalt. An unserem Sterbebett das Gefühl zu haben, etwas Sinnvolles beigetragen zu haben und die Welt ein Stück besser gemacht zu haben. Manche finden diesen in einer Partnerschaft oder in der Elternrolle, manche in einer sinnstiftenden Arbeit oder den kleinen magischen Momenten zwischendurch.

Aber Glück ist nicht gleich Glück.

Immer mehr Menschen in unserer kapitalistischen westlichen Welt suchen ihr Glück in materiellen Gegenständen. Instagram und Co. bewerben durch die Verherrlichung von Luxusartikeln dieses scheinbare Glück – doch dieses ist kurzweilig und vernebelt.

Prinzipiell werden viele von uns heute dazu erzogen, konstant nach unserem höchsten persönlichen und vor allem materiellen Glück zu streben – egal auf wessen Kosten. Wenn wir um etwas kämpfen, etwas erreichen wollen, um somit das vermeintliche Glück zu erreichen, scheuen wir nicht davor zurück, unsere Ellbogen zu verwenden. Wir wurden mit der Einstellung geboren, dass uns Glück einfach zusteht. Und das macht das Leben nicht gerade einfacher. Wir haben als Kinder bereits Träume von großen Häusern, erfolgreichen Karrieren und Reisen in ferne, exotische Länder. So wird uns das in der Werbung und auf den sozialen Medien vorgelebt. Doch was passiert, wenn diese Dinge nicht eintreffen? Wenn wir realisieren müssen, dass nicht alle ein so privilegiertes Leben führen können? Dass unsere Träume vielleicht zu groß waren? Dass wir mit unserem kapitalistischen Denken vielleicht naiv waren?

Es stimmt schon, die (westliche) Menschheit hat sich ihr Leben seit den 1950er-Jahren ziemlich optimiert. Leider hat aber genau dieser Wohlstand, der seit damals sukzessive zugenommen hat, viele Dinge auch zum Negativen gewandelt. Der zunehmende Reichtum (hervorgerufen durch die Globalisierung und postkoloniale Strukturen) der einen setzte die Ausbeutung der anderen voraus. Meine Eltern gehören zu der Generation der Babyboomer: Die Wirtschaft erlebte einen großen Aufschwung, viele hatten in ihrer Familie erstmals die Chance, zu studieren, gute Jobs zu bekommen und ein besseres Leben zu führen als ihre Eltern. Natürlich gab es damals auch massive Konflikte und Probleme (Tschernobyl und der saure Regen, der Eiserne Vorhang, der Krieg in Vietnam etc.), doch sie profitierten von einem starken Sozialstaat und sind bis heute die »konsumfreudigste aller Generationen«[25]. Für die Kinder der Boomer ist die Welt eine andere: Der Sozialstaat wird immer weiter abgebaut, die Wirtschaft boomt nicht mehr, ganz im Gegenteil, die Träume und Ideale der Zukunft werden immer unrealistischer. Das Leben, das uns in unserer Kindheit vorgelebt wurde, ist nicht so leicht zu erreichen wie angenommen. Die Antwort auf unsere hohen Erwartungen ist Enttäuschung.

Und hier kommt die Dankbarkeit ins Spiel. Wir sind zu einer Gesellschaft herangewachsen, die sich immer zu wenig sein wird. Davon profitieren natürlich die großen Konzerne.

Wir schaffen Vergleiche, um scheinbare Defizite zu kreieren. Doch wenn wir wirklich hinsehen, wenn wir alles relativieren und objektiv betrachten, geht es uns verdammt gut. Wir haben so unendlich viel, wofür wir dankbar sein können. Wir leben in einem sicheren Land. Wir haben ein Dach über dem Kopf. Wir können uns jederzeit im Supermarkt eine Mango aus Südamerika kaufen, wenn wir gerade Lust dazu haben. Noch nie waren Menschen so frei wie wir heute. Wir haben politische Mitbestimmung – egal ob wir Männer oder Frauen sind. In der Schweiz dürfen Frauen erst seit 1971 wählen, das ist gerade einmal 50 Jahre her! Wir können reisen, fremde Länder erkunden, wir können uns satt essen und müssen dafür nicht jagen oder sammeln gehen. Eigentlich *verdammt viele gute Gründe, um glücklich zu sein, oder?*

Verdammt viele gute Gründe, um glücklich zu sein, oder?

Der digitale Alptraum

Wie gefährlich ist Social Media wirklich?

Wieso benennt niemand die omnipräsente, sich immer weiter ausbreitende Digitalisierung als das, was sie ist? Eine große Gefahr für unsere Zivilisation. Natürlich bringt sie ungeheure Vorteile und Erneuerungen mit sich, doch die Schattenseiten der digitalen Superkraft sind tückischer und weitreichender, als wir landläufig meinen.

Es ist schwer, uns selbst einzugestehen, dass wir und der Großteil unserer Generation abhängig sind. Es ist eine Sucht, um kein Stück besser als eine Alkohol- oder Nikotinabhängigkeit. Schleichend verpesten Handys, Computer und Smartwatches jegliche Zwischenmenschlichkeit. Wie oft hören wir den Satz: »Hoffentlich habe ich mein Handy nicht verloren, da ist ja mein ganzes Leben drauf!« Wie traurig, aber wahr dieser Satz ist. Für manche ist die digitale Welt zur Realität geworden. Auf Social Media gelten sie, dort sind sie jemand. Kinder und Jugendliche, die schon von klein auf den Umgang mit elektronischen Geräten gewohnt sind, sind natürlich am meisten betroffen, dennoch trifft es genauso ältere Menschen. Es ist auch verständlich: Sind wir in Pension und häufig alleine, greifen wir schnell mal zum Smartphone, um auf Facebook unsere superwichtige Meinung über die neue Bürgermeisterin des Bezirks kundzutun. Und wie nett, wenn es Gerhard vom Wassergymnastik-Kurs gefällt, dass ich heute Mittag gefüllte Paprika gegessen habe. Auch das Leben der älteren Bevölkerung spielt sich heute online ab. Likes und Kommentare geben uns allen

Bestätigung und im entfernten Sinne Liebe und Anerkennung, wonach jeder Mensch sucht. Und so sprechen diese schlauen Zeiträuber unsere innersten Instinkte und Wünsche an.

Der Gebrauch von Social Media ist einer der größten Auslöser von FOMO.

Der Online-Vergleich erzeugt ein direktes Konkurrenzdenken und darauf folgend ein Mangelgefühl. Dennoch sind wir überzeugt davon, auf Instagram dazuzugehören, dabei zu sein. Wir müssen online sein, posten und Beiträge von anderen liken, um ja nichts zu verpassen. »Hilfe, was, wenn ich den Gender-reveal-Post von Bettina verpasse?«

> Während wir das Gefühl haben, nichts zu verpassen, verpassen wir am allermeisten.

Paradoxerweise verpassen wir, während wir das Gefühl haben, nichts zu verpassen, am allermeisten. Während wir im Durchschnitt drei bis fünf Stunden pro Tag – also fast 2.000 (!) Stunden im Jahr – auf unseren Handys scrollen, dreht sich die Welt um uns herum einfach weiter. Wir sind aber wie ausgeknipst und leben eine andere Realität. Online findet der neueste Modetrend statt, online sehen wir das hipste neue Lokal und online findet die angesagteste Party statt. Online sind wir immer dabei.

Doch stellt euch vor, was wir in diesen 2.000 Stunden alles machen hätten können! Vielleicht läufst du gerade einfach so an der Liebe deines Lebens vorbei und merkst es nicht, weil du zu beschäftigt bist, auf deinen Bildschirm zu starren.

Das ist die echte Gefahr. *Das sollte die echte FOMO sein.* Die Angst davor, viele Stunden unseres Lebens zu verpassen, weil wir die Zeit lieber damit verbringen, in ein kleines digitales Kästchen zu schauen.

Digitale Medien haben uns als Gesellschaft komplett vereinnahmt. Online-Schularbeiten werden heute auf Laptops geschrieben, ChatGPT erstellt für uns Mails und schreibt

Hausübungen. Digitaler Fortschritt oder Rückschritt? Der Durchschnitts-IQ-Wert der Jugendlichen geht immer weiter zurück.[26] Das Internet soll Aufgaben für uns vereinfachen und erledigen, eine Hilfe für uns darstellen. Doch oft ist gut gemeint nicht unbedingt gut. Wenn das gesammelte Wissen (und auch Unwissen) der gesamten Menschheit mit nur einem Klick jederzeit abrufbar ist, dann muss sich keiner mehr Fakten merken. Wer strengt dann noch unnötigerweise seine Gehirnzellen an? Schnell für die Schularbeit gelernt, danach sofort wieder vergessen.

Kommen wir zu der Social-Media-Plattform, die gleichzeitig so viel ermöglicht und anrichtet. Instagram ist ein Werbe- und Manipulationstool der Konzerne und Machthaber und wird weitläufig unterschätzt. Abgesehen von der Nutzung und dem Weiterverkauf von Millionen persönlicher Daten sind Instagram, TikTok und Facebook viel mächtiger, als wir denken.

Cambridge Analytica hat uns gezeigt, dass ganze Wahlen via Facebook und Instagram manipuliert wurden und somit Demokratien akut gefährdet sind. Neben geschicktem Datenklau hat Instagram also noch viel tiefere Abgründe.

Die meisten Menschen, die wir auf Instagram sehen, sind wunderschön, dünn, sportlich, gut situiert – und gephotoshoppt. Frauen haben Brust- und Po-Implantate, operierte Nasen und Wangenknochen, geliftete Augenbrauen und Lider und natürlich aufgespritzte Lippen. Das ist das Schönheitsideal, das ist die Norm von heute. Der Druck auf die junge Generation, so aussehen zu müssen, geht so weit, dass sich immer mehr junge Mädchen unters Messer legen, sich selbst verletzen oder in Extremfällen sogar Selbstmord begehen, weil sie der Last und dem Ideal von Instagram nicht standhalten können. Laut der amerikanischen Psychologin Jean Twenge hat sich »zwischen 2011 und 2019, also lange vor der Pandemie, die klinische Depression bei Teenagern verdoppelt. Die Zahl der Einweisungen in die

Notaufnahme wegen Selbstverletzung verdreifachte sich bei zehn- bis 14-jährigen Mädchen.«[27] Laut CDC (Centers for Disease Control and Prevention) gaben 2021 fast 60 % aller Highschool-Schülerinnen in Amerika an, im vergangenen Jahr anhaltende Gefühle der Traurigkeit oder Hoffnungslosigkeit erlebt zu haben. Fast 25 % hatten schon einen Selbstmordplan erstellt.[28] Abermals geht es natürlich um reinen Profit, die psychische und physische Gesundheit der vor allem jungen Menschen wird hintangestellt.

Besonders junge Frauen fühlen sich heute dank Social Media wertlos und hässlich. Instagram ist schlau, mit der Hilfe von FOMO kreiert Meta ein Mangeldenken und erfindet immer neue Optimierungswege und Verkaufsstrategien. Täglich kommen neue, unsinnige Produkte auf den Markt, die wir ganz dringend brauchen, um schön zu sein und dazuzugehören. Unsere FOMO spielt natürlich eine wesentliche Rolle: Natürlich kaufe ich mir den neuen Kollagen-Drink, ich möchte ja genauso jung und schön sein wie meine Nachbarin oder die Frauen in der Werbung.

Das Leben ist kurz und unsere durch Social Media ausgelöste FOMO beschert uns eine noch größere Angst vorm Altern. Nicht vor dem Sterben, aber vor dem langsamen Verfall. Vor dem *Verlust der äußeren jugendlichen Erscheinung, die die Währung in unserer materiellen Welt darstellt.* Durch Social Media wird unser fanatischer Jugendwahn immer noch größer. Die traurige Realität ist an Absurdität nicht zu überbieten: Zehnjährige zeigen uns heute auf TikTok ihre Beauty-Skincare-Routine zur Bekämpfung von Falten. Zwanzigjährige lassen sich ihre noch nicht existenten Fältchen botoxen, denn angeblich müssen wir früh damit beginnen, wenn wir auch im hohen Alter von dreißig noch attraktiv sein möchten. Dies wird anschließend natürlich auf Instagram gepostet. Wie sollen wir denn da gesund und in Würde altern? Altern wird als größter Feind dargestellt, wogegen wir uns mit allen Mitteln wehren müssen.

Würden sich Frauen weltweit über Nacht selbst mögen und zu ihrem natürlichen Alterungsprozess stehen, würde von heute auf morgen eine Milliardenindustrie pleitegehen.

Eine allgemeine Meinungsbeeinflussung erfolgt jedoch nicht alleine durch Social Media, sondern selbstverständlich auch durch andere Medien. Der Großteil der Bevölkerung konsumiert in irgendeiner Form Nachrichten. Was wir als neutrale und flächendeckende Berichterstattung wahrnehmen, ist eine Täuschung. Wir erfahren durch unsere Medien nur kleine Bruchteile von den Geschehnissen auf der Welt. Wir erfahren das, was wir erfahren sollen. Neutrale Medien sind die absolute Ausnahme. Auch wenn wir von der Neutralität unserer Lieblingszeitung überzeugt sind, wie können wir uns zu hundert Prozent sicher sein?

Eine besonders drastische Auswirkung auf die Meinungsbildung einer breiten Masse unserer Gesellschaft haben die Boulevardmedien, welche heute eine echte Gefahr darstellen. Sie greifen meist opportunistische, polarisierende und populistische Themen auf, welche Angst und Hass schüren und die Gesellschaft spalten. So sind es oftmals rechte Themen wie Ausländerfeindlichkeit, die in ihrem Ranking ganz oben stehen und selbst Wahlen beeinflussen können. Nicht selten verbreiten sie bewusst Unwahrheiten, um Meinungen in eine gewisse Richtung zu lenken. Sie fungieren als echte Stimmungsmacher. Wie viel Macht sie haben, sah man bei der Volksabstimmung »Berlin 2030 klimaneutral«. 442.000 Wähler*innen, also lediglich 35,7 % der Stimmberechtigten, nahmen teil, 50,9 % stimmten für Ja, 48,8 % waren dagegen, der Rest der Stimmen war ungültig. Mir geht nicht ein, wie fast genauso viele Menschen zu einer Wahl gehen, um gegen etwas zu stimmen, was ihnen zugutekäme. Durch die Schlagzeilen von Boulevardmedien hatten aber viele den Eindruck vermittelt bekommen, dass ihnen in einem klimaneutralen Berlin etwas weggenommen würde. Eine Ungleichheit wird geschaffen, Angst wird erzeugt, die Gesellschaft wird gespalten. Die Klimadebatte wird von gewissen Medien immer mehr zu einer elitären Bewegung erklärt. Die »Durchschnittsmenschen« hätten doch andere Probleme. Das stimmt auch, die existenziellen Probleme der Menschen sind durch die Klimadebatte nicht weniger essenziell. Deshalb wird es aber immer wichtiger, die Klimadebatte auch zu einer sozialen Frage zu machen. Wer etwas genauer hinsieht, weiß, dass Klima zwar für viele kein unmittelbares Problem zu sein scheint (»Dann ist es halt ein bisschen wärmer im April, ist ja eh super!«), aber sehr wohl mit sozialer Gerechtigkeit zu tun hat und uns alle betrifft. Wie schon erwähnt, werden soziale Spannungen viel früher ein größeres Problem als die eigentlichen Auswirkungen des Klimawandels darstellen.

Die Medien haben die enorme Macht, Meinungen und Gedanken zu formen. Wie ist das bei euch? Vertraut ihr dem, was ihr in den Nachrichten seht oder lest, blind? Oder hinterfragt ihr die Informationen, die euch präsentiert werden? Ist hier zwischen staatlichen und privaten Medien zu unterscheiden? Vermutlich, denn staatliche Medienhäuser hätten bei Falschmeldungen ihren Ruf zu verlieren, während das gewissen Boulevardzeitschriften nicht gleichgültiger sein könnte. Sie betreiben Clickbaiting, verwenden also reißerische Überschriften, um die Aufmerksamkeit der Massen zu erregen, und berichten alles, was die Sensationsgeilheit befriedigt: Skandale, Aufreger, Dramen – und stets gibt es einen Sündenbock.

Viele Menschen leben so sehr in ihrer eigenen Bubble, dass eine bestimmte Meinung völlig normal erscheint, weil alle anderen, mit denen sie virtuell Kontakt haben, ebenso denken. Und genau hier liegt die Gefahr. *Der Großteil der Menschen tendiert dazu, sich keine eigenen Meinungen mehr zu bilden.* Viele lesen eine Überschrift der Bild-Zeitung und machen diese ungefiltert zu ihrer Meinung. In einer Diskussion würden sie oftmals gar nicht wissen, wieso sie eigentlich diesen Standpunkt vertreten. Es ist nicht logisch, aber einfach. Wahrscheinlich einfacher, als sich selbst ein Urteil zu bilden.

Kann der Mensch überhaupt eine komplett eigene Meinung haben? Ohne jeglichen Einfluss von außen? All unsere Denkmuster und Reaktionen entstehen aufgrund unserer Prägung und unseres erlernten Wissens, alles beeinflusst uns ständig, zu jeder Zeit, immer schon. Selbstverständlich spielen hier auch Medien eine tragende Rolle.

Wir sind kalt geworden, entfremdet und unantastbar.

Wir leben in einer Welt, in der Frauen wie Kim Kardashian mit ihren unzähligen Schönheitsoperationen wie Idole gefeiert werden. Einer Welt, in der jungen Mädchen vorgelebt wird, dass sie das alles tun müssen, um schön genug zu sein, um im Endeffekt geliebt zu werden. Sie müssen dünn sein, aber kurvig, sie müssen ihre Beine rasieren, ihre Kopfhaare aber wachsen lassen, ihre Nase kleiner schminken, zum Bikini-Waxing gehen, zur Mani- und Pediküre sowieso. Und Social Media bietet all dem die perfekte Plattform.

Von Bildung als Befreiungsschlag, von Wissen und Werten ist nirgendwo die Rede. Ab und zu schimmert mal eine feministische Botschaft durch, wie zuletzt in der Me-too-Debatte, die schlussendlich leider auch eher wenig verändert hat. Noch immer wird den Frauen, die Opfer von Gewaltverbrechen oder sexuellen Übergriffen geworden sind, nicht geglaubt und sie werden öffentlich diskreditiert. Siehe etwa Amber Heard.

Ich sage nicht, dass es jungen Männern besser geht, sie haben in Zeiten der toxischen Maskulinität gewiss ähnlichen Druck. Richtig »männlich« zu sein (was immer das heutzutage auch bedeutet), ist aktuell bestimmt schwieriger denn je.

Ich aber kann hier nur aus meiner weiblichen Perspektive berichten. Und die ist, dass ich es satthabe, ständig unter die Nase gehalten zu bekommen, was ich nicht alles so dringend bräuchte, um eine bessere Version meiner selbst zu werden. Ich möchte nicht mehr manipuliert und gelenkt werden. Ich möchte auch keine Billigprodukte aus China kaufen. Ich möchte nicht Teil des Fast-Fashion-Zyklus sein, dem zweitgrößten Klimasünder der Welt.

Wir müssen zurückfinden zu unserer Natürlichkeit, zu unserer Verbundenheit mit der Natur und unserer Umwelt. *Wir sind unnatürlich geworden.* Wir sind überhygienisch, Kleinkinder kommen nicht mehr mit Keimen und Bakterien in Berührung, was später zu unzähligen Allergien führt. Die Digitalisierung und Social Media haben uns entfremdet und abgespalten von unserer Humanität und unserem Empathieempfinden. Unsere Handys hängen wie Handschellen an unseren Handgelenken und wie Eisenketten um unseren Hals. Wie Zombies starren wir kalt und mit leerem Blick ins Nichts. *Wir sind aus der Balance geraten, werden immer weiter »entmenschlicht« und haben scheinbar vergessen, wie es ist, einfach nur Mensch zu sein.*

> Wir haben vergessen, wie es ist, einfach Mensch zu sein.

Klimawandel und Ungleichheit

Wie reißen wir das Ruder noch herum?

Auch wenn meine Anschauungen oft düster wirken, ist noch nichts verloren. Wir erleben momentan eine historische Phase, wir befinden uns in der entscheidenden Zeit, in der es uns noch möglich wäre, das Ruder in letzter Sekunde herumzureißen. Die Wissenschaft sagt es schon lange klar und deutlich. Der neue Bericht des UNO-Klimarates bestätigt erneut, dass wir unsere CO_2-Emissionen im Vergleich zu 2019 um 50 % reduzieren müssen, um die 1,5-Grad-Grenze bis 2030 nicht zu überschreiten. Wenn dies nicht geschieht, wird das verheerende Auswirkungen auf Natur, Umwelt und Mensch haben. Im Jahresschnitt war 2023 im Vergleich zum vorindustriellen Zeitalter (circa 1850–1900) um 1,52 Grad Celsius wärmer. Bei einer Erderwärmung von weiteren 1,5 Grad sterben 6 % der Insekten, 8 % aller Pflanzen und 4 % aller Wirbeltiere aus.[29] Der Meeresspiegel steigt eklatant an, und 50 Millionen Menschen sind im urbanen Raum von Dürre und Wasserknappheit betroffen. Die Hälfte aller Gletschermassive, die 2015 noch vorhanden gewesen sind, sind geschmolzen und 70–90 % aller Korallenriffe sind bis 2050 verschwunden. Bei einer Erwärmung um 2 Grad Celsius sind die Zahlen noch um einiges erschreckender.

Expert*innen behaupten aber, dass es sehr wohl noch nicht zu spät ist. Kein Grund also, den Kopf frühzeitig in den Sand zu stecken!

Der *Club of Rome* wurde 1968 gegründet und ist einer der bekanntesten Thinktanks der Welt. Er setzt sich zusammen aus Expert*innen verschiedener Disziplinen aus mehr als 30 Ländern. Vor 50 Jahren erschien das erste Buch des Club of Rome, »Die Grenzen des Wachstums«, das sich über 30 Millionen Mal verkaufte und auf die Überlastung unseres Planeten und drohende Zukunftsszenarien aufmerksam machte. Heute – mehr als 55 Jahre später – ist der Stein immer noch nicht wirklich ins Rollen gekommen.

Die Expert*innen des Club of Rome besprechen nun in ihrem neuen Buch »Earth for All« einige verschiedene Zukunftsvisionen, doch entscheiden sich dazu, auf folgende zwei näher einzugehen: das »Too little too late«-/ Zu-wenig-zu-spät-Szenario und das »Giant Leap«-/ Riesensprung-Szenario.[30]

Das »Too little too late«-Szenario beschreibt die Lage, wenn wir den aktuellen Kurs beibehalten, in dem Politiker*innen zwar groß von Nachhaltigkeit und Veränderungen sprechen, aber in Wahrheit nichts geschieht. Hier verordnen die meisten westlichen Länder nur halbherzige Maßnahmen, um das Klima zu stabilisieren und die Armut zu beenden, ohne sich dem eigentlichen Problem zu stellen: der Ungleichheit. In dieser Szenerie herrscht die Gefahr von massiver Destabilisierung und dem Schwinden des sozialen Vertrauens in der Gesellschaft vor, während der Wettstreit um natürliche Ressourcen Fahrt aufnimmt und die Schere zwischen Arm und Reich noch stärker auseinandergeht. Es gibt wenig kollektives Handeln, die natürlichen Systeme sind kurz vor dem Versagen und für indigene sowie arme Bevölkerungen und die Tier- und Pflanzenwelt führt dieses Zukunftsbild in den Abgrund.

Das »Giant Leap«-Szenario heißt so, weil der Club of Rome nochmals betont, »dass ein echter, tiefgründiger und unverzüglicher Wandel, [...] eine echte und grundlegende Neugestaltung der Wirtschafts-, Energie- und Nahrungsmittelsysteme, [...] ein umfassendes Upgrade, [...] eine radikale Neuausrichtung der Leitlinien unserer Zivilisation« nötig sind, um den Zusammenbruch unseres bestehenden Systems zu verhindern. Da sich die »Maßnahmen in Volkswirtschaften durch die Trägheit der Wirtschafts- und Klimasysteme erst Jahre oder Jahrzehnte später zeigen«, ist ihrer Analyse zufolge nichts Geringeres als »ein Riesensprung nötig, um bis 2050 den Weg in eine nachhaltige Welt einzuschlagen«. Es braucht »aktive Regierungen« und »kollektives Handeln«, um eine neue Wirtschaftsordnung auf Kurs zu bringen, was die einzige Chance für eine erfolgreich nachhaltige Zukunft darstellt.[31]

Folgende fünf außerordentliche Kehrtwenden sind notwendig, um die Verwirklichung des »Giant Leap«-Szenarios umzusetzen und die Risiken ökologischer Kipppunkte und sozialer Spannungen substanziell zu reduzieren:[32]

1. *Beendigung der Armut* (andere Wirtschaftsstrukturen für einkommensschwache Länder und die Reform des internationalen Finanzsystems. Das Ziel: eine Wachstumsrate des BIPs von mindestens 5 % für einkommensschwache Länder, bis das BIP pro Kopf und Jahr mehr als 15.000 $ beträgt)
2. *Beseitigung der eklatanten Ungleichheit* (Bekämpfung der Einkommensungleichheit durch höhere Steuerprogression, stärkere Besteuerung von Vermögen und die Stärkung der Arbeitnehmer*innen. Das Ziel: Die reichsten zehn Prozent der Bevölkerung verfügen über weniger als 40 % des Nationaleinkommens)
3. *Ermächtigung (Empowerment) der Frauen* (Überwindung des eklatanten Machtgefälles, Ermächtigung der Frauen und Investition in Bildung für alle. Das Ziel: Geschlechtergerechtigkeit als Beitrag zur Stabilisierung der Weltbevölkerung bis 2050)
4. *Aufbau eines für Menschen und Ökosysteme gesunden Nahrungsmittelsystems* (Regenerativer Pfad: Trans-

formation der Landwirtschaft, Änderung unserer Ernährung, die Verbesserung des Zugangs zu Lebensmitteln, das Minimieren von Verschwendung, das Schaffen von Anreizen lokaler Lebensmittelproduktion und die Reduktion von Düngemitteln und Chemikalien. Kohlenstoff soll wieder zunehmend in Böden und Pflanzen gebunden werden. Das Ziel: eine gesunde Ernährung für alle, ohne Ausweitung der Landwirtschaftsflächen, Schutz der Böden und Ökosysteme und Verringerung der Lebensmittelverschwendung)

5. *Übergang zum Einsatz sauberer Energie* (Transformation der Energiesysteme, um saubere Energie und Energiesicherheit für alle herzustellen. Das Ziel: Halbierung der Emissionen alle zehn Jahre, um bis 2050 »Netto-Null« zu erreichen)

Diese außerordentlichen Kehrtwenden sollen einen politischen Fahrplan darstellen und eine unverzichtbare Grundlage für eine resistentere Zivilisation bilden. Wichtig ist, festzuhalten, was die Expert*innen des Club of Rome ganz klar benennen: *Es ist der »Giant Leap«, also der Riesensprung oder, kurz gesagt, eine drastische, sofortige Veränderung in der menschlichen Lebensweise und Wirtschaftsform, notwendig, um unsere Zivilisation zu retten.*

Interessant dabei ist, dass der Club of Rome das soziale Gefälle als noch essenzielleres Problem als den Klimawandel darstellt. Natürlich geht die soziale Diskrepanz als Folge des Klimawandels noch weiter auseinander, trotzdem sieht es auch der Club of Rome als wahrscheinlicher an, dass soziale Spannungen eskalieren, als dass die Menschheit von direkten Folgen des Klimawandels ausgelöscht wird. Deshalb werde ich nicht müde zu betonen, dass die Klimadebatte immer im direkten Zu-

Eine drastische, sofortige Veränderung ist notwendig, um unsere Zivilisation zu retten.

sammenhang mit sozialer Gerechtigkeit stehen muss und dass es wichtig wäre, die Debatte in diese Richtung auszuweiten. Alle, die über das Klima sprechen, sollten im gleichen Atemzug über soziale Ungerechtigkeit und Ungleichheit sprechen. Extreme Ungleichheit führt laut dem Club of Rome zu Destabilisierung von Gesellschaften, besonders von Demokratien. Die Macht innerhalb der Länder sammelt sich immer mehr bei den stärksten Unternehmen und den Superreichen an. Das widerspricht dem Grundprinzip einer gerechten Repräsentation einer Demokratie. Ebenso erzeugt diese Ungleichheit den Wunsch nach Materialismus und Statuszuwachs, was zu einem weiteren, massiven CO_2-Verbrauch führt. Fakt ist, dass wir in den kommenden Jahren zunehmende Disruptionen erleben werden, die der zunehmenden Ungleichheit zuzuschreiben sind.

Wenn ich auf Social Media über Systemwandel und Veränderung spreche, werde ich meist sofort mit den Fragen »Was soll sich verändern?«, »Wie soll das passieren?« und »Wie kann ich dazu beitragen?« konfrontiert. Hier gilt es zu unterscheiden, was ich als Privatperson tun kann und was auf staatlicher und globaler Ebene geschehen muss.

Es gibt einige Veränderungen, die sofort von allen Staaten umgesetzt werden könnten, wenn die Bereitschaft dazu da wäre. So könnten minutiös Regulierungen und Maßnahmen vorgestellt werden, die Großkonzerne wie Apple und Amazon besteuern und ihre globale Macht eindämmen würden. Wie kann es sein, dass ein kleines Modeunternehmen kaum über die Runden kommt, weil es fast die Hälfte seiner Einkünfte versteuern muss, der große Jeff Bezos aber fast nirgendwo Steuern zahlt?

Zusätzlich zu den Konzernen müssten die reichsten Menschen ebenfalls härter besteuert werden. Der Club of Rome sagt dazu, dass es das Ziel sein sollte, dass die reichsten Menschen in Zukunft nur noch 40 % der weltweiten Einnahmen ihr Eigen nennen können. Die wohlhabendsten zehn Prozent der Menschen besitzen aktuell nämlich 83 % des Weltvermögens.

Österreich und Deutschland sind Hochsteuerländer. Was in der Theorie vermuten lässt, dass Mehrverdiener mehr beitragen müssen und demnach mehr Steuern zahlen müssten, sieht in der Realität leider anders aus. Laut einer neuen Studie des Moment-Magazins liegen die Steuersätze von Milliardär*innen in Deutschland und Österreich bei lediglich 26 %. Für Millionär*innen liegt dieser bei 29 % in Deutschland und 30 % in Österreich. Eine Mittelschichtfamilie zahlt in Deutschland 43 % und in Österreich 42 % ihres Bruttogehalts an Steuerabgaben.[33] Wie kann das in einer transparenten, gerechten Demokratie möglich sein? Barbara Blaha, Leiterin des Moment-Magazins, betont: »Es ist kein Naturgesetz, dass wir Arbeit hoch besteuern und extrem Vermögende auslassen. Das ist das Ergebnis von politischen Entscheidungen.«[34] Der weltweite Schnitt von Steuerabgaben von Milliardärinnen und Milliardären liegt bei unvorstellbaren 0–0,5 %.

Dabei »ließe sich Steuerflucht effizient bekämpfen, wenn es den politischen Willen gibt«, sagt Gabriel Zucman, Chef der europäischen Steuerbeobachtungsstelle der EU. Sein Vorschlag wäre, weltweit eine 2-prozentige Mindeststeuer für die weniger als 3.000 Milliardär*innen der Welt einzuführen. Allein diese minimale Besteuerung von nur 2 % würde 250 Milliarden Euro an Steuergeld einbringen, was in die Bekämpfung der Klimakrise und den Ausbau des Sozialstaates investiert werden könnte. Ebenso könnten Superreiche somit den Welthunger 10 Mal abschaffen – »mit nur 23 Milliarden Dollar jährlich müsste kein Mensch mehr an Hunger leiden.«[35]

Eine Reichen- und Erbschaftssteuer sollte in Deutschland und Österreich eine Selbstverständlichkeit sein. Mit solchen Besteuerungen könnte die Umverteilung, die notwendig ist, um die Bevölkerungen vor den Eskalationen durch soziale Spannungen zu schützen, initiiert werden.

Denn in Wahrheit profitiert niemand von einer zu großen gesellschaftlichen Schere. Unausgeglichenheit und Dysbalance führen in Zukunft zu innergesellschaftlichen Konflikten, die hohes Gewaltpotenzial in sich tragen können.

Interessanterweise zeigt ein Experiment der Berkeley University des Jahres 2013 auf, dass Wohlstand asoziales Verhalten hervorrufen kann. Paul Piff und sein Team ließen bei einem Experiment Menschen Monopoly spielen. Dabei erhielten manche zu Beginn mehr Startkapital, durften öfter würfeln als die anderen Teilnehmer*innen und wurden somit bereits in der Ausgangsposition als »reich« eingestuft. »Für den Spielerfolg waren Fähigkeit, Talent und Glück irrelevant. Die armen Spieler hatten keine Chance, aufzuholen und annähernd so viel Geld zu machen, unabhängig davon, wie gut ihre Spielzüge waren.«[36] Die reichen Spieler*innen vergaßen immer mehr ihre privilegierte Ausgangssituation und waren überzeugt, die bessere Spielleistung an den Tag zu legen.

> Eine Reichen- und Erbschaftssteuer sollte eine Selbstverständlichkeit sein.

Weiters zeigten die Spieler*innen mit besserer Ausgangsposition relativ schnell eine gehässige und gierige Seite. So bedienten sie sich reichlich von den Salzbrezeln am Tisch, die anderen Spieler*innen taten das kaum. Sie wurden lauter und verfielen immer mehr in ein dominantes Verhalten mit Machtgehabe. Sie wurden unhöflich und machten sich über die schlechte Situation der anderen Spieler*innen lustig. Das verblüffende Ergebnis: Nachdem die reichen Spielteilnehmer*innen am Ende natürlich den Sieg davongetragen hatten, waren sie sich sicher, sie hätten durch ihr Talent das Spiel gewonnen. Piff kam zu dem Ergebnis, »dass mit zunehmendem Reichtum die Fähigkeit, Mitgefühl zu empfinden, abnimmt. Jene Probanden, die mit Privilegien ausgestattet wurden, haben geglaubt, sie hätten sich ihre Vorteile erarbeitet oder sonst wie verdient.«[37]

Piff fand bei einem anderen Experiment ebenso heraus, dass Menschen, je reicher sie sind, umso weniger Geld spenden und teilen wollen. Geiz wird zu etwas Positivem. »Personen, die etwa 25.000 Dollar oder sogar weniger als 15.000 Dollar im Jahr verdienten, gaben 44 % mehr an fremde Personen als Menschen, die zwischen 150.000 und 200.000 Dollar pro Jahr verdienten.«[38]

Es ist ein großer Irrtum, dass alle Menschen die gleichen Chancen haben und dass harte Arbeit zu Wohlstand führt. Um Gleichheit und Gerechtigkeit in einer Gesellschaft zu schaffen, müssen wir die Debatte zu Themen wie dem bedingungslosen Grundeinkommen wieder aufnehmen. Viele Probleme um Armut und Obdachlosigkeit hierzulande wären auf einen Schlag gelöst und die Ausgangspunkte im Leben bis zu einem gewissen Grad ausgeglichener. Zusätzlich wäre es für Regierungen interessant, um Niedriglohnarbeiten attraktiver zu machen. Es stellt sich die altbekannte Frage: Wie soll das alles finanziert werden? Durch die Besteuerung der Reichsten sowie der größten Konzerne – eigentlich simpel. Das nennt man eine faire Umverteilung, sodass es allen Menschen innerhalb eines Staats gut gehen kann. Natürlich ertönen nun sofort die Stimmen aus dem konservativen Lager: »Aber die ganzen Sozialschmarotzer, die sollen jetzt einfach Geld geschenkt bekommen? Die sollen lieber mal arbeiten gehen!« Bei einem Experiment zu partiellem Grundeinkommen in Finnland wurde wissenschaftlich widerlegt, dass ein automatisches Grundeinkommen Menschen faul machen würde. Laut der Studie sind »Menschen mit Grundeinkommen […] zuversichtlicher, selbstbewusster und erleben, dass sie ein mündiger Teil einer Gesellschaft sind.«[39]

Es gibt auch schlichtweg diejenigen Menschen, die nicht arbeiten können, weil sie psychisch oder physisch beeinträchtigt sind. Warum haben diese Menschen kein Recht auf ein gutes Leben? Warum müssen sie in Sozialmärkten einkaufen gehen, weil sie sonst nicht über die Runden kommen, obwohl sie vielleicht ihr ganzes bisheriges Leben lang hart gearbeitet haben?

Einzig und allein der Zufall entscheidet über unseren Ausgangspunkt im Leben, über unsere Zukunft und unser vermeintliches Glück. Wieso haben manche Menschen das Glück, in einem kuscheligen Kingsize-Bett aufzuwachen, und andere auf einer Isomatte auf dem nassen Boden eines Flüchtlingslagers in Ostafrika oder einer griechischen Insel? Da soll noch mal einer sagen: »So ist das Leben, wir alle haben die gleichen Chancen und können es zu etwas bringen!« Das Prinzip des *American Dreams, dass es jede und jeder schaffen kann, wenn sie oder er nur hart genug arbeitet, ist schlicht und ergreifend eine Lüge.* Natürlich gibt es Ausnahmen, ein paar wenige, die es tatsächlich zustande bringen, ärmlichen Verhältnissen zu entkommen und die Leiter des sozialen Aufstiegs erfolgreich zu erklimmen. In Wahrheit sind dies die absoluten Einzelfälle, auf denen sich eine ganze Ideologie aufbaut. Ein kapitalistisches System, das vorgibt, Menschen, die hart arbeiten, zu belohnen. An sich klingt das doch ganz reizvoll. Es gibt aber einen Haken. Nehmen wir an, ein schwarzes Mädchen wird in einem Staat im Mittleren Westen der USA in einem Trailer-Park geboren. In Amerika ist es so, dass du in deinem Landkreis einer Schule zugewiesen wirst. Schlechte Nachbarschaft = schlechte Schule. Wo du zur Schule gehst, kannst du dir nur aussuchen, wenn deine Eltern Hunderttausende Dollar jährlich für eine Privatschule bezahlen. Das öffentliche Schulsystem ist in der Regel miserabel. Also besucht das kleine Mädchen eine Public School und schlägt eine schulische Laufbahn ein, die keine vielversprechende Zukunft voraussagt. Besonders in Staaten, in denen die Schulbildung nicht sehr hoch ist, gibt es unter den Teenager-Mädchen viele Schwangerschaften und somit Drop-outs – Schulabbrüche.

The American Dream ist eine Lüge.

Doch es endet nicht bei der Grundschule. Wenn du bereits eine Public Primary School besucht hast, wirst du auch auf eine Public Highschool gehen und auf ein Public College. Hierbei ist zu bedenken, dass amerikanische öffentliche Schulen und Universitäten keineswegs zu vergleichen sind mit unseren Bildungseinrichtungen in Europa. Auf öffentlichen Schulen und Unis in den USA herrschen oft Gewalt und Kriminalität. Es ist also fast unmöglich, aus dem vorgegebenen Weg auszubrechen. Die Chance, auf eine bessere Schule oder Uni zu kommen, bieten oft nur »Scholarships«, also Stipendien für überdurchschnittliche schulische Leistungen oder besondere Fähigkeiten in Sport und im künstlerischen Bereich.

Eine weitere kleine Chance auf eine bessere Zukunft bietet die Schul-Lotterie – ja, so etwas gibt es in Amerika wirklich. Ein Mal im Jahr werden aus Tausenden Bewerber*innen einige glückliche Kandidat*innen ausgelost, die dann das Glück haben, auf eine bessere Schule gehen zu dürfen. Der pure Zufall und eine große Menge Glück entscheiden über die weitere Laufbahn, über das zukünftige Leben dieser jungen Menschen. Für die Eltern stellt diese Lotterie eine große Hoffnung dar; sie beten und hoffen sehnlichst, dass doch bitte ihre Kinder ausgesucht werden! Schließlich hängt ihre gesamte Zukunft davon ab. Ansonsten ist es unwahrscheinlich, es jemals aus der Gegend und dem Umfeld, in das sie hineingeboren wurden, herauszuschaffen.

Wir sprechen hier von den Vereinigten Staaten von Amerika, nicht von einem Entwicklungsland. Das Land der Tech-Giganten, der Wall Street und der Innovationen; in Sachen Bildung und öffentlicher Krankenversicherung hinkt das mächtigste Land der Welt aber gewaltig hinterher. Was für ein Privileg wir haben, hier in Europa freien Zugang zu qualitativer Bildung zu haben. Studieren zu können, was wir wollen, abzubrechen, den Studiengang zu wechseln, ohne unser ganzes Leben lang Hunderttausende Dollar

Studienkredit zurückzahlen zu müssen. Eine unglaubliche Errungenschaft.

Wir haben in Europa auch während der Pandemie gesehen, wie das System von finanziellen Zusatzleistungen – dem Corona-Zuschuss – funktionieren kann. Sei es für Restaurants und Betriebe, die keinen Umsatz machten, oder Künstler*innen, die nicht auftreten konnten. Warum kommt es uns immer so vor, als würde uns etwas weggenommen werden, nur weil jemand anderer etwas bekommt? Ist der Mensch vielleicht von Grund auf neidisch und kann seinen Mitmenschen nichts vergönnen? Ist es genau unsere FOMO, die uns Angst macht, dass jemand anderer ja mehr erhalten könnte und wir selbst kein Stück vom Kuchen bekommen und leer ausgehen?

Zur Finanzierung eines Grundeinkommensmodells müssten folgende Besteuerungen vorgenommen werden: Besteuerung des Einkommens, Besteuerung des Konsums, Besteuerung der natürlichen Ressourcen (Nutzung und Verbrauch) und Besteuerung des Geldverkehrs.

Ein bedingungsloses Grundeinkommen ist keine Sache der Unmöglichkeit. Wie bereits erwähnt, gibt es bereits Länder wie Finnland, die Erfolge mit solchen Sozialexperimenten erzielen konnten. Zwei Jahre lang erhielten 2.000 zufällig ausgeloste, erwerbslose Menschen monatlich 560 Euro aufs Konto. Hierbei muss erwähnt werden, dass das kein Betrag ist, von dem man in Finnland leben könnte. Da die Summe kein würdevolles Leben frei von Existenzangst ermöglicht, kann von einem partiellen Grundeinkommen gesprochen werden. Ein zusätzlicher Job wäre also ohnehin notwendig gewesen. Das Resultat: Das Sozialexperiment hatte keine Auswirkungen auf die Beschäftigung der Menschen, sie fanden ebenso gut oder schlecht eine neue Arbeit wie die Menschen, die kein Grundeinkommen bezogen. Die Annahme, dass ein Zuschuss faul und träge machen würde, konnte erfolgreich widerlegt werden. Allerdings zeigte sich im Laufe des Experiments, dass sich die Grundeinkommensbezieher*innen gesünder und weniger gestresst fühlten. Sie machten sich weniger Sorgen um ihre Zukunft und ihre Kompetenz, konnten sich besser konzentrieren und hatten mehr Mut, Jobangebote anzunehmen. Ebenso stellten sie sich vermehrt die Frage nach der Sinnhaftigkeit in ihrem Leben. Sie hatten endlich die Freiheit, entscheiden zu können, was sie mit ihrem Leben anfangen wollten.[40]

Nicht nur in Finnland werden solche Konzepte getestet. Auch in Kanada, Irland und Kenia werden Experimente zu geringem, aber regelmäßigem Grundeinkommen durchgeführt.

Es gibt grundsätzlich etliche Modelle zur gerechteren Verteilung von Kapital. Der französische Wirtschaftswissenschaftler Thomas Piketty schlägt zum Beispiel vor, allen jungen Menschen das »Startkapital« von 120.000 Dollar zu geben, um ihnen einen finanziell abgesicherten Einstieg in ihr Berufsleben zu ermöglichen.[41] Äußerst spannend ist, was der Alaska Permanent Fund macht. Seit 1976 zieht er einen Teil der Einnahmen der Ölfirmen ein und zahlt jeder Bürgerin und jedem Bürger eine Dividende aus. Die Summe liegt zwischen 1.000 und 2.000 $ pro Kopf und Jahr. Im Jahr 2021 lag der Betrag bei 1.114 $, eine vierköpfige Familie bekam somit 4.456 $ ausgezahlt.[42]

Neben einem Grundeinkommen wäre eine *Dividende auf globale Gemeingüter* (Global Common Dividend) ein essenzieller Schritt, um einer gesellschaftlichen Gerechtigkeit näher zu kommen. Alle Unternehmen, die an der Zerstörung unserer Welt beteiligt sind und öffentliches Gemeingut verwerten, CO_2-Emissionen erzeugen, Wälder abholzen, Ressourcen aus dem Meer extrahieren oder öffentliche Daten nutzen, müssten Abgaben leisten, die gerecht an alle Bürger*innen ausgezahlt werden würden. Wieso sollten sich ein paar wenige am Gemeingut bereichern und nicht alle davon profitieren? Wieso darf es überhaupt sein, dass auch nur ein einziger Mensch oder ein einziger Konzern durch das Ausbeuten und Verkaufen einer natürlichen Ressource dieses Planeten so viel Geld verdient? Wieso sollten ihnen diese Rohstoffe überhaupt gehören? Und wenn sie sich schon einfach ihrer bemächtigen, sollten die Gewinne dann nicht allen gehören? Ich finde es nur logisch, dass die Profite von Öl- und Gaskonzernen klar verteilt werden müssten. (Natürlich müssen wir so schnell wie möglich ganz weg von Öl und Gas, aber wie wir bei vielen EU- und UN-Konferenzen sehen, versuchen die Öl- und Gas-Lobbyist*innen alles in ihrer Macht Stehende, um das zu verhindern. Und dies leider mit Erfolg.) Und sollte dieses Modell zu extrem sein, dann müsste es zumindest eine ganz klare, hohe Besteuerung solcher Konzerne geben. Solange sie existieren und unseren Planeten weiter ausschlachten, müssen sie zumindest für einen angemessenen Ausgleich sorgen.

Immer mehr Millionär*innen und Milliardär*innen verstehen das Problem und setzen sich für eine höhere Besteuerung für Reiche und somit eine gerechtere Vermögensverteilung ein. Die österreichische Multimillionärin Marlene Engelhorn geht aktuell mit gutem Beispiel voran und hat einen Bürgerrat zusammenstellen lassen, der nun entscheiden soll, in welche Hände und Organisationen ihr Vermögen von 25 Millionen Euro fließen soll. Sogar große kapitalistische Wirtschaftsmagazine wie The Economist und The Financial Times erkennen mittlerweile an, dass Ungleichheit zu Destabilisierung führt und demnach verringert werden muss.[43]

Der thunfischessende Scheich

Ich durfte 2023 bei einem Dokumentarfilm über Seelöwen auf den Galapagosinseln mitarbeiten. Die Charaktere, die wild zusammengewürfelt worden waren und nun zusammen sechs Wochen auf einem Schiff verbringen mussten, konnten unterschiedlicher nicht sein. Von einem älteren

Park-Ranger aus dem ecuadorianischen Innenland, der auch »Gato viejo« (»Alte Katze«) genannt wurde, über eine Kamerafrau aus Kentucky, die heute in L. A. lebt, bis hin zu einem adligen spanisch-italienischen Regisseur und einem haarlosen, britischen Unterwasser-Kameramann, der lange für einen Scheich gearbeitet hat und heute in Südafrika wohnt.

Warum ich das erzähle? Ich führte an einem der langen Abende an Deck ein Gespräch mit dem Kameramann über den besagten Scheich. Ich konnte mir nicht verkneifen, ihn zu fragen, wie denn seine Persönlichkeit so sei. »Sehr nett, also ganz normal«, erwiderte mir der Kameramann. Ich musste nachhaken: »Okay, aber hattest du kein Problem mit so einem Menschen?« – »Wieso denn?«, entgegnete er verwundert. »Na ja, er ist für einen Großteil der Klimakatastrophe mitverantwortlich und zerstört mit seinem Tun unseren Planeten. Außerdem ist er unfassbar reich und tut nichts anderes, als 20 Taucher zu beschäftigen, um ein Stück Thunfisch-Sashimi zu essen und mit seiner Megayacht durch die Südsee zu fahren. Hätte er keine soziale Verantwortung?« – »Wir tragen doch eine ebensolche Mitschuld am Klimawandel – wir fliegen auch überdurchschnittlich viel um die Welt, das ist Teil des Jobs. Ich mache doch niemanden für etwas verantwortlich – wir sind alle Teil des Problems. Oder fliegst du etwa nicht?« Diese Frage habe ich schon oft gehört, und ich hätte natürlich gleich mit ihr rechnen müssen. Ich war müde, diese Diskussion erneut zu führen, da ich schon so vielen Menschen zu erklären versucht habe, dass es um größere Regulierungen auf EU- und UN-Ebene geht, dass sich alle Staaten der Welt jetzt endlich gemeinsam für nachhaltige Lösungen entscheiden und dann auch danach handeln müssen. Dass sich ein einziger Mann durch den Gewinn aus Erdöl so extrem bereichert, Milliardär ist und mit seinem Lebensstil so unmäßig viel CO_2 verbraucht, ist einfach nicht richtig.

Der Kameramann schien ganz und gar nicht nachvollziehen zu können, warum ich den Scheich so verurteilte. »Er hat halt sein Business und lebt, wie er möchte. Und wir sind auf keinen Fall unschuldig.« – »Das stimmt natürlich, wir *sind alle Teil des Systems* und können uns ihm auch nicht einfach so entziehen. Wir tragen eine Mitschuld, aber wäre es nicht unsere Pflicht, auch im Kleinen etwas beizutragen? Jede und jeder das, was sie bzw. er halt kann? Für den Scheich wäre das eben in seinem Fall etwas mehr.«

Doch der Kameramann hatte keine rosige Sicht auf die Zukunft: »Es ist doch sowieso schon zu spät, seit Jahrzehnten hätten wir den Klimawandel aufhalten müssen, und es ist nichts geschehen.« Er hatte sich auch aus diesem Grund mit seiner Partnerin gegen Kinder entschieden. Ich verstand ihn. Er sah keine Hoffnung, er wollte sein Leben einfach in Ruhe verbringen und ein gutes Leben führen. Wer möchte das nicht?

Wir sind alle Teil des Systems und können ihm nicht entkommen.

Aber wir tragen allesamt eine Verantwortung. Unseren Mitmenschen, unseren Nachkommen und unserer Umwelt gegenüber. Was können wir also als Privatpersonen tun?

Ich rutsche an dieser Stelle in eine etwas klimapolitische Richtung ab. Doch die kommenden Punkte sind sowohl auf individueller als auch auf allgemeiner Ebene essenziell für eine nachhaltige Zukunft. Das Gute daran ist, hier haben wir alle ein Wörtchen mitzureden!

Die Sache mit der Moral

Bin ich ein schlechter Mensch, wenn ich Fleisch esse?

Wir wissen, Fleisch schmeckt einfach wahnsinnig gut. Ein knuspriges Grillhähnchen, ein Schweinsbraten, ein Schnitzel mit Kartoffelsalat von der Mama oder die jährliche Weihnachtsgans – Fleisch war bei den meisten von uns Teil unserer Kindheit. Menschen sind Allesfresser (Omnivoren) und werden ganz klar dazu sozialisiert, Fleisch zu sich zu nehmen. Bereits der Homo erectus, der vor zwei Millionen Jahren auf dieser Erde gelebt hat, war Jäger und Sammler und ernährte sich von Fleisch und Pflanzen. Viel hat sich also seit damals nicht verändert. Heute wissen wir aber ob der Nachteile der fleischlastigen Ernährung. Aus gesundheitlichen und ethischen Bedenken, wegen des Angebots an besseren Alternativen und des Bewusstseins für den Klimawandel steigen heute immer mehr Menschen auf eine pflanzliche Ernährung um. Dabei ist dies alles andere als eine moderne Erscheinung. Bereits im Jahre 3200 v. Chr. glaubten zum Beispiel die Ägypter, dass pflanzliche Kost die Chance auf Wiedergeburt erhöhe. Auch im antiken Griechenland gab es schon Vegetarier, der Philosoph Pythagoras war der wohl bekannteste Verfechter der fleischlosen Ernährung. Erst als sich das Christentum weitläufig verbreitete, geriet die pflanzliche Ernährung in Vergessenheit.

Wir wissen heute jedoch, wie schädlich die Auswirkungen des Fleischkonsums für unser Klima sind. »Die Landwirtschaft gehört zu den Hauptverursachern des Klimawandels«, betont Inka Dewitz, Referentin für Internationale Ernährungspolitik. Der Ernährungs- und Landwirtschaftsorganisation der Vereinten Nationen zufolge sei die industrielle Tierhaltung »für rund 15 % der von Menschen verursachten Treibhausgas-Emissionen verantwortlich«[44].»Damit ist ihr Anteil fast genauso groß wie der des weltweiten Verkehrs.«[45] Die Zahl ergibt sich aber nicht nur aus dem von Rindern und anderen Wiederkäuern ausgestoßene Methan und Lachgas – das übrigens 25 und sogar 300 mal klimaschädlicher ist als CO2 – aber auch der »massive Einsatz von Düngemitteln und Pestiziden, die Abholzung von Regenwald für die Produktion von Soja, die Umwandlung von Wiesen in Ackerland und die Trockenlegung von Feuchtgebieten tragen maßgeblich zur Erderwärmung bei.«[46] Weiters trägt die Viehzucht zu eklatanter Wasserknappheit und -verschmutzung bei. In vielen Regionen des globalen Südens wird kostbares Wasser für übermäßige Viehzucht verwendet – für die Bevölkerung ist Trinkwasser knapp.

Die WHO (World Health Organization) stuft heute eine hauptsächlich pflanzliche Ernährung mit wenig Zucker, Salz und gesättigten Fettsäuren als gesunde Ernährung ein. Darüber hinaus kennen wir alle die Empfehlungen, auf rotes Fleisch wie etwa Rind oder Schwein und auf verarbeitete Fleischprodukte wie Würste oder Leberkäse zu verzichten. Neben der Vorbeugung von Schlaganfällen und Herzerkrankungen senkt eine fleischlose Ernährung das Risiko auf zu hohen Blutdruck und somit auf Kreislauf- und Nierenerkrankungen, Diabetes, verschiedene Arten von Krebs wie Lymphknoten-, Blasen-, Lungen-, Darm- oder Magenkrebs. Vegetarier*innen haben im Schnitt auch einen niedrigeren BMI (Body-Mass-Index) als Fleischkonsument*innen, welche viel häufiger übergewichtig sind.

Doch gleichzeitig fehlen Vegetarier*innen oft wichtige Nährstoffe wie Proteine, Zink, Kalzium, Jod, Eisen,

Vitamin B12 und Vitamin D. Diese können aber problemlos durch Nahrungsergänzungsmittel eingenommen werden.

Ich hatte immer schon eine besondere Beziehung zu Fleisch. Ich war schon als Kind verrückt nach Prosciutto und Schwarzwälder Schinken – den konnte ich kiloweise verdrücken. Doch seit ungefähr fünf Jahren versuche ich, mich hauptsächlich vegetarisch bzw. pescetarisch zu ernähren, mit gelegentlichen Fleisch-Ausnahmen an Feiertagen oder zu besonderen Anlässen. Also eigentlich die ganz klassische Flexitarierin. Ich gebe mir Mühe, muss aber zugeben: Es ist verdammt schwer für mich. Nostalgisch blicke ich oft in die gute alte Kinderzeit zurück, als mir der Zwiebelrostbraten der Oma noch so richtig gut schmecken durfte. Da ich immer schon eine besondere Liebesbeziehung zu Essen hatte und Fleisch für mich eine der größten Freuden im Leben war, ist es bis heute jedes Mal ein innerlicher Kampf, wenn meine Freunde ein Leberkässemmerl oder eine Salamipizza vor meinen Augen verdrücken. (Gott sei Dank leben die meisten von ihnen aber auch vegetarisch.) Wir können sagen, was wir wollen, diese Dinge schmecken einfach verdammt gut. Ihr könnt euch vorstellen, wie zu Beginn meines fleischlosen Experimentes mein FOMO-Radar wieder gewaltig ausgeschlagen hat! »Hast du den Verstand verloren? Willst du all diese Erlebnisse, diesen Genuss, der genau für dich immer so wichtig war, aufgeben?«

Doch dann gibt es diese Sache namens Moral. Und ganz viele augenöffnende Dokumentationen, warum der Fleischverzehr so viele negative Auswirkungen hat. Natürlich war es für mich damals auch förderlich, dass meine beiden Ex-Freunde sich vegan bzw. vegetarisch ernährt haben. Einer davon war sogar gelernter Koch, da war der Übergang dann schlussendlich gar nicht so schwer. Ich lernte schnell, wie unglaublich kreativ und vielseitig die vegetarische Küche sein kann und wie saucool Gemüse ist.

Das Vegan- oder Vegetarischsein ist heutzutage mit einer schier unendlichen Auswahl an Gemüse- und Obstsorten, Getreidearten, Proteinquellen wie Hülsenfrüchte und der zahlreichen Fleischersatzprodukte wie Sojageschnetzeltes oder Beyond Beef gar nicht mal so schwierig. Was die Menschheit nämlich mit ihrem Fleischkonsum anrichtet, ist in keinster Weise mit dem kurzen Genuss eines argentinischen Steaks aufzuwiegen. Wie gesagt, ist der Agrarsektor heute einer der größten Klimasünder überhaupt. Und nicht, weil wir alle so viel Weizen, Dinkel und Roggen essen, sondern weil wir Millionen von Rindern und Schweinen füttern müssen. Wir bebauen Felder in Afrika mit Soja, das dann nach Südamerika geschifft wird, um dort als Futter für die Rinder zu dienen, die dann zum Verzehr nach Europa exportiert werden. Nicht nur die reine Tierhaltung, für die Unmengen an Wasser und Futter benötigt werden, sondern auch der Methan-Ausstoß der Rinder verursacht an sich schon unfassbar viel CO_2. Ebenso ist die Strecke, die so ein kleines Stück Steak zurücklegen muss, um auf unseren Tellern zu landen, in keine Relation zu setzen mit dem kurzen Genussmoment beim Verzehr.

Die Regulation und Einschränkung des Fleischkonsums ist ein essenzieller Teil der Bekämpfung des Klimawandels. Veränderung muss irgendjemandem wehtun, damit sie etwas bewirken kann. Irgendwo muss Leuten etwas weggenommen werden, damit andere woanders davon profitieren können. Der Fleischkonsum in der westlichen Welt und in vielen Teilen Asiens muss endlich reduziert werden. Dabei geht es ganz klar um die Massentierhaltung der Mastbetriebe. Es kann nicht sein, dass Fleisch auf diese unethische Weise produziert und billiger als Gemüse bei diversen Discountern verkauft wird. Ich glaube, es wäre für jede und jeden machbar, anstelle von dreimal täglich nur jeden zweiten oder dritten Tag bewusst Fleisch zu sich zu nehmen. Ebenso ist es wichtig, die Achtsamkeit für unser Essen zurückzugewinnen. Woher beziehen wir unser Fleisch? Hatte das Tier ein artgerechtes Leben? Ich verurteile absolut niemanden, der bewusst Fleisch konsumiert, zu einem Bauernhof in seiner Umgebung fährt, der faire Tierhaltung betreibt, und das Fleisch wertschätzt. Diese Art von kleinen, verifizierten Betrieben sind nicht gleichzusetzen mit den Industrien der Fleischmoguln, die ihre Tiere im Mastbetrieb mit Antibiotika vollspritzen. Es macht einen Riesenunterschied, ob ich zu einer Bio-Bäuerin fahre und weiß, wo das Fleisch, das ich esse, herkommt, oder ob ich um drei in der Früh eine Käsekrainer auf der Straße esse. Abgesehen von der mangelnden Qualität des Fleisches wissen wir nicht, wie viele Stresshormone (verursacht durch eine furchtbare Haltung und Schlachtung) und Schadstoffe in dieser Wurst enthalten sind.

Wenn uns beim Fleischverzehr völlig bewusst ist, dass tatsächlich eine Tierleiche vor uns auf dem Teller liegt und dies mit unheimlich viel Leid, Qual und klimaschädlichen Faktoren verbunden ist, wird es, denke ich, zunehmend leichter sein, das ein oder andere Mal eher davon abzusehen, zum Steakmesser zu greifen.

Was viele von uns nicht bedenken, ist, dass Fischverzehr und die Auswirkungen von Fischfang wahrscheinlich noch schädlicher für die Gesamtsituation sind als das Konsumieren von Fleisch.

Abgesehen vom Beifang, dem Leerfischen der Ozeane und der Makro-/Mikroplastik-Vermüllung sind Dinge wie CO_2-Ausgleich und moderne Sklaverei Themen in der Fischindustrie, die wir auf den ersten Blick nicht mit Fischkonsum assoziieren.

Hier ein paar Fakten der Website des Dokumentarfilms Seaspiracy:[47,48]

Die Ozeane speichern 4-mal so viel CO_2 wie der Amazonas-Regenwald, von dem wir oft als »Lunge der Erde«

sprechen. Doch die Meere sind noch wichtiger. Die Ozeane absorbieren einen Großteil der globalen Erwärmung und »schlucken« das CO_2, was bedeutet, dass das Meereswasser immer wärmer und saurer wird. Industrieller Fischfang erhöht den Ausstoß an CO_2 und Treibhausgasen deutlich höher als bisher angenommen. Was also passiert, wenn wir auf unsere Meere nicht achten, sie weiter leerfischen und ausbeuten und der pH-Wert aus dem Gleichgewicht gerät und kippt?

- Bis zu 85 % des Sauerstoffs auf der Welt kommen von Phytoplankton. Können wir es uns also leisten, unsere Meere zu verpesten?
- Pro Hektar können Wasserpflanzen 20-mal mehr CO_2 aufnehmen als Pflanzen an Land.
- 93 % der CO_2-Emissionen werden vom Meer absorbiert und gespeichert. Wird nur 1 % freigelassen, ist das den Emissionen von 97 Millionen Autos gleichzusetzen.
- Eine LKW-Ladung Plastik wird jede Minute ins Meer gekippt. Momentan schwimmen 150 Millionen Tonnen Plastik in unseren Meeren.
- Arten wie der Bullenhai und der Hammerhai haben in den letzten 20 Jahren 80–99 % ihrer Population verloren.
- 50 Millionen Haie und 300.000 Wale und Delfine werden jedes Jahr als Beifang getötet.
- Fast 50 % des »Pacific Garbage Patches«, einer riesigen Ansammlung von Plastikmüll, die im Pazifik treibt, besteht aus Fischernetzen. Die größte Plastikvermüllung der Ozeane geschieht also durch Fischfang.
- 70–90 % der Korallenriffe sollen bis 2050 verschwunden sein.
- Jede Minute werden 5 Millionen Fische gefangen.
- 2048 sollen die Meere so gut wie leergefischt sein.
- Nur 5 % der Meere sind geschützt. In 90 % davon ist Fischfang trotzdem erlaubt.

- In Papua-Neuguinea sind in 5 Jahren 18 Fischereibeobachter verschwunden. Die Fischindustrie ist eine Mafia.
- Die Fischindustrie erhält 35 Milliarden Dollar an Subventionen. Im Vergleich, wie schon erwähnt: Es würde unter 30 Milliarden benötigen, um den Welthunger zu beenden.
- Circa 24.000 Arbeiter*innen in der Fischindustrie sterben jedes Jahr.

Ich lasse diese Informationen mal einfach so stehen. Ich glaube, die Fakten und Zahlen sprechen für sich. Ebenso wie beim Fleischkonsum; ich sage nichts gegen den nachhaltig gehaltenen Fisch aus dem See in Oberösterreich. Doch die internationale Fischindustrie, besonders der Meeresfischfang, ist barbarisch und hat katastrophale Auswirkungen auf Mensch und Klima.

Fast Fashion

Welche Auswirkung hat mein Konsum?

Kommen wir zu einer weiteren Industrie, die unfassbar schädliche Auswirkungen auf die Gesellschaft und das Klima hat – die Modeindustrie. Hier macht es, wie in so vielen anderen Gebieten auch, die Menge aus. Denn wie es schon die Modeschöpferin Vivienne Westwood gesagt hat: »Kauft weniger, sucht sorgfältig aus, lasst es beständig sein.«[49]

Bei diesem Thema haben wir alle etwas mitzureden. (Bei allen anderen eigentlich auch, aber hier sind wir, denke ich, fast alle »guilty«.) Ich kenne keine einzige Person, die noch nie bei einem Fast-Fashion-Unternehmen wie H&M oder Zara eingekauft hat. Das liegt daran, dass das Bewusstsein für den Konsum in der Kleidungsindustrie erst seit ein paar Jahren in der öffentlichen Diskussion ein Thema ist. Und seitdem boomt die Slow-Fashion- und Öko-Kleidungsbranche. Leider macht sich seitdem auch das sogenannte Greenwashing, das Vorgeben einer nicht vorhandenen Nachhaltigkeit, in der Branche breit. Als ich jünger war, gab es kaum nachhaltige Mode. Diese erlebt ihren Aufschwung erst seit circa zehn Jahren. Das Problem war anfangs jedoch, dass Öko-Mode meist schlicht und einfach hässlich war. Deshalb kaufte sie zu Beginn auch niemand. Ich spreche natürlich vom Mainstream-Kaufverhalten. Besonders achtsame Menschen haben hier wahrscheinlich immer schon differenziert. Als dann aber langsam die Klimadebatte immer lauter wurde, begannen auch viele der großen, schon etablierten Modeunternehmen, die Nachhaltigkeitsphilosophie aufzugreifen.

Heute sehen wir an jeder Ecke: »In Europa hergestellt«, »Aus reiner Bio-Baumwolle«, »Nachhaltig produziert«. Viele Konzerne schmücken sich mit solchen Claims, oft steckt aber leider absolut gar nichts dahinter. Was bedeutet denn »nachhaltig produziert«? So genau kann das niemand erklären, geschweige denn, dass es auf den Websites der Unternehmen nachgeschlagen werden könnte. *Greenwashing ist heute ein Problem in der Modebranche und vielen anderen Branchen.* Sie diskreditieren damit Konzerne, denen Nachhaltigkeit wirklich am Herzen liegt und die versuchen, einen Impact zu machen, was natürlich mit viel höheren Kosten und Anstrengungen verbunden ist. Jeder möchte auf den Trend aufspringen, dabei sein und davon profitieren. Dabei haben viele Firmen den Kern des Problems nicht erfasst. In unserer heutigen Konsumgesellschaft müssen wir jetzt Schritte einleiten, die uns als Kollektiv von unserem Überkonsum wegbringen und für einen nachhaltigen Konsum in allen Bereichen sorgen.

Greenwashing ist ein Problem.

Wie viele Kleidungsstücke aus eurem Schrank tragt ihr wirklich? Wie viel davon hängt ungetragen an der Kleiderstange, bis es zum nächsten Altkleidercontainer gebracht wird? Wie oft laufen wir gehetzt nach der Arbeit zu Zara, um dort schnell noch ein neues Kleid für die Geburtstagsparty am Wochenende zu kaufen? Versteht mich nicht falsch, ich verstehe, dass Mode eine persönliche Ausdrucksweise ist und wir alle einigermaßen gut aussehen wollen. Ich spreche hier nicht davon, dass wir alle nie wieder einkaufen gehen sollten, nie wieder mit unseren Freundinnen oder unserer Mama bummeln gehen sollten. Wir sind alle Menschen, und ich betone wieder, dass wir als Individuen zwar nur einen kleinen Beitrag leisten können – aber den können wir immerhin leisten. Es beginnt immer bei uns. Es geht um das Umdenken im Kopf und die Erziehung unserer Kinder. Wir könnten ja, bevor wir uns wieder fünf neue

Kleidungsstücke kaufen, kurz innehalten und uns fragen, ob wir das jetzt wirklich brauchen. Habe ich so eine blaue Bluse nicht schon?

Was nämlich mit Kleidung geschieht, die nicht verkauft wird, oder mit Kleidung, die niemand mehr will, ist mehr als fatal. Im Großteil der Fälle landet sie auf einer Müllhalde in Afrika. Tonnenweise Altkleider werden täglich von der westlichen Welt auf den afrikanischen Kontinent geschifft. (Genauso wie tonnenweise Elektroschrott.)

Das erste Problem, das sich eröffnet, ist, dass vor Ort lokale Märkte zerstört werden. Schneider*innen können nicht mit der billig weiterverkauften Kleidung konkurrieren und verlieren ihre Jobs. Die Kleidung, die wir altruistisch in die Altkleidersammlung werfen, kommt nämlich meist nicht hilfsbedürftigen Menschen in Österreich zugute, wie wir es annehmen. Die gut erhaltenen Stücke werden aussortiert und an Organisationen wie Humana verkauft, die diese oft zu stolzen Preisen weiterverkaufen. Der Secondhand-Markt boomt, und das ist super so. Oft kosten Teile aber mehr als im Einzelhandel, was wiederum den Sinn von Secondhand verfehlt, Kleidung für alle erschwinglich zu machen.

Die Kleidungsstücke, die nicht mehr verkauft werden können, werden gebündelt und nach Afrika verschifft. Dort werden diese Bündel von Händler*innen gekauft, und es wird erneut sortiert: Was kann weiterverkauft werden, und was kommt auf die Müllhalde?

Die Märkte Afrikas sind voll mit Kleiderwaren der westlichen Welt. Es sind T-Shirts mit Barbie- und Coca-Cola-Logos zu sehen. Die Shirts, die wir also in dem Glauben, etwas Gutes zu tun, in die Altkleidersammlung werfen, landen größtenteils in Afrika. Die Kleidungsstücke, die sich noch in einem besseren Zustand befinden, werden auf den Märkten verkauft. Die Stücke, die selbst für afrikanische Verhältnisse in einem schlechten Zustand sind, landen schlussendlich auf riesengroßen Müllhalden an der Peripherie. Oft verweht der Wind ganze Haufen der Kleidung, die dann im Meer oder in Flüssen landen. Ganze Flüsse werden beispielsweise durch Bleichmittel der Jeans verpestet, und das Wasser wird giftig, was zu Krankheiten in der Bevölkerung führt. Manche der Müllberge werden angezündet, was aber nur zur Verpestung der Luft und zur Verschlechterung der gesundheitlichen Zustände der Menschen in den afrikanischen Ländern führt.

Wir sehen also, welche absurden Züge die Wegwerfgesellschaft in der Fast-Fashion-Industrie angenommen hat. Und wo eine gut gemeinte Kleiderspende am Ende des Tages landen kann. Am Boden des Ozeans oder auf einer endlos erscheinenden Wüsten-Müllhalde.

Hinter einem schnellen Kauf bei H&M und Co. steckt natürlich noch viel mehr. In Ländern wie Bangladesch oder Vietnam arbeiten meistens Frauen und Kinder unter katastrophalen Arbeitsbedingungen für menschenunwürdige Löhne. Sie bezahlen den Preis, wenn wir ein T-Shirt um fünf Euro kaufen, mit ihrer Gesundheit. Oftmals sind die Produktionsgebäude der Modeketten in einem solch schlechten Zustand, dass die Frauen krank werden oder bei Unfällen sterben. Am 24. April 2013 verloren in Bangladesch mehr als eintausend Menschen bei dem Einsturz einer Textilfabrik ihr Leben.

Wir sehen hier erneut: Durch unseren Konsumzwang, durch unsere FOMO, etwas zu verpassen oder nicht dazuzugehören, kommen Menschen zu Schaden. Besonders bei Teenager*innen, bei denen das Zugehörigkeitsgefühl zu einer Gruppe besonders wichtig ist, ist Mode Teil des Status und der Beliebtheit. Machen wir den neuesten Instagram-Hosentrend gerade nicht mit, sind wir uncool. In dieser Altersgruppe wird aufgrund von finanziellen Hintergründen und äußeren Erscheinungsbildern oft ausgeschlossen und gemobbt.

Gehören wir dazu, sind wir in. Schließen wir uns nicht an, so sind wir out. All diese psychologischen Spielchen nutzt die Modeindustrie, wie so viele andere Branchen, um sich zu bereichern und Milliardengewinne zu lukrieren. Wichtig wäre hier ein Umdenken hin zu »Qualität vor Quantität« und wieder einmal zum bewussten Konsumieren. Wenn ich mir schon eine neue Jacke kaufe, dann doch gleich eine, die länger als eine Saison hält, oder? Wenn sie dann auch noch nachhaltig und fair produziert wurde – großartig.

Mobilität und Tourismus

Wie viel Reisen ist okay?

Der Mensch hat sich immer schon fortbewegt. Doch Fakt ist, dass der heutige Überkonsum von Reisen krankhafte Ausmaße annimmt. Mit der Kommerzialisierung des Flugverkehrs und der Möglichkeit für viele Menschen, für relativ wenig Geld ferne Länder zu bereisen, eröffnete sich aber auch ein großes ökologisches Problem: Tourismus. Massentourismus, Billig-Pauschalreisen, Kreuzfahrtschiffe, die einen schnuckeligen Ort überfluten und abgegrast und vermüllt zurücklassen. Einheimische, die aus ihrem Zuhause verdrängt werden, weil das Wohnen in ihrem Heimatort nicht mehr leistbar ist. Reisen gehört für viele immer mehr zu einem »Lifestyle« und wird durch das Verbreiten wunderschöner Bilder von exotischen Urlaubsdestinationen auf Social Media noch zusätzlich befeuert. Urlaubsreisen an die entferntesten Ziele wurden in den letzten Jahrzehnten für immer breitere Bevölkerungsschichten erschwinglich, und mit Unterstützung der Politik wurde das Angebot entsprechend ausgeweitet. Durch Billigfluglinien wie Ryanair, Plattformen wie Airbnb, populäre Filme (The Sound of Music, Game of Thrones etc.) und die Instagrammability von besonderen Schauplätzen kommt es zu Overtourism.

Von »Overtourism« ist die Rede, wenn die »Lebensqualität der Bevölkerung erheblich durch eine hohe Anzahl von Touristinnen und Touristen leidet, aber auch das touristische Erlebnis der Gäste durch eine Überlastung der lokalen Infrastruktur oder einen Verlust an Authentizität einer Destination beeinträchtigt wird.«[50] So befinden sich während der Hauptsaison meist mehr Tourist*innen als Einheimische an besagten Urlaubsorten. Zu den Hotspots zählen hier Orte wie Venedig, Mallorca, Amsterdam und Barcelona. Gründe dafür sind die außergewöhnliche Architektur, besondere Sehenswürdigkeiten und (einstmals) malerische Strände. Obwohl der Tourismus einen großen Wirtschaftsfaktor für die betroffenen Länder und seine Bewohner*innen darstellt, haben es die Einheimischen zunehmend satt.

2024 gingen Zehntausende Menschen in Spanien auf die Straße, um sich gegen den übermäßigen Massentourismus zu wehren. Sie klagten über hohe Mietpreise, Verschmutzung und Umweltvandalismus durch Tourist*innen. Das uneingeschränkte, unnatürliche Abgrasen von Urlaubsdestinationen ist für uns normal geworden. Einheimische werden an den Rand gedrängt, Wohnungen werden fast nur noch an Ausländer*innen verkauft oder vermietet, was den Wohnraum knapp werden lässt und ein Leben für die ansässige Bevölkerung kaum mehr erschwinglich macht. »Wenn die Tourismusbranche die einheimische Bevölkerung verdrängt, um das unbegrenzte Wachstum zu befriedigen, wird sie an ihrem eigenen Erfolg zugrunde gehen«, schrieb die spanische Zeitung El País im Anschluss an die Demonstrationen.[51]

Die Stimmen, die dem Massentourismus eine Grenze zu ziehen versuchen, werden demnach immer lauter. Und es werden bereits offizielle Maßnahmen ergriffen: Städte wie Venedig verbieten das Anlegen großer Kreuzfahrtschiffe, in Amsterdam gibt es die gesetzliche Regelung, dass erst ein Hotel schließen muss, bevor ein neues gebaut werden kann.

Die Zahlen sind erschreckend, wie die beiden folgenden Beispiele deutlich veranschaulichen: In Venedig leben 59.000 Menschen – die tägliche Besucher*innenzahl liegt bei 100.000, und im kleinen oberösterreichischen Hallstatt kommen auf 780 Einwohner*innen circa eine Million Besucher*innen pro Jahr! Die Auswirkungen sind verheerend, durch den Wellenschlag der vielen Boote und Kreuzfahrtschiffe in Venedig bröckelte die Substanz der alten Gebäude, und die untersten Stockwerke der meisten Häuser sind durch den angestiegenen Meeresspiegel unbewohnbar geworden. Das kleine Hallstatt wird von der Masse an Tourist*innen schmutzig hinterlassen – die Natur leidet und die Einheimischen haben immer weniger Rückzugsorte. Auf Mallorca herrscht Wasserknappheit: Durch den enormen touristischen Wasserverbrauch trocknen die Stauseen, die für die Wasserversorgung zuständig sind, immer mehr aus.

Expert*innen sind sich einig: Diese Art von uneingeschränkter Reisewut kann auf Dauer nicht beibehalten werden. Dazu zieht sie das Leben der einheimischen Menschen und das Gleichgewicht der Umwelt zu sehr in Mitleidenschaft.

Können wir also nicht mehr mit gutem Gewissen Urlaub machen?

Können wir also nicht mehr mit gutem Gewissen Urlaub machen?

Gar nicht mehr zu reisen, ist auch keine Lösung, denn viele Länder sind abhängig vom Tourismus. Bleiben die Urlauber*innen fern, verlieren viele Menschen ihre Arbeit und sind somit in ihrer Existenz bedroht. Die Tourismusbranche ist nicht von Grund auf »böse« – sie hat über die Jahre hinweg auffällig viele Arbeitsplätze geschaffen, etliche Regionen wirtschaftlich gestärkt, die lokale Infrastruktur ausgebaut und einen gewissen Wohlstand geschaffen.

Trotzdem ist es heute evident, dass unser Reiseverhalten eingeschränkt bzw. reduziert werden muss. Wie oft müssen wir wirklich auf einen anderen Kontinent reisen oder für den schnellen Wochenendtrip in ein Flugzeug steigen? Neben dem Zurückschrauben von unserem aktuell übermäßigen hin zu einem bewussten und ausgewählten Reisekonsum sind ein paar Dinge sehr einfach umzusetzen: Maßnahmen, um dem »Overtourism« entgegenzuwirken, sind das Reisen in der Nebensaison, das lokale Reisen sowie das Umsteigen auf nachhaltigere Verkehrsmittel. Wir haben das große Glück, in Europa zu leben, wo es so viele unentdeckte, wunderschöne Orte in unmittelbarer Nähe gibt, die leicht mit dem Zug oder zumindest mit dem Auto zu erreichen sind. Auf globaler Ebene muss eine »Beschränkung der Besucherzahlen und die räumliche oder zeitliche Umverteilung der Gäste« eingeführt werden.[52] Städte wie Barcelona und Amsterdam versuchen bereits, ihre Bettenkapazitäten zu begrenzen. In Venedig wird es Eintrittstickets für Tagesgäste geben, Kreuzfahrtschiffe dürfen nicht mehr anlegen. In Hallstatt gibt es nur noch beschränkte Parkmöglichkeiten, um den Besucher*innenstrom zu kanalisieren. Langsam, aber doch wehren sich die Bewohner*innen und Orte gegen den Massenandrang. Am Ende des Tages liegt es aber bei uns, nachhaltige Entscheidungen zu treffen und unseren Konsum auch beim Reisen einzuschränken oder zumindest zu reduzieren.

Oh Gott, schon wieder Verzicht! Hier kommt natürlich unsere heißgeliebte FOMO wieder ins Spiel. Steht nach einer intensiven Arbeitsphase der wohlverdiente, langersehnte Urlaub an, stellt sich nun für die umweltbewussten Menschen unter uns die Frage, wie es denn wohin gehen soll. Habe ich eine Woche lang Zeit, zu verreisen, gerate ich schon bei dem Gedanken an die zwei Tage dauernde Zugfahrt nach Italien oder Frankreich, welche meinen Urlaub dementsprechend verkürzt, ins Schwitzen. Warum sollten wir uns das antun, anstatt ins Flugzeug zu steigen und unser Ziel in ein bis zwei Stunden zu erreichen? Zwei Tage in diversen überfüllten, stinkenden, lauten Zügen zu sitzen, von denen mindestens einer dann höchstwahrscheinlich auch noch drei Stunden Verspätung hat, was bedeutet, dass ich den Anschlusszug verpassen werde? Warum sind wir darüber hinaus sogar gewillt, den doppelten und dreifachen Preis, den uns ein Flug kosten würde, für ein Zugticket zu bezahlen?

Zugegebenermaßen machen es uns die Tourismusbranche und die Ministerien für Verkehr und Transport wirklich nicht leicht. Ökologisches oder grünes Reisen, die Nutzung der öffentlichen Verkehrsmittel und das Einsparen von CO_2-Emissionen müssen endlich attraktiv für die breite Bevölkerung gemacht werden! Hier muss die Politik ganz klar in die Pflicht genommen werden. Zwar gibt es bereits einige Maßnahmen, wie etwa das Klimaticket in Österreich oder das Deutschlandticket, mit dem die Anreize, auf öffentliche Verkehrsmittel umzusteigen, erhöht werden sollen. Dies muss aber voraussetzen, dass die öffentlichen Verkehrsmittel wie Züge auch verlässlich und reibungslos funktionieren und nicht – wie aktuell – überfüllt und überlastet sind. Ebenso wird trotzdem nach wie vor mehr Geld in den Ausbau der Autobahnen als in die Verbesserung des Schienennetzes investiert. Wir brauchen so schnell wie möglich erschwingliche, praktische, funktionierende und vor allem grüne Alternativen zu Auto und Flugzeug, um nachhaltiges Reisen und Fortbewegen für die breite Bevölkerung zu normalisieren.

Wir wissen alle, dass Fliegen schlecht ist – tun es aber trotzdem.

Doch unser Reiseverhalten bleibt ein zweischneidiges Schwert und wieder gibt es einen Konflikt zwischen Moralvorstellung und Realität. Wir sind Menschen, wir wollen und können nicht immer alles perfekt machen. Auch hier geht es um eine gesunde Balance. Dennoch müssen wir uns ehrlich die Frage stellen, ob der zehnte Städtekurztrip am Wochenende mit dem Flugzeug wirklich notwendig ist oder ob ich bloß meine unersättliche FOMO stillen und ein weiteres hübsches Instagram-Foto vom neuen, hippen Hotspot posten möchte.

Wir wissen alle, dass Fliegen schlecht ist. Wir wissen auch alle über die verheerenden Folgen von Massentourismus Bescheid. Dennoch trägt eine gelegentliche Reise zu unserem Erlebnis des Menschseins bei. Wir entdecken uns neu, erleben und kosten das Leben auf neue Weisen, führen inspirierende Gespräche mit Menschen aus fremden Kulturen und bewahren diesen Schatz für den Rest unseres Lebens in unserer Brusttasche auf. Doch es gilt wie so oft: Alles mit Maß und Ziel – wie bei allem im Leben.

Wir sind wirtschaftlich, beruflich und privat auf den Transportsektor angewiesen. Doch wie umweltschädlich sind unsere Transportmittel wirklich?

Ganze 21,8 % des weltweit emittierten CO_2 stammen aus dem Transportsektor. Der Großteil ist hierbei auf den Personenverkehr auf den Straßen zurückzuführen. 45 %, also fast die Hälfte der Emissionen, werden von Autos, Bussen oder Motorrädern erzeugt. Für 30 % ist der Frachtverkehr, also leichte und schwere Nutzfahrzeuge wie LKWs, verantwortlich. Der Flug- und Schiffsverkehr sorgen für weitere 20 %. Der Schienenverkehr ist lediglich für 1 % des produzierten CO_2 verantwortlich.[53]

Der Verkehr auf unseren Straßen wächst stetig und gilt wahrlich als Verhöhnung unserer Klimaschutzziele. Es gibt immer mehr Fahrzeuge auf unseren Straßen, die immer größer, schwerer und teurer werden. Anstatt uns hier bewusst einzuschränken, legen wir immer mehr Kilometer pro Jahr mit Autos zurück. Allein in Deutschland verursacht der Verkehr auf den Straßen rund 100 Millionen Tonnen CO_2. In der EU macht unser Straßenverkehr etwa ein Fünftel des CO_2-Ausstoßes aus und ist für über 70 % der verkehrsbedingten Emissionen verantwortlich. Der PKW-Verkehr ist hierbei mit über 60 % der absolut größte Klimasünder.[54] Durch den Autoverkehr kommt es neben CO_2 auch zu hohen Emissionen von Stickoxiden und Feinstaub, durch diese Schadstoffe können Atemwege dauerhaft beschädigt und Herz-Kreislauf-Erkrankungen sowie Diabetes und Demenz hervorgerufen werden. »Konkret werden der Luftverschmutzung innerhalb der EU 327.000 vorzeitige Todesfälle im Jahr 2022 zugeordnet.«[55]

Eine wahre Entlastung für unser Klima kann letztendlich nicht rein durch technische Verbesserungen und alternative Antriebe erzielt werden. Wir brauchen Maßnahmen wie eine sinkende Verkehrsnachfrage, eine höhere Verkehrseffizienz und eine Veränderung der Verkehrsmittelwahl.

Ja, Elektroautos können eine echte Alternative für die Zukunft des Autoverkehrs sein, doch nur, wenn die Batterien künftig ohne Rohstoffe wie Kobalt und Lithium auskommen. So lange wir Kinder in Minen schicken und Kriege um seltene Rohstoffe wie Kobalt führen, kann Elektromobilität keine echte, nachhaltige Alternative darstellen. Der Abbau von Kobalt im Kongo wirft einen dunklen Schatten über die Elektroautoindustrie. Seit Jahren hören wir von Ausbeutung, Kinderarbeit, intransparenten Lieferketten und Menschenrechtsverletzungen. Zwei Drittel des weltweiten Kobalts, dem Rohstoff, der im Augenblick noch essenziell für die Herstellung von Lithium-Ionen-Batterien ist, werden im Kongo abgebaut. Seit dem Boom der E-Mobilität ist der Abbau gewaltig gestiegen, Kobalt wird vor allem von chinesischen Konzernen gekauft und in China weiterverarbeitet.

Die Arbeit der kongolesischen Bergleute findet unter extremen und illegalen Bedingungen statt. Die Stollen sind bis zu 100 Meter tief, die Einsturzgefahr ist immens. Häufig kommt es zu Unfällen, und immer wieder sterben Arbeiter*innen in den Minen. Darüber hinaus ist die Arbeit sehr schlecht bezahlt, weswegen oft Kinder dafür eingesetzt werden, in die engen Schächte hinabzuklettern, um die schwer erreichbaren, kostbaren Rohstoffe zu beschaffen. Neben Menschenrechtsverletzungen, gravierenden Folgen für die Gesundheit und dem hohen Verletzungsrisiko kommt es auch immer wieder zu Überfällen von Rebellengruppen, die sich die Rechte an den Minen sichern wollen – ihre Warlords werden meist von ausländischen Konzernen dafür bezahlt. So schlachten sich Afrikaner für den Profit ausländischer Hersteller unserer Elektroautos gegenseitig ab.

Ganze 15 Kilo Kobalt werden benötigt, um den Akku eines durchschnittlichen Elektroautos zu bauen. Die Produktion ist rohstoffintensiv und die Recyclingquote sehr gering. Nach einer Schätzung von UNICEF arbeiten bis zu 40.000 Kinder im Tagebau von Kobaltminen. »Besonders wenn die Schächte schmal sind, nutzen die Bergleute sehr kleine Kinder, weil nur sie unter die Erde gelangen können«, berichtet der Standard.[56] Es ist auch meist die Arbeit der Kinder, Säcke zu schleppen, Mineralien zu sortieren oder für die Arbeiter zu kochen. Leider sind »neben körperlicher und finanzieller Ausbeutung [...] vor allem Mädchen am Rande der Minen auch sexueller Gewalt ausgesetzt.« So wird ein junges Mädchen beispielsweise als Köchin angeworben und vor Ort dann sexuell ausgebeutet. Sollte es den Fall melden, verliert es seine Arbeit, auf die oft seine ganze Familie angewiesen ist.[57]

Den meisten Kindern im Kobaltabbau im Kongo wird durch die frühe Arbeit in den Minen jegliche Chance auf eine gute Ausbildung geraubt, sie haben im Erwachsenenalter kaum Möglichkeiten, andere Jobs zu finden, und sind dadurch in einem Teufelskreis gefangen. Neue EU-Verordnungen sollen Elektrobatteriehersteller deshalb künftig dazu zwingen, Menschenrechtsstandards entlang der Lieferkette einzuhalten. Durch Recycling von Kobalt soll der Abbau im Kongo eingedämmt werden. »Ab 2027 sollen in der EU 90 % des Kobalts wieder in neuen Batterien landen.«[58]

E-Mobilität kann global nicht als salonfähig angesehen werden, solange sie auf Kosten der Bergleute in Afrika geht und auf der Ausbeutung von Menschen und Natur beruht.

Erst wenn es Lösungen und Batterien ohne den seltenen Rohstoff gibt, stellt E-Mobilität wirklich eine gute Alternative dar.

Aber auch bei der Herstellung von alternativ betriebenen Fahrzeugen gilt, dass die Autos künftig kleiner, leichter, sparsamer und auch in ihrer Herstellung energie- und ressourceneffizienter werden müssen und wir darüber hinaus auch unser Verkehrsverhalten überdenken müssen. »Leichtbau, ambitionierte CO_2-Grenzwerte, generelle Tempolimits, Verkehrsvermeidung und -verlagerung, Reform der Kfz-Steuer und Abschaffung des Dienstwagenprivilegs sind einige Maßnahmen, die Abhilfe schaffen könnten.«[59]

Für die Zukunft gilt also ganz klar: Wir müssen unsere Mobilität generell verringern, den Verkehr reduzieren und die graduelle Umstellung auf alternative Verkehrsmittel fördern. Hier geht es um politische Maßnahmen, klimafreundliche Fortbewegungsmittel attraktiv für uns alle zu machen. Wir benötigen den Ausbau des öffentlichen Verkehrs, die Förderung effizienter Technologien und intelligente Verkehrskonzepte. Zugfahren und Carsharing zählen heute zu besonders nachhaltigen Alternativen zu PKW und Bus. Damit Elektroautos und E-Bikes Teil der Lösung werden können, ist entscheidend, dass sie ohne die seltenen Rohstoffe auskommen und wir erneuerbare Stromproduktion stärker ausbauen. Der Umstieg auf Solar-, Wind- und Wasserkraft ist essenziell für die Gestaltung klimafreundlicher Transportmöglichkeiten für die Zukunft.

Auch der Güterverkehr hat in den vergangenen Jahrzehnten stark zugenommen – besonders auf unseren Straßen. Die Gründe dafür sind die transportintensive Globalisierung und das Wachstum des internationalen Handels. Wachsende Wirtschaftstätigkeiten sind demnach mit einer wachsenden Verkehrsnachfrage und negativen Auswirkungen auf Natur und Umwelt verbunden. In Deutschland kann man es klar erkennen, hier hat sich der Straßengüterverkehr in den vergangenen drei Jahrzehnten verdoppelt.[60]

Um die Klimaziele im Verkehrssektor zu erreichen, müssen die drei Säulen – Vermeiden, Verlagern, Verbessern – umgesetzt werden. Hand in Hand mit einem notwendigen wirtschaftlichen (und auch persönlichen) »Degrowth« werden sowohl der allgemeine wie auch der Gütertransport eingeschränkt und reduziert werden müssen. Durch das Zurückschrauben und die Regulierung des internationalen Handels könnte der erste wichtige Schritt in Richtung Eindämmung schädlicher Emissionen getan werden. Weiters müssen mehr Güter auf der Schiene transportiert werden. Hierfür müsste jedoch zuerst das Schienennetz massiv ausgebaut und verbessert werden.

Um dem übermäßigen Gütertransport entgegenzuwirken, müssen wir als Gesellschaft unser Konsumverhalten grundlegend überdenken. Muss wirklich jedes Produkt zu jeder Zeit verfügbar sein? Brauche ich wirklich dieses riesige Angebot an exotischen Früchten aus Südamerika? Veränderungen beim Konsumverhalten wirken sich direkt auf den Güterverkehr aus. »So wächst der Markt der sogenannten Kurier-, Express- und Paketdienste wie Amazon noch stärker als der gesamte Güterverkehrsmarkt. Zwischen 2000 und 2016 betrug der Anstieg rund 87 %.«[61] Schrauben wir unseren Konsum also zurück, hat dies direkte Auswirkungen auf den Klimakiller Güter- und Warentransport.

Doch nicht nur der Güterverkehr auf unseren Straßen ist ein wahrer Umweltsünder – auch Frachtschiffe stellen eine ungemeine Belastung für Klima und Gesundheit dar. Größere Schiffe werden meistens mit Schweröl betankt. Hierbei handelt es sich um den minderwertigsten und umweltschädlichsten Stoff, mit dem Schiffe betrieben werden können. Schweröl ist ein zähflüssiges, braunes bis pechschwarzes, hochgiftiges Rückstandsöl der Erdölverarbeitung. Es wird meistens gemischt mit Dieselöl als Kraftstoff für Großdieselmotoren bei Schiffen benutzt.

Da Schweröl hochgiftig ist und eigentlich als Sondermüll aufwendig und teuer entsorgt werden müsste, fungieren Schiffe auf hoher See als Müllverbrennungsanlagen, was dramatische Auswirkungen auf Tiere und Menschen haben kann. Während die Gesetze um Abgase und Feinstaub im Autoverkehr immer strenger werden, sieht es im Schiffsverkehr leider anders aus. Schiffe pusten weiterhin Unmengen an giftigem, ungefiltertem Ruß in die Atmosphäre. Laut EU-Kommission sind Schiffe für 20 bis 30 % aller Feinstaubkonzentrationen an den Küstengebieten verantwortlich.[62]

»Der Schwefelgehalt von Schweröl ist im Vergleich zum LKW-Diesel rund 3.500-mal höher. Anders ausgedrückt: Die 20 größten Schiffe der Welt blasen so viel Schwefeldioxid in die Atmosphäre wie alle Autos auf der Erde zusammen. Bei weltweit rund 50.000 Handelsschiffen tragen die ungefilterten Emissionen erheblich zum Versauern der Meere bei.«[63]

Die Rußpartikel der Schiffe sind in weiterer Folge auch für die Erderwärmung mitverantwortlich. Diese werden in die Arktis und nach Grönland geweht und beschleunigen dort das Schmelzen der Gletscher, da die festgesetzten Rußpartikel auf der Eisoberfläche die Sonne leichter absorbieren und das Eis so schneller schmilzt.

Was natürlich noch erschwerend dazukommt, sind die unumkehrbaren Schäden für die Umwelt, wenn Tanks aufbrechen und Öl austritt. Die harte, zähe, teerartige Masse treibt auf der Oberfläche, da Öl leichter als Wasser ist. Vögel setzen sich hinein, Meeressäugetiere und Schildkröten, die zum Luftholen an die Wasseroberfläche kommen, geraten genau in den Ölteppich, der sich immer weiter zersetzt. Genauso wird das Öl auch an die Küsten gespült oder es sinkt in Verbindung mit anderem Müll auf den Meeresboden, wo es weitere kleine Meerestiere tötet.

Nehmen wir nun all die negativen Auswirkungen mit in die Rechnung, ist der Schiffsverkehr schlicht und ergreifend nicht vertretbar. Seit Jahren fordern Wissenschaftler*innen den Einbau von Abgas- und Rußfiltern und einen Umstieg auf den umweltfreundlicheren Schiffsdiesel, der aber über 40 % mehr kostet.

All diese Folgen wegen einer Woche Spiel, Spaß und Völlerei auf einem Luxusdampfer? Ist es uns das wirklich wert?

Das Problem ist hier wieder, dass sich die meisten Menschen nicht mit diesen Dingen befassen. »Es gibt ja auch wirklich Wichtigeres im Leben! Und abgesehen davon gibt es wirklich spannendere Themen.« Es ist das Gleiche wie mit dem Fisch- und Fleischkonsum. Sehen wir wirklich hin, ungefiltert, dann ist es ethisch und moralisch nicht vertretbar. Aber der kurze Genuss und der persönliche Luxus sind uns für den Moment einfach wichtiger. Menschen bleiben eben doch Egoist*innen und handeln meist nicht nachhaltig. Das Leben ist ja kurz und der Mensch will nichts verpassen. Also genießen wir jetzt – ohne einen Gedanken an die Zukunft zu verschwenden.

Dass die Privatjets der Superreichen und die spaßigen Raketenexperimente von Elon Musk reguliert werden müssen, steht, glaube ich, außer Frage. 2023 starteten in Deutschland so viele Privatjets wie noch nie, nämlich knapp 94.000, das sind 260 Flüge täglich. Im Vergleich zum Vorjahr war das ein Zuwachs von 12 %. Somit machen Privatjetflüge unfassbare 12 % des gesamten Flugverkehrs in Deutschland aus.[64]

Bis zum Jahr 2030 wird das wohlhabendste Prozent der Weltbevölkerung laut Oxfam für 16 % der globalen Emissionen verantwortlich sein. Nafkote Dabi, Klimaexpertin bei Oxfam, meinte dazu: »Eine kleine Elite gönnt sich einen Freifahrtschein für die Zerstörung unseres Klimas.«[65] Diese Entwicklung könne verheerende Konsequenzen für Millionen von Menschen haben, die bereits jetzt unter tödlichen

Stürmen, Hunger und Armut leiden. Ein einziger Weltraumflug eines Milliardärs verursacht dabei mehr Emissionen als ein Mensch aus der ärmsten Milliarde in seinem gesamten Leben.[66]

Tim Gore vom IEEP (Institut für Europäische Umweltpolitik) erklärte dazu, Regierungen müssten ihre Maßnahmen auf die extrem Reichen ausrichten. »Dazu gehören sowohl Maßnahmen zur Einschränkung des CO_2-Verbrauchs für Luxusgüter wie Megajachten, Privatjets und private Raumfahrt als auch zur Begrenzung klimaintensiver Investitionen wie Aktienbesitz in der fossilen Brennstoffindustrie.«[67]

Erst kürzlich wurde EU-Kommissionspräsidentin Ursula von der Leyen für ihren Kurzflug von 20 Minuten zwischen Wien und Bratislava heftig kritisiert. Private Kurzstreckenflüge müssen künftig auch für Machthaber*innen und Superreiche verboten werden. Frankreich macht es vor: Dort wurden 2023 alle Inlandsflugstrecken, die mit dem Zug in unter 2,5 Stunden zu erreichen waren, gestrichen.[68]

Wenn die Coronapandemie einen Vorteil mit sich gebracht hat, ist es die Legitimation von Homeoffice, Onlinemeetings und digitalen Konferenzen. Businesstreffen, die früher in persona stattgefunden haben, können jetzt problemlos über Zoom-Konferenzen abgehalten werden, was der Umwelt sichtlich zugutekommt.

Wie wir sehen, muss der private sowie der globale Transport revolutioniert und eingedämmt werden, wenn wir unsere Klimaziele ernst nehmen und erreichen wollen. Viel mehr als um den Einzelverbrauch geht es um staatliche Regulierungen für den Gütertransport, die massive Reduktion von Flügen in Privatjets und um ein breiter gefächertes Angebot an alternativen, ressourcenschonenden Transportmöglichkeiten für Menschen und Güter. Auch hier müssen wir unserer FOMO den Kampf ansagen und ein gesundes, vertretbares Maß an Konsum an den Tag legen. Die Entscheidung zwischen dem Gemeinwohl aller Menschen und unserer Umwelt und einem kurzen Genuss für uns als Einzelperson sollte uns eigentlich gar nicht so schwerfallen …

Auswirkungen unserer Ernährung

Brauchen wir eine globale Ernährungswende?

Paradoxerweise leben wir heute in einer Welt, in der Übergewicht ein größeres Problem darstellt als Unterernährung. 821 Millionen Menschen sind heute unterernährt – fast ein Zehntel (9 %) der Weltbevölkerung lebt in ständiger oder partieller Nahrungsmittelunsicherheit. Im Gegensatz hierzu sind zwei Milliarden Menschen, also fast ein Viertel der Menschheit, übergewichtig oder adipös. 2017 konnten ganze 8 % der Todesfälle weltweit auf Adipositas zurückgeführt werden.[69]

Wie wir Menschen der reichen Industriestaaten uns ernähren, macht uns krank. Wie wir unsere Nahrung herstellen, macht unseren Planeten krank. Unsere umweltschädliche Nahrungsmittelproduktion trägt eine große Mitschuld an der Klimakrise und dem Artensterben auf unserer Welt. »Bis zu 37 % aller Treibhausgasemissionen und 70 % des Verlusts von Artenvielfalt sind auf unsere Ernährung zurückzuführen.«[70] Natürlich spielt hier unser Fleischkonsum eine tragende Rolle. Zwar kann jede und jeder von uns mit dem Griff zur Fleischalternative einen Beitrag leisten, trotzdem sind wir auf Regulierungen und Maßnahmen seitens der Politik und Industrie angewiesen, um eine tiefgreifende Umstellung einzuleiten. Die nachhaltige Lebensmittelproduktion stellt demnach eine der größten

Herausforderungen für eine gesunde Zukunft für Mensch und Umwelt dar.

Die weltweite Nahrungsmittelsicherheit hat in den vergangenen 50 Jahren stetige Fortschritte erlebt. Doch der Fortschritt in der Ernährung möglichst vieler Menschen bringt natürlich seine Schattenseiten mit sich. Die Lebensmittelproduktion belastet unseren Planeten und unser Klima mehr als alle anderen Faktoren. Der Agrarsektor ist der größte Verursacher von Treibhausgasemissionen, ist verantwortlich für Entwaldung, Verlust von Biodiversität und den höchsten Süßwasserverbrauch. Weiters belastet die Lebensmittelindustrie die planetaren Grenzen ungemein und die Verpestung der Luft, Seen, Flüsse und des Meeres durch Düngemittel treibt die globale Erderwärmung noch weiter voran.

Die Globalisierung macht sich schon lange auch im Agrarsektor bemerkbar. Wir haben uns von lokaler, saisonaler Produktion distanziert und haben uns über die Jahre in Abhängigkeiten zu Lebensmittelexporten großer Industriestaaten begeben. So müssten laut dem Club of Rome (siehe Kapitel »Klimawandel und Ungleichheit«) folgende Veränderungen vorgenommen werden, um unsere Klimaziele noch zu erreichen: Die Erzeugung von Lebensmitteln und Rohstoffen muss umgehend und umfassend reformiert werden. Wir müssen auf das Konzept der regenerativen Landwirtschaft (eine Landwirtschaft, die die Regeneration des Bodens und der Biodiversität in den Mittelpunkt stellt) umsteigen und nachhaltige Intensivierung (Ertragssteigerungen ohne negative Effekte für die Umwelt und ohne dafür zusätzliche Fläche in Anspruch zu nehmen[71]) fördern. Durch regenerierbare Praktiken könnten Landwirte mit weniger Mitteln mehr erreichen. Primär muss jedoch die Ausdehnung der Produktionsflächen eingedämmt werden. Unsere Landwirtschaft muss vom Kohlenstoffemittenten zum Kohlenstoffspeicher umgewandelt werden. Um unsere

Artenvielfalt zu bewahren und den CO_2-Ausstoß zu senken, müssen degradiertes Land und die Fischbestände im Meer wieder regeneriert werden.[72]

»Die Wohlgenährten müssen zu einer gesunden und umweltschonenden Ernährungsweise übergehen und die Unter- und Mangelernährten aus ihrer Not befreit werden.«[73] Unser Ziel muss es sein, Menschen auf der ganzen Welt Zugang zu gesunden Lebensmitteln zu gewährleisten, die die planetaren Ressourcen nicht mehr im jetzigen Ausmaß belasten. *Eine radikale Umstellung wird vonnöten sein, um die nötige Veränderung des Nahrungsmittelsystems zu erreichen.*

Wir brauchen eine radikale Umstellung des Nahrungsmittelsystems.

Wir vereinnahmen die Biosphäre, das System, das unser Leben erhält, beuten sie aus und reduzieren ihre Vielfalt. Nur noch 4 % der Säugetiere dieser Welt leben in freier Wildbahn. Rinder und Schweine aus der Viehzucht stellen der Masse nach mittlerweile 60 % aller Säugetiere der Welt dar. Der menschengehaltene Viehbestand ist demnach 15-mal so hoch wie jener der wild lebenden Säugetiere. Allein für unsere Viehzucht benötigen wir heute eine Fläche mit der Größe von Nord- und Südamerika. Bedrückende 90 % der Fischbestände der Weltmeere sind mittlerweile ausgerottet!

Neben der massiven Zerstörung von Flora und Fauna ist unsere Nahrungsmittelproduktion für ein Viertel der Treibhausgasemissionen weltweit und für 70 % aller Wasserentnahmen verantwortlich.

Ja, wir werden in Zukunft noch mehr Menschen ernähren müssen. Gerade deshalb ist die Umstellung auf nachhaltige Produktionsweisen so essenziell. Die FAO (Food and Agriculture Organization) schätzt, dass im Jahr 2050 70 % mehr Lebensmittel produziert werden müssen, da die Weltbevölkerung wächst, global gesehen reicher wird und immer mehr Menschen Fleisch konsumieren wollen.[74] Was noch erschwerend dazukommt, ist, dass wir durch den Klimawandel mit immer stärkeren Extremwettersituationen zu kämpfen haben werden. Dürren, Überschwemmungen und die damit verbundenen Ernteausfälle werden zukünftig immer häufiger werden. Blicken wir zurück in die Geschichte, war das »Leben und Sterben, das Gedeihen oder Vergehen von ganzen Zivilisationen immer abhängig davon, wie ihre Führer mit Wasserknappheit in der Nahrungsmittelproduktion umgingen«, gibt der Club of Rome an.[75]

Unsere gesamte Nahrungsmittelindustrie ist abhängig von globalen Big Playern, Monokulturen, Düngemitteln, instabilen Wetterlagen und fossiler Energie. Grundnahrungsmittel wie auch Dünger oder Erdöl für die landwirtschaftlichen Maschinen stammen oft aus einigen wenigen Ländern, was bei Ernteausfällen oder Ausnahmesituationen wie Krieg zu Lieferengpässen führen kann. Engpässe und die damit verbundenen steigenden Preise für Grundnahrungsmittel wie Getreide stehen in direktem Zusammenhang mit sozialen Unruhen und einer Destabilisierung der wirtschaftlichen und politischen Systeme. Dies zeigt sich besonders deutlich in einkommensschwachen Ländern. Die Menschen müssen essen und ein Anstieg der Lebensmittelpreise führt häufig direkt zu offenen und auch gewaltbereiten Konflikten. Deshalb stellen heute Ernteausfälle und Nahrungsmittelengpässe, ausgelöst durch den Klimawandel, eine reelle politische und soziale Gefahr dar.

Je größer das Bevölkerungs- und Einkommenswachstum, desto größer die Nachfrage nach Nahrungsmitteln und die Abhängigkeit von einigen wenigen Industriestaaten. Je größer der Wohlstand, umso größer das Verlangen nach ressourcenintensiver westlicher Nahrung.

Essenziell also ist, die Balance zwischen Welthandel und der kleineren, lokalen Produktion zu finden. Wenn wir die Folgen des Klimawandels (Dürren, Überschwemmungen, Ernteausfälle, Krankheiten bei Vieh und Nutzpflanzen etc.)

bei der Lebensmittelproduktion beachten, wird ein unerlässlicher Wandel unseres Nahrungsmittelsystems vonnöten sein, um Stabilität, Resilienz, körperliches Wohlergehen, den bewussten Umgang mit nichtregenerativen Ressourcen und das Ausbleiben von sozialen Spannungen zu sichern.

Unsere Landwirtschaft muss also so schnell wie möglich revolutioniert werden. Die Nutzflächen für die Nahrungsmittelproduktion dürfen nicht weiter ausgedehnt werden, der CO_2-Ausstoß muss zurückgeschraubt werden, und unsere Ökosysteme müssen besser geschützt werden. Wir müssen die natürliche Funktionsfähigkeit unserer Böden wiederherstellen und den Fischbestand in Seen, Flüssen und Meeren schonen, damit er sich erholen kann. Ausschlaggebend sind hierfür eine klimabewusste, regenerative Landwirtschaft und eine nachhaltige Intensivierung, bei der die Erträge steigen, die Ökosysteme jedoch geschützt werden. Wir müssen auf Chemikalien und Pestizide verzichten, sodass die pflanzliche Vielfalt und gesunde Ökosysteme wiederhergestellt werden können.

Darüber hinaus müssen wir unsere persönliche Ernährungsweise umstellen. Die westliche Ernährung ist die ungesündeste der Welt, hat aber in den letzten Jahrzehnten immer mehr an Popularität gewonnen. Sie basiert auf raffiniertem Getreide, industriell verarbeitetem Fleisch, gesättigten Fetten und Fruktosesirup. Diese sehr fleischlastige Ernährungsweise ohne allzu viel Gemüse- und Obstanteil wird als Statussymbol für Wohlstand und Erfolg gesehen. Mit ihr gehen jedoch Krankheiten wie Diabetes, Krebs, Adipositas und Herz-Kreislauf-Erkrankungen einher.

Nahrhafte und gesunde Lebensmittel müssen für alle Menschen erschwinglich und zugänglich gemacht werden. Laut dem Club of Rome gäbe es zur Zeit »genügend Platz, um 9 Milliarden Menschen mit gesunden, nahrhaften Lebensmitteln zu versorgen – auch ohne die Agrarflächen weiter auszudehnen.«[76]

Es wäre daher wichtig, zukünftig mehr Gemüse, Obst, Hülsenfrüchte und weniger weißen Zucker zu produzieren und zu essen. Der Überkonsum von Fleisch- und Milchprodukten muss in bestimmten Regionen reduziert werden, doch niemandem darf eine rein pflanzliche Ernährungsweise aufgezwungen werden. »Durch die gesundheitlichen Vorteile der Umstellung von weniger rotem Fleisch auf Gemüse, Obst, Körner, Hülsenfrüchte und Nüsse könnten bis 2040 10–11 Millionen vorzeitige Todesfälle vermieden werden«, meint Andrew Haines, Professor für Klimawandel und öffentliche Gesundheit, London School of Hygiene and Tropical Medicine.[77]

Die Reduktion der ressourcenintensiven, wasserverschwendenden Fleischindustrie würde auch der Bekämpfung von Mangel- und Unterernährung zugutekommen. Pflanzliche und »im Labor produzierte« Alternativen zu Fleisch werden immer salonfähiger. Vegane Alternativen zu Kuh-, Schaf- oder Ziegenmilch sind bereits jetzt sehr beliebt und weit verbreitet.

Eine weitere, dringend erforderliche Maßnahme ist die Reduktion und Regulierung von Nahrungsmittelverschwendung. Weltweit werden laut aktuellen Schätzungen des WWF 40 % aller produzierten Lebensmittel weggeworfen![78]

Zunächst stellt sich die Frage, wieso auf der einen Hälfte der Erde haufenweise Essen im Müll entsorgt wird, während auf der anderen Hälfte Hunderte Millionen Menschen hungern. Die Antwort lautet hier leider erneut: Überkonsum. Dazu kommt dann noch das Wegwerfen von nur leicht mangelhafter oder nicht der Norm entsprechender Ware. Private Verschwendung könnte hier durch staatliche Regulierungen und Aufklärungskampagnen eingeschränkt werden. Bei Nahrungsmittelkonzernen geht wieder Frankreich als gutes Beispiel voran: Lebensmittel dürfen nicht vernichtet werden, sondern sollen Menschen in Not zugutekommen.

So muss Essen beispielsweise an Tafeln gespendet werden, anstatt im Müll zu landen. Nicht konsumierte Lebensmittel können weiters als Kompost zum Bodenaufbau, Ergänzung von Tierfutter oder zur Energiegewinnung für Biogas verwendet werden. In einkommensschwachen Ländern muss eine bessere Infrastruktur für die Lagerung, Verarbeitung und den Transport der Waren geschaffen werden.

Zusammenfassend können wir also sagen, dass wir vom aktuell eingeschlagenen Weg des Überkonsums und Verschwendens von kostbaren Lebensmitteln abkommen müssen. Es ist jedoch auch notwendig, für die Zukunft intelligente Strategien für eine nachhaltige, gesunde Ernährung und Lebensmittelproduktion für möglichst viele Menschen umzusetzen. Um nahrhaftes und gesundes Essen für einkommensschwache Familien leistbar zu machen, brauchen wir neue Finanzierungsmodelle, die Unterstützung der Regierungen und der Lebensmittelindustrie, die künftig einen Teil der Kosten übernehmen könnte, um etwa von ihr verursachte Umweltverschmutzungen und Lebensmittelabfälle auszugleichen. Wir brauchen ebenfalls dringend politische Maßnahmen gegen die makabre und unsinnige Lebensmittelverschwendung.

Für einen gesunden Kreislauf müssen wir wieder auf lokale Betriebe und Saisonalität setzen. Hierfür werden Bildungsmaßnahmen und Aufklärungsarbeit vonnöten sein. Regierungen müssen die Subventionierung der konventionellen Agrarwirtschaft abschaffen und diese Gelder in nachhaltige regenerative Anbautechniken fließen lassen. Ebenfalls müssen sie »an die Region angepasstes Saatgut und Sorten sowie den Konsum von heimischen CO_2-armen gesunden Lebensmitteln fördern.«[79]

Weiters sollten die Bio-Produktion ausgebaut und ihre Produkte erschwinglicher gemacht werden, die Steuern auf Gemüse und Obst gesenkt, die Herkunft und Qualität von Lebensmitteln künftig gekennzeichnet, durch Lieferkettengesetze die Abholzung von Regenwäldern gestoppt und ein Bewusstsein für nachhaltigen Nahrungsmittelkonsum durch Bildung geschaffen werden. Wir müssen in Europa eine Vorbildfunktion einnehmen und den Weg für gezielt regionale, saisonale, qualitative, nahrhafte, gesunde Kost für alle ebnen.

Eine Ernährungswende hat eine Doppelwirkung: Sie kommt dem Planeten und uns Menschen zugute.

Kognitive Dissonanz

Wie groß ist unsere Werte-Handlungs-Lücke?

Wir alle kennen diesen inneren Konflikt: Wie oft sagen wir das eine und tun dann etwas komplett anderes? Das Phänomen der kognitiven Dissonanz begleitet unsere Generation täglich. Die Realität unserer Entscheidungen sieht oft anders aus, als es uns unser Wertekompass vorgibt. Die Werte-Handlungs-Lücke, der »Value-Action-Gap«, ist, einfach gesagt, das Phänomen, bei dem Menschen zwar klare Werte haben und sich dieser auch bewusst sind, ihre Entscheidungen aber nicht damit korrelieren. Werte sind nämlich meist abstrakter und allgemeiner formuliert als konkrete Verhaltensmuster. »Oftmals ist man sich nicht im Klaren darüber, was es eigentlich für das eigene Verhalten bedeutet, einen bestimmten Wert oder eine bestimmte Einstellung zu haben«, erklärt Kathrin Reichmann, Doktorandin der Psychologie an der Eberhard-Karls-Universität.[80]

Bei Entscheidungen haben wir meist eine Wahl und oft eine Vielzahl an Optionen. Nehmen wir das Beispiel Supermarkt: Es gibt bei der Auswahl von Waren viele Faktoren, die schlussendlich zum Kauf führen oder nicht, sei es Verpackung, Qualität, Preis oder der Nostalgiefaktor. Der relevanteste Faktor führt schließlich zu unserer Entscheidung. Dieser muss aber nicht unbedingt mit unseren Werten übereinstimmen, es entsteht ein Gefühl von Unzufriedenheit – die kognitive Dissonanz.

Wird es unbequem, werfen wir unsere Moral über Bord.

»Ich bin vorhin hierher geflogen, von Berlin nach Köln, einfach weil mir Umweltschutz nur so lange am Herzen liegt, wie ich nichts an meinem Verhalten ändern muss.«[81] So brachte der deutsche Comedian Felix Lobrecht ein treffendes Beispiel dafür, wie schnell wir unsere moralischen Vorstellungen über Bord werfen, wenn es unbequem wird. Solange wir nichts an unserem Verhalten ändern müssen, ist Klimaschutz ja schön und gut. Geht es um tatsächliche alltägliche Einschnitte, wird der ein oder andre schnell mal weniger begeistert sein.

Ja, wir nehmen uns vor, nie wieder eine Zara- oder eine H&M-Filiale zu betreten – trotzdem kaufen wir, wenn wir auf die Schnelle etwas zum Anziehen brauchen, dort ein. Ja, wir wollen weniger Fleisch essen – greifen aber trotzdem beim deftigen Osterschinken zu. Ja, wir verurteilen andere, die viermal jährlich in den Urlaub fliegen, aber buchen uns selbst den Billigflug nach Mallorca. Ist unser Benehmen in Wahrheit verlogen und heuchlerisch? Kritisieren wir andere, aber tun im Stillen das Gleiche? Unsere Wunschvorstellung und unsere Realität sind demnach nicht immer deckungsgleich. Hand aufs Herz, wer kann von sich behaupten, einen derart ausgeprägten moralischen Kompass zu haben, dass er oder sie wirklich nie Einwegplastik benutzt, sich keinen schnellen Kaffee bei Starbucks holt oder nie fliegt? Natürlich gibt es sie, die Asket*innen unter uns, die es schaffen, dies alles umzusetzen – und ich habe den größten Respekt vor ihnen. Obwohl es uns in unserer Gesellschaft fast unmöglich gemacht wird, bleibt es eine Sache der Überzeugung. Doch wieso spricht niemand darüber, dass es auch verdammt anstrengend ist? Dass es oft mühsam ist, immer achtsam zu leben, das Papier vom Joghurtbecher zu entfernen, den Plastikbecher auszuwaschen, das Papier zum

Altpapier und den sauberen Becher dann zum Recycling-Müll zu bringen? Da das bewusste Leben einen nicht zu unterschätzenden Zeit- und oft auch einen finanziellen Aufwand verlangt, ist es auch evident, dass es sich eine gewisse Einkommensschicht schlicht und einfach leisten kann, achtsam zu leben. Und natürlich bedarf es dann auch noch einer entsprechenden Sensibilisierung, Bildung und Aufklärung.

Bio-Produkte zu kaufen, Müll zu trennen, den teuren Zug anstelle des billigen Flugs zu buchen – all das sind Handlungen, die von der Einkommenssituation abhängig sind und auch eine entsprechende Bildung und Sozialisierung voraussetzen. Wir dürfen in der Debatte nicht vergessen, dass es heute auch in Österreich immer noch 1,5 Millionen armutsbetroffene Menschen gibt, die sich nicht die Bio-Gurke oder das Joghurt im Glasbehälter leisten können.[82] Nachhaltiges Leben und das Bewusstsein dafür sind aktuell ein Privileg und bleiben es vermutlich noch längere Zeit. Wer sich Sorgen über die nächste Miete macht, hat ganz andere Probleme, als seinen Müll zu trennen und ressourcenschonend hergestellte, dafür aber teure Produkte zu kaufen. Geschweige denn jemand, der in Indien auf der Straße lebt – ihm ist es höchstwahrscheinlich egal, ob seine Plastikflasche im Ganges landet.

Ein Trend, auf den immer mehr Konzerne aufspringen, ist Greenwashing. Hierbei benutzen Werbefirmen und Konzerne Mittel wie Rhetorik und PR-Arbeit, um das Bild eines Betriebs oder eines Produkts zum Positiven zu manipulieren. Es ist wichtig, Greenwashing zu erkennen und Marken zur Verantwortung zu ziehen, die es so erfolgreich betreiben. Greenwashing führt dazu, dass wir vergessen, unseren Value-Action-Gap kritisch zu hinterfragen, weil wir ja vermeintlich sowieso nachhaltig konsumieren. Hier sollten wir uns Greenwashing aktiver bewusst machen und das eigene Verhalten infrage stellen. *Wie sieht denn ein Verhalten aus, das meinen Werten wirklich entspricht?*

Laut einer Eurobarometer-Umfrage im Jahr 2021 stuften 93 % der EU-Bürger*innen die Klimakrise als sehr ernstes Problem ein.[83] Wir wissen über den Klimawandel und den Ernst der Lage Bescheid – bei keiner anderen Debatte sind wir uns einiger. Uns ist also bewusst, wie es um unseren Planeten steht, und trotzdem passiert kaum Veränderung. Trotz der Sorge um unser Klima handelt ein Großteil dieser 93 % der EU-Bürger*innen nicht nachhaltig. Ihr Wissen und ihr Handeln sind nicht kohärent. Weil wir mehr wissen, als wir tun, entsteht eine Kluft in unseren Köpfen.

Um diesem Phänomen entgegenzuwirken, brauchen wir eine effektive Klimakommunikation. Aktuell schockieren und lähmen uns Informationen über das Sterben aller Korallen, wenn die globale Durchschnittstemperatur um 2 Grad steigt. Wir fühlen uns klein und ohnmächtig ... und machen genauso weiter wie zuvor. Wir können das Ausmaß dieser Information zwar kognitiv begreifen, es wirkt sich jedoch nicht direkt auf unser Handeln aus. Anstatt nach so einer Schreckensmeldung in Aktion zu treten, ist es der natürliche Reflex, sich in eine Passivität zurückzuziehen.

Effektive Kommunikation hingegen...

- »...bietet uns Information, die wir vorher nicht hatten.
- ...berührt uns emotional.
- ...gibt uns das Gefühl, mit unseren Sorgen nicht allein zu sein.
- ...zeigt Lösungen auf, die für uns heute und hier umsetzbar sind.
- ...inspiriert und weckt den Wunsch in uns, unmittelbar zu handeln und Teil der Lösung anstatt des Problems zu werden.«[84]

Jede und jeder reagiert auf Klimakommunikation anders und wird durch bestimmte Aussagen anders getriggert. Was für den einen radikal wirken mag, ist für die andere zu zahnlos. Wichtig ist dabei, ein »Gefühl von Handlungsfähigkeit zu vermitteln und die eigene Wirksamkeit zu sehen«.[85]

Wichtig ist es, uns die Lücke zwischen unseren Werten und unserer Handlung bewusst zu machen und diese nach und nach klarsichtig zu schließen.

CO_2-Haushalt und Aktivismus

Warum triggern uns Verzicht und Aktivismus?

Macht es wirklich einen Unterschied, ob die zwölfjährige Petra aus Niederbayern aus Überzeugung kein Wurstbrot mehr isst, Müll trennt und täglich zu Fuß in die Schule geht? Wie oft haben wir das Argument gehört: »Solange Milliarden Asiat*innen täglich Fleisch konsumieren und Auto fahren, die großen Konzerne wie Amazon und Co. ihr Unwesen treiben, zig Privatjets täglich um die Welt fliegen, macht es, sorry, wirklich keinen Unterschied, was die kleine Petra tut.« Und einerseits stimmt das ja auch. Wir brauchen Regulierungen, Entscheidungen und Maßnahmen, die auf Bundes-, auf EU-, auf UN-Ebene verordnet werden. Solange die Politik korrupt bleibt, die wahren Entscheidungsträger*innen die Konzerne sind und nur Geld und Macht im Fokus stehen, wird sich schlicht und einfach nichts verändern.

Was jede und jeder Einzelne bei sich zu Hause tut, wird nicht ausreichend sein, um eine Klimakatastrophe zu verhindern. Das bedeutet aber nicht, dass nicht jede kleine Handlung zählt und einen Impact hat! Sind wir uns mal ehrlich, was tun wir selbst? Fahren wir Auto oder benutzen wir öffentliche Verkehrsmittel? Essen wir Fleisch oder ernähren wir uns vegan? Versuchen wir es zumindest, aber machen Ausnahmen? Trennen wir unseren Müll und achten auf unseren Energie- und Wasserverbrauch? Fliegen wir, fahren wir mit dem Schiff? Kaufen wir Fast Fashion oder gehen wir in Secondhand-Läden?

Ich gebe es zu, ich fliege vermutlich mehr als der Durchschnitt der Bevölkerung. Einerseits geht es beruflich manchmal nicht anders, obwohl ich Inlandsstrecken und innerhalb des DACH-Gebietes, also zwischen Deutschland, Österreich und der Schweiz, zu 95 % mit dem Zug fahre. Manchmal, wenn es blöd läuft, geht es sich aber zeitlich nicht anders aus, und ich muss fliegen.

Ich reise aber auch privat. Es ist eine der größten Freuden in meinem Leben. Eine Reise in ein fremdes Land, in eine neue Kultur, ist unvergleichbar wertvoll, charakterbildend und horizonterweiternd. Gleichzeitig weiß ich aber, dass meine Reisegewohnheiten absolut schlecht für den Planeten sind. Und hierzu hagelt es auch massiv Kritik in meiner Instagram-Inbox. Ich kann mich ja nicht fürs Klima einsetzen und andere belehren und dann selber um die halbe Welt fliegen. Das sei nichts anderes als heuchlerisch.

Abgesehen davon, dass sich Menschen von meinem Verhalten scheinbar persönlich angegriffen fühlen, verstehe ich, dass dies nicht immer ganz zusammenpasst. Eine Klimaaktivistin, die immer wieder im Flugzeug sitzt? Ich habe aber nie und in keinster Weise behauptet, dass ich alles richtig und perfekt mache. Ich habe nie vorgegeben, dass ich heiliger als der Papst bin. Aber irgendwann müssen wir die Kirche auch mal im Dorf lassen. Wir müssen die Dinge auch in Relation setzen. In Relation zu dem großen Ganzen, zu Geschäftsfrauen und -männern, die täglich oder mehrmals in der Woche im Flugzeug sitzen, zu Konzernen, die Plastiknetze im Ozean versenken, und zu Industrien, die minütlich mehr Abgase in die Luft pumpen als ein Mensch in seinem ganzen Leben.

Ich versuche, mein Leben, so gut ich es kann, nachhaltig zu gestalten, weiß aber natürlich, dass ich weniger fliegen sollte. Hier stellt sich wieder die Frage rund um den

Verzicht. Worauf kann ich leicht verzichten, was tut weh, ist aber noch erträglich, und was schränkt meine Lebensqualität zu sehr ein? Am Ende des Tages zählt auch unser persönliches Glück! Es ist neben einem achtsamen Umgang mit unserem Planeten auch wichtig, unser Leben zu leben.

Wir müssen die Balance finden zwischen gesundem Verzicht und der Pflicht uns selbst gegenüber, unser Leben auszukosten.

Zwischen gesundem Verzicht und der Pflicht uns selbst gegenüber

Es geht im Leben um Erfahrungen, Momente und Erinnerungen. Und auch hier schleicht sich die gute alte FOMO natürlich wieder ein. Verzichte ich zu viel, das heißt, würde ich nun konsequent das Fliegen aufgeben oder fast gänzlich reduzieren, würde ich höchstwahrscheinlich die tollsten Erlebnisse meines Lebens verpassen, die schönsten Orte nicht gesehen und die interessantesten Menschen nicht getroffen haben.

Doch jede und jeder von uns kann ihren oder seinen CO_2-Haushalt im Überblick behalten und selbst verwalten. Wie würde der Planet heute aussehen, wenn wir alle unseren Fußabdruck minimieren würden? Wenn jede und jeder aktiv abwägen würde, worauf sie oder er verzichten kann und worauf nicht? Vielleicht muss Georg nicht nach Südostasien reisen, möchte aber nicht auf seine Schnitzel verzichten. Vielleicht besitzt Anita kein Auto, kauft aber trotzdem bei Fast-Fashion-Brands ein. Wenn wir es alle schaffen, unseren Verbrauch in einem gewissen, vorgegebenen Rahmen zu halten, können wir einen nachhaltigen Impact haben und mehr oder weniger uneingeschränkt und ohne schlechtes Gewissen leben.

Leider funktioniert das in der Realität so nicht. Der Gedanke des freiwilligen Verzichts bleibt utopisch. Im öffentlichen Diskurs in unseren gängigen Medien wird überwiegend die Meinung vertreten, dass der Klimawandel von unseren persönlichen Entscheidungen abhängt. Wenn wir alle freiwillig auf Überkonsum, Übermobilität, Übertourismus und nicht nachhaltig produzierte Lebensmittel und Kleidung verzichten würden, könnten wir den Klimawandel stoppen. Das ist so nicht richtig.

Was wir brauchen, sind staatlich gelenkte Maßnahmen, die dafür sorgen, dass die breite Allgemeinheit ein sozial gerechtes CO_2-Budget einhält, das die Erreichung der Klimaziele mit Sicherheit gewährleistet. Freiwilligkeit funktioniert dabei leider nicht, der Mensch ist zu träge, zu egoistisch und zu sehr auf seinen Profit bedacht. Ohne klar vorgegebene Reglementierungen, die einzuhalten sind, werden wir leider keine Verbesserung der Situation erreichen.

Das soll jetzt aber keinesfalls heißen, dass wir alle den Kopf in den Sand stecken und warten sollen, bis die Politik handelt. Diese Maßnahmen müssen aktiv von den Bevölkerungen eingefordert werden! Es ist also absolut kein Wunder, dass heute immer mehr Menschen aktiv werden, mit anderen in den Diskurs treten, demonstrieren und friedlichen Widerstand gegen unsere misanthropische, umweltschädliche Politik leisten. Sie erheben ihre Stimmen, gehen auf die Straße und greifen zu immer ausgefalleneren Ideen, um die Politik zum Handeln zu bewegen. Wir kennen ihre Motive – doch warum triggert positiver Aktionismus so viele Menschen? Warum wird vielen von uns schnell mal alles zu radikal?

Ich habe kürzlich mit einer gut gemeinten Aktion einen (Mini-)Shitstorm ausgelöst. Ich schildere euch kurz, wie es dazu gekommen ist.

Es war die Zeit, in der laufend Proteste der Organisation »Letzte Generation« ausgerufen wurden und die Berichterstattung immer polarisierender wurde. Also wollte ich mir das Ganze einmal mit eigenen Augen ansehen.

Ich meldete mich bei der Letzten Generation und fragte, wann ich wo sein sollte, um mir ein Bild der Proteste machen zu können. Der junge Herr nannte mir einen Treffpunkt und eine Uhrzeit und sagte, dass ich gerne als eine Art »Betrachterin« dabei sein könne. An den vorigen Tagen waren schon einige Journalist*innen, Medienvertreter*innen und Influencer*innen dabei gewesen.

Die Aktion begann. Fünf Aktivist*innen hatten sich in der Sekunde am Boden auf der Schüttelstraße auf der Höhe des Praters festgeklebt. Autos hupten, einige Autofahrer*innen stiegen aus und kamen auf die Akteur*innen zu.

Ein Aktivist auf der rechten Seite war nicht festgeklebt. Das macht die Organisation immer so – eine Rettungsgasse im Fall eines Notfalls freizulassen, ist allen Beteiligten sehr wichtig.

Nach fünf Minuten erschienen die ersten Polizist*innen. Diese verhielten sich ruhig und gelassen, schließlich hatten sie schon in den Tagen davor das Gleiche erlebt und waren unbeeindruckt. Die Polizistin, die scheinbar für das »Entkleben« der Aktivist*innen verantwortlich war, begrüßte die Dame, die ganz links festgeklebt war, sehr herzlich – anscheinend hatten sie sich in den vergangenen Tagen bereits kennengelernt. Seelenruhig machte sie sich an die Arbeit. Fast eine Stunde lang dauerte es, die Aktivistin zu entkleben, was übrigens ziemlich schmerzhaft aussah. Es hatte noch dazu nicht mehr als null Grad, auf den festgeklebten Händen hatten die Akteur*innen Handwärmer befestigt. Nachdem die Hände vom Boden gelöst waren, wurden die Aktionsteilnehmer*innen weggetragen. Sie waren aber nicht unversehrt geblieben, ihre Hände hatten offene Stellen, Hautfetzen und Kleberreste hingen herab.

Als ich das Spektakel nach fast zwei Stunden verließ, um über den Donaukanal zurück zu meiner Wohnung zu spazieren, machte ich auf Instagram eine Story, eine Art Reportage über das, was ich gesehen hatte. Ich versuchte, neutral zu berichten, zu schildern, wie sich was abgespielt hatte. Ebenso drückte ich auch meinen Respekt für die Festgeklebten aus. Zwischen meinen Erzählungen postete ich auch ein paar Fotos von der Protestaktion. Und schon ging es los: Nach und nach prasselten Hunderte Nachrichten in mein Instagram-Postfach ein.

Was ich eigentlich vermeiden wollte, mir dann aber doch passiert war, war, dass ich vor Ort auch ein Statement zum Geschehen abgegeben habe und dieses dann mit der Überschrift »Passantin solidarisiert sich« auf Twitter gepostet wurde. Statements von Außenstehenden sind für solche Aktionen wichtig, weil so gezeigt wird, dass es sehr wohl auch Menschen gibt, die diese Demos unterstützen. So wie die 40 Ärztinnen und Ärzte, die sich am Vortag am Praterstern in Wien solidarisiert hatten. Solche Schlagzeilen sind essenziell für die Öffentlichkeit, weil sie der Sache Kredibilität verleihen.

Ich habe noch nie so viele hasserfüllte, aggressive und verletzende Nachrichten auf einmal bekommen.

Dennoch, unter den Hunderten Nachrichten waren circa 20 % Hassnachrichten, 10 % zustimmend bzw. unterstützend und 70 % – was mich eigentlich am meisten verblüfft und gefreut hat – waren Nachrichten von Menschen, die die Klebeaktionen zwar nicht als sonderlich zielführend oder gut empfanden, mir aber seitenweise alternative Lösungsvorschläge schickten. Unheimlich viele Menschen hatten sich die Zeit genommen, mir eine lange Nachricht über ihre Ideen, ihre Gedanken und ihre Hoffnungen zu schicken. Und das hat mir im Dickicht dieser hitzigen, polarisierenden Debatte Hoffnung gegeben.

Doch gleichzeitig verstand ich die Welt nicht mehr. Warum erntete ich für diesen Bericht so viel Kritik und Hass? Warum polarisiert und triggert dieses Thema so viele Menschen, die nicht mal selbst betroffen waren? Ja, ein paar Menschen mussten eine Stunde im Stau stehen und kamen dadurch zu spät zur Arbeit. Ihr FOMO-Radar hat ausgeschlagen: »Was könnte ich in dieser kostbaren Zeit gerade alles verpassen?« Ich verstehe, dass dieses Warten frustrierend sein kann, wenn wir es gerade eilig haben. Dennoch sollten wir immer an das große Ganze denken. Warum tun denn diese Aktivist*innen das? Warum sehen sie es immer noch als notwendig an, solche Maßnahmen zu ergreifen und sich zum Protest auf die Straße zu kleben? Weil sie nach Jahren des friedlichen Protests immer noch kein Gehör bei der Politik finden. Weil sie und das gesamte Thema noch immer nicht ernst genommen werden und einfach nichts geschieht! Sie sehen es als letzte Instanz, als letzten möglichen Aufschrei an, um die Relevanz des Themas Klimakrise aufzuzeigen. Glaubt ihr, irgendjemand klebt sich gerne auf die Straße, wird gerne verhaftet und hat gerne blutige, zerschundene Hände? Ich verstehe den Frust der betroffenen Autofahrer*innen und ihren Wunsch, dass der Protest in Richtung Politik verlagert und nicht die »unschuldige« Bevölkerung damit belastet werden sollte und dass es gewiss andere Protestformen geben würde. Dennoch werden wir diesen Aktivist*innen, die von vielen als verrückt abgetan werden, eines Tages höchstwahrscheinlich recht geben. Sie waren es, die den Ernst der Lage als Erste erkannt haben und alles in ihrer Macht Stehende getan haben, um etwas – für uns alle übrigens – zu verändern.

Ich stehe zu meiner Aussage und bin der Meinung, dass – wenn uns das Ausmaß dieser Krise wirklich bewusst wäre – sich der Großteil der Menschen festkleben würde. Habt ihr den Film »Don't Look Up« gesehen? Eine große Empfehlung, die Parallelen zu unserer aktuellen Situation sind unverkennbar, unsere Untätigkeit fast makaber.

Noch nie in der Menschheitsgeschichte gab es eine Revolution ohne gewaltsamen Protest, ohne ein Volk, das aufbegehrte, das politische Attentate oder andere Gewalttaten ausübte und somit den Druck auf die Herrschenden vergrößerte. Im Vergleich dazu ist der Protest der Klimaaktivist*innen äußerst friedlich und bedient sich hauptsächlich des zivilen Ungehorsams. Wir haben heute eine verzerrte

Definition von Radikalismus. Alle Klimaaktivist*innen als radikal einzustufen, ist völlig realitätsfremd. Dass Aktivist*innen als Gefahrenquelle gesehen werden und immer schlimmere Strafen verordnet bekommen, ist ein Armutszeugnis der Regierungen. Die Energie, die die Verantwortlichen in die Maßregelung junger, engagierter Aktivist*innen stecken, könnte man ja eigentlich in die Lösung des Problems investieren, oder?

Wenn wir als Gesellschaft bloß verstehen würden, wie stark und mächtig wir wären, wenn wir alle zusammenhalten würden! Wir hätten ein enormes Potenzial, alles zum Besseren zu verändern.

Es gibt hierzu ein passendes Bild. Auf einem großen Monopoly-Spielbrett spielen die Reichsten der Welt. Das Brett wird von den nackten, geschundenen Rücken der Bevölkerung getragen. Milliarden von Menschen stützen dieses Brett und werden von ein paar wenigen, die oben sitzen und bestimmen, hinuntergedrückt. Doch was würde passieren, wenn sie alle gleichzeitig aufstehen würden? Das Brett würde kippen, und ein Gleichgewicht würde wiederhergestellt werden. Es ist an der Zeit, dass wir uns unserer Macht als Bevölkerung bewusst werden, dementsprechend agieren und gemeinsam aufstehen, um das Brett zu kippen.

Nachdem ich so viele engagierte Nachrichten erhalten hatte, interessierte mich nun, was die Leute denn für Alternativen zu der Protestform der Letzten Generation im Kopf hatten. Die häufigsten zwei Antworten waren: Entweder sollten sich die Demonstrant*innen vors Parlament kleben, wo es wirklich die Verantwortlichen treffe und nicht »unschuldige« Bürger, oder doch selber in die Politik gehen.

Es geht den Aktivist*innen in erster Linie darum, auf die Thematik der Klimakrise aufmerksam zu machen. Und das ist ihnen gelungen. Die Letzte Generation war in der Aktionswoche in aller Munde. Natürlich kamen auch Stimmen auf, die meinten, dass sich viele wegen solcher Aktionen erst recht vom Klimathema abwenden würden. Das mag leider stimmen, dennoch ist ein Diskurs entstanden, alle haben darüber gesprochen. Jede und jeder schien eine Meinung dazu zu haben.

Die zuständigen Politiker*innen hätten in dieser Aktionswoche die Chance gehabt, sich ernsthaft Gedanken zu machen, wie sie nun wichtige Schritte umsetzen könnten, wie sie wirklich an der Umsetzung des Pariser Klimaabkommens arbeiten könnten. Aber dies geschah nicht. Stattdessen wurde darüber diskutiert, wie härtere Strafen für Aktivist*innen aussehen könnten. Doch, wie Greta Thunberg sagt, Klimaschutz ist kein Verbrechen – und darf daher auch nicht bestraft werden. Niemand, der protestiert, der sich engagiert, hat böse Absichten. Der alleinige Beweggrund ist die Rettung unserer eigenen Spezies.

Viele der älteren Generationen werden wir wohl nicht mehr überzeugen können – schließlich geht es auch nicht um ihre Zukunft. Doch wie sieht eine realistische Zukunft für uns alle aus? Wie müssen wir Jungen agieren und was können wir tun, um das Ruder in der letzten Sekunde noch herumzureißen?

Viele der älteren Generationen werden wir wohl nicht mehr überzeugen können

Von Wohlstand und Freiheit

Wie frei sind wir wirklich?

Wenn in einer Wohlstandsgesellschaft immer mehr psychisch erkrankte Menschen diagnostiziert werden, müssen wir uns die Frage stellen, was schiefläuft. *Wem kommt all der Wohlstand denn eigentlich zugute?* Wenn der Fokus nicht darauf liegt, dass es den Menschen gut geht, sondern hauptsächlich der Wirtschaft, dann werden wir alle irgendwann an diesem System kaputtgehen. Natürlich verhilft Wirtschaftswachstum und -aufschwung einer Gesellschaft zu mehr Wohlstand. Dieser Wohlstand kann jedoch nicht endlos ausgedehnt werden, ohne irgendjemandem zu schaden. Wir haben nur eine Welt, und diese hat planetare Ressourcengrenzen, die bereits ausgereizt sind.

Wem kommt all der Wohlstand denn eigentlich zugute?

Wir müssen uns die Frage stellen: Für wen arbeiten wir? Für uns? Für den Staat? Für die Industrie, die Wirtschaft? Wir haben ein politisches und wirtschaftliches System kreiert, das in unseren Köpfen festzementiert ist. Wir dürfen aber nicht vergessen, dass dieses System von einigen wenigen Menschen stammt, die vor vielen Jahren gelebt haben und vielleicht gar nicht so gute Absichten hatten oder es damals einfach nicht besser wussten.

Stellt euch vor, es gäbe dieses System nicht. Wahrscheinlich hätten wir dann einfach ein anderes, in das wir uns auch fügen würden. Wie könnte dieses System aussehen? Ich lade euch zu einem Gedankenexperiment ein. Wie weit ist es für uns überhaupt möglich, das Altbekannte außer Acht zu lassen, über Bord zu werfen und uns in völlig neuen Ideen wiederzufinden? Wie sehr ist unser Gehirn auf das Erlernte, Erfahrene, Einstudierte fixiert? Es kennt nur das, was es gelernt und erlebt hat. Die Erfahrungen, die Erinnerungen sind das Material, womit es arbeitet. Wie kreativ, wie innovativ, wie utopisch kann unser Gehirn überhaupt denken? Wie erfinderisch erlauben wir unserem Gehirn zu sein, wie sehr darf es überhaupt »out of the box« denken?

Es ist für uns beruhigend, ein Teil eines fixen Konstrukts zu sein. Wir sind nun mal Herdentiere und sind gepolt, Teil einer Gruppe sein zu wollen. Wir lassen uns gerne leiten und hinterfragen selten die Entscheidungen, die in unserem Namen gefällt werden. Uns einzufügen und mit dem Strom mitzuschwimmen, wird immer die leichtere und angenehmere Option sein.

Wir müssen wieder anfangen, zu hinterfragen, zu kritisieren, provokante Fragen zu stellen und das System, in dem wir leben, nicht als gottgegeben anzusehen. Nichts ist in Stein gemeißelt. Keine der Strukturen, an denen wir uns festklammern, kann nicht völlig neu gedacht werden. Klar, der Mensch braucht Vorgaben, Parameter und Richtlinien, an denen er sich orientieren kann. Eine Art Anleitung für das komplexe Gerüst, das Leben und Menschsein heißt.

Als Mensch geboren zu sein, bedeutet, bereits von klein auf in ein System der Strukturen hineingezwängt zu werden. Geburt, Kindergarten, Schule, Uni, Beziehung, Hochzeit, Arbeitswelt, Rente, Tod – in dieser Reihenfolge. Es gilt in unserer altbewährten, konservativen Gesellschaft, einem klaren Muster zu folgen, sonst fallen wir schnell durch das Raster.

Aber – für jeden ist etwas anderes das Richtige: Marie möchte vielleicht schon mit 19 heiraten, Daniela möchte keinen Mann und keine Kinder haben. Wieso ist Marie gesellschaftlich akzeptierter als Daniela? Herbert würde am liebsten mit 45 schon in Rente gehen, Rudolf am liebsten bis 85 arbeiten. Das System schreibt es beiden anders vor.

Warum haben wir Angst davor, nach alternativen Lebensarten auf diesem Planeten – abseits von Konsum, Konkurrenzdenken und strukturellen Vorgaben – zu suchen? Indigene Völker Südamerikas oder Australiens sind vielleicht die Einzigen, die sich vom westlichen Prinzip abschotten und nach ihrem eigenen System leben. Ob sie glücklicher sind als wir? Wenn die Zerstörung ihrer Lebensräume durch die westliche Welt nicht wäre, wir nicht mit ihnen interferieren würden, wäre es diesen Völkern vermutlich noch möglich, ein glückliches Leben abseits des konstruierten Systems der westlichen Politik zu führen. Aber selbst in diesen Lebensformen gibt es Strukturen: Hierarchien, Stammesordnungen, Bräuche, Traditionen und so weiter. Der Mensch ist eben veranlagt, Verbindungen einzugehen und sich festzuklammern an der Stabilität der Gewohnheit und der Tradition.

Wie ist es aber mit der Freiheit? Fühlen wir uns in einem fixen Korsett nicht eingeengt, nicht unserer Freiheit und Entscheidungskraft beraubt? Haben wir wirklich das Gefühl, frei handeln zu können? Oder ist das eine Illusion?

In unserer westlichen Welt setzen wir finanzielle Bonität mit Freiheit gleich. Wir können uns (fast) alles erkaufen und erleben somit materielle und auch örtliche Freiheit. Ja, wir können, wenn wir die finanziellen Mittel dazu haben, reisen, wohin wir wollen, und erleben, was andere nicht können. Das ist schon eine Art Freiheit. *Doch mentale Freiheit kann nicht monetär erworben werden.*

Mentale Freiheit kann nicht monetär erworben werden.

Wer sagt uns, dass wir das ganze Jahr lang arbeiten müssen, um dann im Sommer für zwei Wochen am Strand liegen zu können? Woher kommt die Vorgabe, was sich gehört, was die Norm ist? Wieso erscheint es uns richtig, was der Freund oder die Nachbarin macht, und wieso wollen wir das Gleiche? Es mag hart klingen, aber wir werden alle manipuliert. Geführt wie Marionetten. Werbung begleitet unseren Alltag. Und ich frage euch noch mal, treffen wir unsere Entscheidungen wirklich selbst? Kaufe ich mir diese Jacke, weil sie mir so gut gefällt, oder kaufe ich sie, weil meine Freundin und die Influencerin auf Instagram sie auch tragen? Kaufe ich sie, um dazuzugehören, um nichts zu verpassen? Reise ich um die Welt oder nehme ich mir zwei Tage Extraurlaub, um schnell nach Barcelona zu fliegen, weil ich mich wirklich erholen oder weil ich ein tolles Foto aus einem hippen Café in Spanien posten möchte?

Oder kriecht hier wieder unsere FOMO aus ihrem Loch hervor? Jede und jeder andere scheint ein aufregenderes, schillernderes Leben zu führen, geschmückt mit Abenteuern, Luxusartikeln und Familienglück. Wie sehr werde ich von meiner Angst, anders zu sein, kein konformes Leben zu führen oder nicht dazuzugehören, geleitet?

Wir werden dazu erzogen, zu erschaffen, nützlich zu sein und einen gesellschaftlichen Wert zu haben. Mit dem gesellschaftlichen Druck, ständig etwas leisten zu müssen und nur dann etwas zu gelten, ist es fast unmöglich, uns frei zu fühlen. Wir haben Verantwortung zu tragen, Pflichten zu erfüllen. Unserer Familie, unseren Freund*innen, der Gesellschaft und uns selbst gegenüber.

Was ist denn eigentlich Freiheit? Ist es, mit einem Motorrad bei Sonnenuntergang die Steilküste Portugals entlangzufahren? Ist es ein Fallschirmsprung? Ist es vielleicht das Kündigen eines langweiligen Jobs, um mit einem Camper die Welt zu bereisen? Ist es das Ausleben sexueller Fantasien mit mehreren Partner*innen?

Wie frei sind wir wirklich und was sind wir gewillt, für diese Freiheit aufzugeben? Das Gegenteil der Freiheit ist Gebundenheit. Mit jedem Handyvertrag, jeder

Fitnessstudio-Mitgliedschaft, jedem Auto-Leasing, jedem Mietvertrag gehen wir eine Bindung ein und verpflichten uns dazu, regelmäßige Zahlungen zu leisten. Um diesen Verbindlichkeiten nachkommen zu können, muss natürlich ein sicherer Job her. Mit all diesen festen Bindungen schränken wir unsere Freiheit eklatant ein, da wir einen fixen, geregelten Job benötigen, um die Kosten zu decken. Ich sage nichts gegen den good old Nine-to-five-Job, der die Rechnungen bezahlt. Ich möchte nur zu bedenken geben, dass unser Alltag auch ganz anders aussehen könnte. Arbeit und Arbeitszeiten könnten in Zukunft komplett anders definiert werden. Wer sagt, dass wir fünf Tage pro Woche arbeiten müssen und dass 40 Stunden die optimale Stundenanzahl für eine Vollzeitbeschäftigung ist? Natürlich brauchen wir gewisse Vorgaben, um die Gesellschaft funktionsfähig zu halten. Das heißt aber nicht, dass diese Parameter nicht verschoben werden könnten.

Dies würde im Umkehrschluss bedeuten, dass wir als Bevölkerung flexibler und offener für neue Möglichkeiten und Formate werden müssten. »Was wir kennen, mögen wir«, und es ist schwer, aus festgefahrenen Mustern auszubrechen. Trotzdem ist es das meistens wert. *Veränderung ist immer gut und die einzige Möglichkeit, aus unserer Komfortzone auszubrechen.*

Heutzutage definieren wir unsere Freiheit größtenteils durch unser Konsumverhalten. Wer sich finanzielle Unabhängigkeit erarbeitet oder geerbt hat, kann sich dadurch vermeintliche Freiheiten erkaufen. Finanzielle Freiheit für alle Menschen wäre ja im Prinzip ein schöner Gedanke und kommt der Idee eines bedingungslosen Grundeinkommens nahe. Leider haben aber nur ganz wenige unermesslich viel finanziellen Spielraum und, wie so oft erwähnt, *können diese weni-*

Einige wenige können Freiheit nur genießen, weil andere ihrer Freiheit beraubt werden.

gen diese Freiheit nur genießen, weil andere ihrer Freiheit beraubt werden. Andere arbeiten dafür wie Tiere, in Bergwerken, in Fabriken, 16 Stunden pro Tag, um am Ende der Woche ein paar Euro zu verdienen.

Jeder Mensch träumt von finanzieller Unabhängigkeit. Jeder möchte genug haben, um sich keine Sorgen darüber machen zu müssen. Also arbeiten wir. Rastlos, ständig, ununterbrochen. Wir arbeiten, um uns unser Leben leisten zu können. Um uns Dinge zu kaufen, die wir uns einbilden zu brauchen und unbedingt haben wollen. Wir bezahlen unsere vermeintliche Freiheit mit unserer Lebenszeit.

Das wissen wir auch, trotzdem ist uns der materielle Reichtum oft wichtiger als die Stunden, die immer schneller verstreichen. *Wahre Freiheit, wahrer Luxus ist, Zeit zu haben. Zeit zu haben und diese so zu gestalten, wie wir wollen.*

Zeit ist, abgesehen von Gesundheit, das Kostbarste, was wir haben, denn sie ist begrenzt. Ein bewussterer Umgang mit unserer Zeit und wie wir uns entscheiden, sie zu verbringen, ist maßgeblich für unser Leben. Oftmals müssen erst einschneidende Ereignisse eintreten, wie Krankheits- und Todesfälle, um uns daran zu erinnern, keinen Tag ungenutzt verstreichen zu lassen.

> Wir bezahlen mit unserer kostbaren Lebenszeit.

Wir befinden uns im Alltagstrott, wir haben unsere Routinen, unsere täglichen Aufgaben und vergessen dabei das Wesentliche: die kostbare Zeit, die uns auf dieser Welt zuteilwurde, zu schätzen und zu genießen.

Unser aktuelles Wirtschaftssystem stiehlt unsere Zeit, denn sie wurde zu unserer Währung ernannt. Wir verkaufen unsere Zeit, um Geld zu verdienen, um uns in weiterer Folge dann materielle Dinge kaufen zu können.

Wir bezahlen also für materielle Gegenstände mit unserer kostbaren Lebenszeit. Für ein vermeintlich »gutes Leben« mit unserem Leben.

Wenn uns dies so wirklich bewusst wird, verschiebt sich plötzlich die Wertigkeit des Begriffs »Arbeit«. Vielleicht realisieren wir, dass wir die Zeit, die wir verschwendet haben, um uns später Dinge leisten zu können, besser nützen hätten sollen.

Am Ende unserer Tage sind wir nackt und können nichts ins Totenreich mitnehmen.

Eine faule Generation

Sollten wir Arbeit neu denken?

Immer öfter wird uns von älteren Generationen vorgeworfen, nicht mehr richtig arbeiten zu wollen. Wir wären faul und würden für eine zu geringe Gegenleistung zu viel verlangen.

Eines stimmt: Immer mehr junge Menschen fordern von ihren Arbeitgeber*innen eine bessere, faire Work-Life-Balance. Flexible Stundeneinteilung, Homeoffice und ein freier Freitagnachmittag sind bestimmt Dinge, mit denen sich Personalchef*innen bei Job-Interviews herumschlagen müssen. Aber – warum nicht? Wer qualifiziert ist, gut und gründlich arbeitet und seinen eigenen Wert kennt, ist berechtigt, Anforderungen zu stellen. Es ist an der Zeit, den Arbeitsmarkt zu revolutionieren. Wer bestimmt denn, wie Arbeit heutzutage auszusehen hat? Die 4-Tage-Woche wird in vielen Betrieben etwa bereits getestet.

»Auch wenn die durchschnittliche Wochenarbeitszeit der Beschäftigten sank, sind Arbeitnehmerinnen und -nehmer heute im Schnitt 25 % produktiver als vor 30 Jahren.«[86] Da haben wir es: Anders als angenommen hängen die kürzeren Arbeitszeiten der jungen Menschen nicht mit ihrer Produktivität zusammen – im Gegenteil, wir sind trotz oder genau wegen verkürzter Arbeitszeit produktiver. Hier muss jedoch dazugesagt werden, dass dieses Modell zum Beispiel für Büroangestellte sehr gut funktionieren mag, aber nicht in allen Bereichen – etwa im Gastronomie- und Hotelgewerbe – so leicht umsetzbar ist und noch einige Lücken aufweist.

Prinzipiell ist es eine sehr gute Entwicklung, gewisse Dinge am Jobmarkt einzufordern, um Veränderung voranzutreiben. Wir verstehen immer mehr, dass das Leben aus mehr besteht als bloß aus unserer Arbeit. Deshalb fordern und wollen wir mehr – richtig so.

Der Personaldienstleister Randstad befragte im Zuge einer Studie 35.000 Beschäftigte aus 34 Ländern, darunter auch Österreich, zu ihren Arbeitsvorstellungen und Jobprioritäten. Das Ergebnis: »Mehr als die Hälfte aller Beschäftigten zwischen 18 und 24 Jahren gaben an, dass sie ihren Job kündigen würden, wenn sie dieser unglücklich macht, 40 % wären sogar lieber arbeitslos als unzufrieden im Job. Unter den Millennials, also den 25- bis 34-Jährigen, sind 38 % lieber arbeitslos als unglücklich im Job.«[87]

Okay, geben wir es zu. Vielleicht sind wir etwas verwöhnt. Unsere Boomer-Eltern haben es gut mit uns gemeint. Wir sind ohne Krieg, wohlbehütet in einem der reichsten Länder der Welt aufgewachsen. Wir fühlen uns besonders. Wir wollen auch besonders hoch hinaus. Durch das Internet, Social Media und den Vergleich pushen wir uns dazu, immer neue Extreme zu erreichen. Wir wollen ein gutes Leben führen. Wir wollen genießen, konsumieren, reisen, möglichst wenig arbeiten, aber dennoch möglichst erfolgreich sein.

Der Bereich der »klassischen Berufe« wurde durch die Digitalisierung gewaltig ausgedehnt. Eine große Menge neuer Jobs wurde geschaffen, sei es Digital Marketing, Digital Design, Coding etc., die Entwicklung ist bemerkenswert. Wer aber von einem einfachen Leben als Instagram-Influencerin träumt, die ihr Monatsgehalt damit verdient, täglich Produkte in die Kamera zu halten und halbnackte Fotos zu posten, die kann es schon hin und wieder auf die Schnauze hauen. Das »Influencertum« erscheint einfach, ist jedoch für mich äußerst fragwürdig. Es ist ein eiskaltes Produkt unserer marktgesteuerten Konsumgesellschaft. Möchten wir damit wirklich unser Leben befüllen? Als Werbepuppe zu fungieren und es zu unserem Lebensinhalt zu machen, Produkte zu bewerben, die keiner braucht? Was wäre, wenn es Instagram oder TikTok von heute auf morgen nicht mehr geben würde? Die Blase, in der wir unsere gesamte Existenz aufgebaut haben, würde einfach platzen, und wir würden uns im »echten Leben« nutzlos fühlen und nichts mehr gelten.

Der Trend des »Digital Nomad«-Daseins ist in den letzten Jahren immer salonfähiger und beliebter geworden. Die unabhängigen jungen Menschen, die meist im digitalen Bereich arbeiten, haben keinen festen Wohnsitz, ziehen um die Welt, sie können ja von überall aus arbeiten, und zahlen kaum Steuern, weil sie keinen fixen Lebensmittelpunkt haben. Klingt nach dem Paradies? Kann schon sein. Das Problem hierbei ist, dass es mittlerweile so viele Influencer*innen, Gurus und Nomads gibt, die uns ihr perfektes Leben online präsentieren und nicht müde werden, uns unter die Nase zu reiben, wie schön sie es haben und wie leicht nicht alles sei. So viel zu »mehr Realität online«. Ja, manche haben es wirklich geschafft, ihre Lebensrealität so zu gestalten, das bedeutet aber nicht, dass wir das alle können. Junge Menschen verbringen Stunden über Stunden auf Instagram und träumen von einem solchen Leben. Natürlich kann das auf Dauer nur unglücklich machen. Durch gut platzierte Werbung finanzieren die Online-Stars ihr Luxusleben. Wer profitiert? Einige wenige und natürlich die Wirtschaft.

Leider laufen viele Follower*innen wirklich Gefahr, diese gefilterten Leben als absolut erstrebenswert einzustufen, und kommen in weiterer Folge nicht mehr mit ihrem eigenen Leben klar. Popstars, Influencer*innen und Schauspieler*innen werden heutzutage wie Götter verehrt, unzählige Jugendliche wollen ebenfalls Teil dieser Hochglanzwelt sein. Hierbei geht der Bezug zur eigenen Realität und den grundlegenden Konflikten in dieser Welt verloren.

Wenn TikTok-Starlets über Nacht zu Millionärinnen werden und es als erstrebenswertester Beruf gilt, in Bikinis

Tanz- und Kochvideos zu posten, dann merken wir, dass wir als Gesellschaft ein grundlegendes Problem haben. Natürlich ist hier geografisch zu unterscheiden: In Los Angeles gelten andere Ideale und Werte als in europäischen Kleinstädten. In Amerika boomt die Welt der Oberflächlichkeit, die Entertainment-Branche produziert Reality-Format über Reality-Format und *trägt ganz bewusst zur Berieselung der Menschen und Volksverdummung bei.* Seichte Inhalte, nackte Körper, vorgespielte Emotionen – das wollen die Leute sehen. Shows wie Love Island funktionieren hierzulande aber übrigens ähnlich gut wie in Amerika. Wir wollen uns berieseln lassen und unseren Kopf ausschalten. Nach einem langen, anstrengenden Tag im Büro kann ich das durchaus verstehen. Doch was passiert dabei mit uns? Wir mutieren zu einem kollektiv stillgehaltenen Volk, das keine Fragen stellt und mit Zuckerbrot gefüttert wird, das uns krank macht. Wir werden immer antriebsloser und unreflektierter und konsumieren, was wir konsumieren sollen.

Auf der anderen Seite erwachen immer mehr Menschen (eher nur die privilegierten Bevölkerungsschichten im Westen – sie können es sich leisten) und stellen andere Erwartungen an ihr Leben und den Arbeitsmarkt, anders als die Elterngeneration: Es geht nicht mehr rein um einen Job, der Geld nach Hause bringt. Es geht um unsere kostbare Lebenszeit, die wir bedacht und ausgewählt gestalten wollen. Es geht auch um Erfüllung und Berufung anstelle eines Berufs im Sinne eines reinen Arbeitsplatzes. *Ein Job muss heutzutage viel mehr können, er muss zum Beispiel zu den eigenen Werten passen.* Auch hier gibt es wieder zwei Extreme. Broker*innen, Rechtsanwältinnen und Rechtsanwälte, Schönheitschirurg*innen, Immobilienmakler*innen und Businessfrauen und -männer sind Berufsgruppen, bei denen ein besonders ausgeprägtes Wertesystem nicht von Vorteil zu

Ein Job muss heutzutage viel mehr können.

sein scheint. Im Vordergrund steht Profitmaximierung, der Mensch ist oftmals egal. Sei es die Verteidigung eines offensichtlich schuldigen Verbrechers oder das Hinausekeln alter Menschen aus ihren Wohnungen, um ein Mietshaus abreißen zu können, um schicke, neue Wohnungen zu bauen. Es gibt Berufe, da hat die Moral nichts zu suchen.

Auf der anderen Seite gibt es Menschen, die ein stark ausgeprägtes Wertesystem haben. Ihnen fällt es oft schwer, sich in kapitalistisch strukturierten Konzernen einzufügen. Deshalb wählen sie oft einen Job im Sozialsektor, sie wollen etwas beitragen, einen positiven Nutzen für die Gesellschaft erfüllen, eine sinnvolle Arbeit mit Mehrwert. Im Sozialsektor arbeiten rund 70–90 % Frauen. Krass, was bedeutet das? Sind Frauen generell sozialere Wesen, fürsorglicher und empathischer? Wollen Frauen mehr helfen als Männer, und sind Frauen daher die »besseren« Menschen?[88]

Ausschlaggebend dafür sind noch immer unsere veralteten Rollenbilder. Manche Berufe werden nach wie vor als typische Frauenberufe abgestempelt, so etwa Jobs in der Pflege und der Kinder- und Behindertenbetreuung. Eine Frage stellt sich hier leider immer noch: Warum gibt es denn nach wie vor keine fairen Löhne im Sozialbereich? Der Gesundheitssektor ist unter der Last der Pandemie fast zusammengebrochen. Das Gesundheitspersonal hat Unmenschliches geleistet und wird dafür mit minimalen Gehältern entlohnt – wahrlich eine Schande. Und dann wundern wir uns ernsthaft, dass es einen Mangel an Krankenpfleger*innen gibt?

Neben Respekt und Anerkennung wäre ein angemessener Lohn für Menschen im Sozialsektor das Mindeste.

Der Begriff »Arbeit« wird von jungen Menschen neu definiert. Wir sehen Arbeit nicht mehr als etwas Fixes, in Stein Gemeißeltes, es ist etwas Flexibles, das frei gestaltet werden kann. Und das ist auch richtig so. Unsere FOMO, unser

Privatleben durch ein völlig vereinnahmendes Berufsleben zu vernachlässigen oder gar zu verpassen, ist in diesem Fall sogar etwas Positives. Wir leben nicht mehr für das Arbeiten und wollen das Beste mit unserer kostbaren Lebenszeit anfangen. Wir sind am Anfang der Entwicklung, um unsere gesunde Work-Life-Balance zu finden. Wir haben als Gesellschaft die Möglichkeit, Arbeit neu zu definieren und die Arbeitswelt umzustrukturieren. Das dauert nur vermutlich noch ein wenig.

Generation Beziehungsunfähig

Können wir noch lieben?

Es ist schon eine merkwürdige Sache mit der Liebe. Nichts auf der Welt wird mehr diskutiert, ausprobiert, verehrt und verteufelt. Nichts verbindet uns alle mehr als das Quäntchen Gefühl in unserer Brust, das wir Liebe nennen. Wir alle wollen sie. Sie ist die einzige universelle Sprache, in der wir alle kommunizieren können. Es gibt unzählige Formen von ihr, doch die reinste, innigste Art von Liebe bleibt die Mutter-Kind-Liebe. Ist Liebe etwas Spezifisches? Was wir für unsere Familie, Freund*innen, Tiere und die Natur empfinden können? Oder ist Liebe etwas Universelles? Ein Gefühl, eine Stimmung, in die wir verfallen, eine Welle an Emotion, eine Anziehung, Begierde, Zufriedenheit oder Glück? Alles kann Liebe sein. Sie ist genauso abstrakt wie das Gefühl von Glück. Beide können uns überfluten und uns im nächsten Moment mutterseelenallein zurücklassen.

Die klassische Liebe, von der wir meistens sprechen, die ständig besungen, beschrieben und auf der Leinwand festgehalten wird, ist die romantische Liebe. Eine innige, tiefe, leidenschaftliche Liebe, die uns voll und ganz einnimmt und nicht mehr loslässt. Liebe kann schnell in eine Obsession abrutschen, in einen Zwang, in Druck, Eifersucht und Streit, Neid und Hass. Doch vielleicht gehören all diese Emotionen auch irgendwie dazu. Es kann doch kein Licht geben ohne Schatten. Keinen Tag ohne Nacht.

Der Mensch ist ein Herdentier, wir fühlen uns in Gruppen wohl und sicher. Doch wer pflanzt uns diesen Gedanken ein, dass wir alleine nicht vollkommen sind? Dass immer etwas fehlt und wir stets auf der Suche nach einem Gegenpart sein müssen, der uns erfüllt und sein Leben mit uns teilt? Im Jahr 2021 betrug die Scheidungsrate in Deutschland fast 40 %. Die meisten Eltern meiner Klassenkolleg*innen in der Schule waren getrennt. Ist das Konzept von Mann, Frau und Kind, Ehe, Haus, Garten und Hund nicht schon längst überholt? Einige werden in puncto Beziehung heute experimentierfreudig, viele aber klammern sich in Zeiten dieser globalen Unsicherheit an ein altbewährtes, traditionelles System, das in unseren Köpfen seit unserer Kindheit so angelegt ist. Das Patriarchat hat es geschafft, uns etwas als gottgegeben zu verkaufen, das es in der Menschheitsgeschichte erst seit einem Bruchteil der Zeit gibt.

Wenn wir uns selbst genügen und uns aufrichtig mögen, dann sollte uns das doch erfüllen, oder nicht? Dann brauchen wir niemand anderen. Ich habe einige Bekannte, die sich sehnsüchtig einen Partner wünschen. Auf die Frage »Wieso möchtest du so krampfhaft eine Beziehung führen?« kommt dann meistens die Antwort: »Weil ich alleine bin und traurig und es zu zweit immer schöner ist.« Das ist teilweise nachzuvollziehen, aber wie schön ist es, wenn wir Zeit nur mit uns alleine verbringen und dabei nichts vermissen? Wenn das Alleinsein nicht unangenehm ist und wir die Ruhe mit uns richtig genießen können?

Wie kommen wir an diesen Punkt? Zu meinem Erstaunen gibt es wenige Menschen, die sich selbst aufrichtig mögen. Denn nur wer sich selbst liebt, kann jemand anderen wahrhaft lieben.

Wir brauchen uns nichts vorzumachen. *Wir alle wollen die eine große Liebe finden*, sie für immer lieben und von ihr genauso zurückgeliebt werden. Schon im Kindesalter wurden wir von Disney und Co. dazu erzogen und geformt, unseren Traumprinzen oder unsere schlafende Prinzessin zu finden und sie wachzuküssen. Manche finden die Liebe in jungen Jahren, manche vielleicht ein Leben lang nicht. Gibt es das denn, einen »Seelenverwandten«? Oder ist Liebe eigentlich nur ein Kompromiss, ein Vertrag, ein Sichbegnügen mit dem, was gerade passt, praktisch oder gemütlich ist?

Liebe hat mit Wohlwollen und Geben zu tun. Es sind oft kleine Gesten: Wenn der eine Partner dem anderen ein Glas Wasser aus der Küche holt, Frühstück ans Bett bringt, für den anderen kocht oder ihm die Füße massiert – durch diese kleinen Liebesbeweise demonstrieren Liebende ihre Anerkennung, ihre Zuneigung, Liebe und ihren Respekt füreinander.

Aber können wir heute in unserer egomanischen Welt denn überhaupt noch lieben? Haben wir noch echtes Interesse an anderen Menschen?

Wir werden dazu erzogen, auf uns selbst zu achten und uns in allem unseren persönlichen Vorteil zu erkämpfen. Menschen in Fitnessstudios sind so sehr damit beschäftigt, sich selbst und ihre Muskeln im Spiegel zu bewundern, dass sie es nicht einmal bemerken würden, wenn ihr Traumpartner an ihnen vorbeischweben würde. Auf Instagram inszenieren wir uns, bearbeiten unsere Fotos, um uns gut zu verkaufen, doch haben wir wahrhaftes Interesse an einer anderen Person? Oder sind wir bloß auf der Suche nach einem Menschen, der uns möglichst ähnlich ist?

> Unsere Wegwerfgesellschaft macht uns austauschbar.

Unsere schnelllebige Wegwerfgesellschaft macht uns alle austauschbar.

Das Wort »beziehungsunfähig« fällt oft im modernen Sprachgebrauch. Wie – ich soll mich einlassen auf eine Person? Wie soll denn das funktionieren, es könnte doch jeden

Moment jemand Besseres um die Ecke kommen! Unsere FOMO schlägt sofort Alarm. Auf Online-Dating-Plattformen wie Tinder, Bumble und Co. werden Menschen auf zwei bis drei Fotos und den ersten oberflächlichen Eindruck reduziert. Ich will den Wert solcher Plattformen nicht in Abrede stellen und kenne sogar etliche Paare, die heute glücklich verheiratet sind und sich über eine solche Plattform kennengelernt haben. Trotzdem wird durch das schnelle, unüberlegte Swipen ganz nebenbei das Ganze zu einem inhaltslosen, oberflächlichen Spiel, bei dem alle Figuren in Sekundenschnelle ausgetauscht werden können. Uns ernsthaft auf jemanden einlassen, wenn wir parallel mit 20 weiteren Menschen im Austausch sind? Schwieriges Konzept – heißt aber nicht, dass es für manche nicht bestens funktioniert.

Sollte es dann schließlich nach unzähligen peinlichen ersten Dates zu einer Beziehung und später vielleicht zu einer Eheschließung kommen, ist es in unserer modernen Gesellschaft meistens die Frau, die zurückstecken muss, die ihr Leben mehr verändern muss und die mehr Anstrengungen hat als zuvor. Sie ist angeblich auch eines: unglücklicher.

Männer macht es glücklicher zu heiraten, Frauen unglücklicher.

Paul Dolan, Professor für Verhaltenswissenschaft an der London School of Economics, sagte provokant bei einem seiner Vorträge: »Bist du ein Mann, solltest du wahrscheinlich heiraten; bist du eine Frau, lass es lieber.«[89] Dolan zufolge profitieren Männer von einer Ehe, werden ruhiger, verdienen mehr und leben länger. *Verheiratete Frauen hingegen erleben das Gegenteil und sterben früher.* So ist laut Dolan die *gesündeste und glücklichste Gruppe der Bevölkerung kinderlose, unverheiratete Frauen.*

Männer macht es glücklicher zu heiraten, Frauen unglücklicher.

Das ist mal eine Ansage, oder? Männer haben in Ehen gesundheitliche Vorteile, wohingegen verheiratete Frauen ein höheres Risiko für körperliche und geistige Erkrankungen als ihre alleinstehenden Geschlechtsgenossinnen haben. Dies liegt vor allem an der Care-Arbeit zu Hause: So sind es meistens Frauen, die sich um Hausarbeiten wie Putzen, Waschen und Einkaufen kümmern und zusätzlich noch den größten Teil der Kinderbetreuung übernehmen. Männer glauben zwar, die gleiche Menge an häuslicher Arbeit zu erledigen, was Frauen aber nicht bestätigen.[90] Demnach sind immer mehr Frauen ab 50 lieber alleine. Bei einer Studie der Partnervermittlungsagentur ElitePartner.de mit mehr als 9.500 Teilnehmerinnen gaben ganze drei Viertel der befragten Frauen ab Mitte 50 an, lieber alleine zu wohnen.[91]

Aber wie schafft es die moderne Frau, Liebe (und alles, was diese mit sich bringt) und Karriere unter einen Hut zu bringen? Wie gehen erfolgreiche Frauen mit Partnerschaften um? Wie begegnen Frauen ihrer FOMO, wenn die Angst besteht, durch Mann und Familie Jobmöglichkeiten zu verpassen oder andersrum durch den Job auf Familienglück verzichten zu müssen?

Jahrhundertelang haben Frauen auf der ganzen Welt für Emanzipation und Gleichstellung gekämpft – wie weit wir doch gekommen sind! Wie viele Rechte und Möglichkeiten wir heute haben! Verspüren wir also heute nicht den Druck, von dieser relativ neu gewonnenen beruflichen Freiheit und den unzähligen Chancen, welche diese mit sich bringt, auch Gebrauch zu machen? Heutzutage »nur« Hausfrau zu sein – schwierig! Weibliche Gründerinnen, Regisseurinnen, Nobelpreisträgerinnen etc. – zumindest oberflächlich werden Frauen momentan beruflich gepusht und fokussierter wahrgenommen. Doch das System ist noch nicht so weit. Wie jetzt – ich soll Hausfrau, Mutter und erfolgreiche Karrierefrau sein, Sport machen und dabei noch locker, lässig, lustig sein und gut aussehen? Kann mir mal jemand erklären, wie sich das ausgehen soll? Die moderne Frau ist also anscheinend Superwoman. Solange das System nicht an die

Bedürfnisse der modernen Frau angepasst wird, sei es durch die Pflicht einer geteilten Elternzeit, den Ausbau von Kinderbetreuungsstellen oder familienfreundliche Arbeitsbedingungen, ist dieses Frauenbild komplett unrealistisch. Wie soll das denn ein Mensch unter einen Hut bekommen? Vernachlässigt eine Frau, die Karriere machen will, ihre Partnerschaft, wird ihr vorgeworfen, sie sei egoistisch. Wenn sich ein Mann auf seine Karriere fokussiert und selten zu Hause ist? Völlig normal.

Wir sehen also, es ist heute nicht leicht, die unabhängige Karrierefrau zu sein und gleichzeitig die liebevolle, aufopfernde Frauen- und Mutterrolle zu übernehmen. Wenn jemand das Privileg und die neu errungenen Rechte, als Frau Karriere zu machen, nicht wahrnehmen möchte und lieber zu Hause bleiben will, ist das natürlich absolut zu verstehen und zu respektieren. Auch in diese Richtung empfinden wir FOMO. Arbeite ich zu viel und verpasse dadurch den Moment, den richtigen Partner kennenzulernen und Kinder zu kriegen? Jede und jeder hat Prioritäten im Leben, doch unsere FOMO und das Verlangen, all unsere Rollen »erfolgreich« auszufüllen und unser Leben reichhaltig in Fülle zu gestalten, bereitet uns ganz schön viel Stress. Liebe ist kompliziert und kann doch einfach sein. Sicher ist, sie ist die schönste Sache der Welt.

Schon für Goethe war das Erleben der Liebe das höchste der Gefühle. »Und doch, welch Glück, geliebt zu werden! Und lieben, Götter, welch ein Glück!«, vermerkte er in seinem Gedicht »Willkommen und Abschied«. Aber Liebe macht bekanntlich auch blind und kann die eine oder den anderen ganz schön um den Verstand bringen. Abhängigkeit, Manipulation, Unehrlichkeit und Hass lassen uns unsere verflossenen Partnerschaften nicht immer in guter Erinnerung behalten. Doch bloß wir selbst sind dafür verantwortlich, wie wir mit unseren Emotionen umgehen.

Im Leben sind nicht Erlebnisse oder Schicksalsschläge ausschlaggebend dafür, wie wir uns fühlen, sondern einzig und allein, wie wir auf diese Ereignisse reagieren und mit selbigen umgehen. Jeder Mensch wird auf das gleiche Ereignis eine andere Reaktion zeigen, jeder wird andere Emotionen durchleben. Es liegt an uns, diese gewaltigen Gefühle, die wir empfinden dürfen (!), als Geschenk anzusehen, als ein Zeichen der Lebendigkeit und des Menschseins. Könnten wir keine Trauer empfinden, keine Begeisterung, keine Wut und keine Freude, wären wir alle Stoiker*innen und würden nach der Lehre des griechischen Philosophen Zenon von Kition leben und durch Seelenruhe und Gelassenheit nach völliger Selbstbeherrschung streben. Aber wäre das Leben dann noch genauso aufregend, roh und fordernd? Es ist eine unserer großen Aufgaben im Leben, zu lernen, unsere Emotionen wie Wellen durch uns durchfließen zu lassen und diese mit unserem ganzen Sein aufzusaugen. Klar, Emotionen können verwirrend und angsteinflößend sein. Niemand erlebt gerne Eifersucht oder tiefe Trauer. Doch stellt euch einen Alltag ohne diese Achterbahnfahrten vor – wäre das nicht unfassbar langweilig?

Wie wäre es aber, wenn wir es schaffen könnten, jede Emotion, die wir empfinden, als eine gute Emotion anzusehen?

Wer sagt uns denn, dass Zorn oder Melancholie »schlechte« Emotionen sind? Wieso kategorisieren wir Emotionen in Gruppen von »gut« und »böse«? Stellt euch vor, Trauer wäre nichts Schlechtes, sondern nur das, was sie ist, nämlich Trauer. Denn selbst die größte Verzweiflung zieht eines Tages vorüber und wird irgendwann erneut durch Euphorie abgelöst.

Jeder kennt das Gefühl, von einer Welle an Emotionen überrollt zu werden, vielleicht Sätze zu sagen, die wir gar nicht so meinen, Menschen zu verletzen und Dinge zu tun, die wir nachher womöglich bereuen. Was sich währenddessen wie ein tobendes Feuer anfühlt, wirkt nachher vielleicht übertrieben und nicht mehr nachvollziehbar. So heftig diese Gefühlsfeuerwerke auch sein mögen, sie ziehen alle vorüber. Und an den Höhepunkten dieser Emotionen befinden wir uns in unkontrollierbarer Ekstase oder abgrundtiefem Leid. Gibt es etwas, was sich mehr nach Leben anfühlt als das?

Wir sollten unsere Gefühle lieben lernen – alle davon.

Wir sind nämlich nicht unsere Emotionen, sie definieren uns nicht. Wenn wir im Moment Trauer verspüren, heißt das nicht, dass wir diese Trauer für immer in uns tragen werden. Wenn wir wütend sind, bedeutet das nicht, dass wir ein Leben lang aggressiv sein werden. Sehen wir in diesen Momenten aber bewusst hin, dann können wir diese Wellen schneller akzeptieren und wieder loslassen bzw. vorbeiziehen lassen.

Wir sind nicht unsere Emotionen.

Könnten wir es also tatsächlich schaffen, alle Emotionen wahr- und als etwas Positives anzunehmen, würden wir unser Leben besser meistern können. Wir wären schneller wieder in unserer Mitte, wären freier und offener. Negative Emotionen entstehen oft nur deshalb, weil unsere Erwartungen nicht erfüllt werden. Schrauben wir unsere Hoffnungen hoch, werden wir meist enttäuscht und empfinden »schlechte« Gefühle. Halten wir sie niedrig, entstehen oft schöne Überraschungen. Darum fahren wir allgemein besser im Leben, wenn wir wenig bis keine überkritischen Erwartungen stellen. An nichts und niemanden, am besten auch nicht an uns selbst.

Kinderlose Zukunft

Wie egoistisch ist Kinderkriegen heute?

Es ist so weit – ich werde alt. Ich bin in dem Alter angelangt, wo alle um mich herum von heute auf morgen plötzlich Kinder bekommen. Mein Instagram ist auf einmal vollgepackt mit »Gender-reveal«-Videos, Fotos von »Baby-Shower«-Partys und süßer Babykleidung. Glücklich strahlende Eltern mit Neugeborenen im Arm, frischgebackene Mütter mit flachen Bäuchen beim Spa-Wochenende, die Werbung für Windeln und Gesichtsmassage-Öl für Säuglinge machen.

Es ist schon eigenartig: Ich war mir immer sicher, dass ich keine Kinder will. Durch die Klimadebatte wurde ich in dieser Entscheidung bestärkt – wenn meine Generation bereits Zukunftsangst und Hoffnungslosigkeit verspürt, wie soll es denn dann unseren Kindern mal ergehen? Demnach wäre Kinderkriegen heute reiner Egoismus. Ein Kind in die Welt zu setzen mit dem Bewusstsein, dass seine Zukunft schwierig wird? Eine Welt voller Umweltkatastrophen, Hitzewellen, Dürren, Überschwemmungen, sozialer Spannungen, Verteilungsfragen, Migrationsströme, Kriege, Digitalisierung und Künstlicher Intelligenz?

Kann ich es verantworten, dass mein Kind sich verloren fühlen wird, haltlos und hilflos in einer Welt, die zerfällt?

So oder so ähnlich waren meine Gedanken. Doch inmitten dieser unsicheren Zeiten zwischen Krisen und Krieg tat sich plötzlich eine ganz neue Frage in mir auf: Was ist es, worauf es in diesem kurzen Leben tatsächlich ankommt? Eine Frage, die mir seither im Kopf herumschwirrt. Ich denke, die Conclusio ist: Wie kann ich in diesem Leben die meiste Freude, das meiste Glück, den meisten Genuss und die meiste Liebe empfinden (ohne natürlich einem anderen Lebewesen zu schaden)?

Wie unfassbar anstrengend es auch sein mag, wie viele schlaflose Nächte wir erleben – die Mutter-Kind-Liebe ist die reinste Form der Liebe, die ein Mensch empfinden kann. Sich einem anderen Menschen auf diese Weise verbunden zu fühlen, diese besondere Art von Nähe zu erleben, muss unglaublich sein.

Und natürlich sind wir auch dazu programmiert, diese Sehnsucht an einem gewissen Punkt zu empfinden, oder? Ticktack, ticktack …

Die Wahrheit ist, dass mir diese Frage Bauchweh bereitet, auch wenn wir solche Dinge eigentlich einfach auf uns zukommen lassen sollten. Und insgeheim schaue ich mir die Baby-Beiträge auf Social Media ganz gerne an – obwohl ich es natürlich nie zugeben würde.

Die größte Liebe also, die es gibt. Eine Zuneigung, eine Verantwortung, die dem Leben Sinn gibt. Für einen anderen Menschen zu sorgen, der ohne dich völlig hilflos wäre. Einen Nutzen zu haben. Ist das das größte Glück und der eine Sinn, nach dem wir alle suchen?

Ich weiß nicht, wie es mir heute gehen würde, wenn Kinderkriegen immer ein Traum von mir gewesen wäre. Hätte ich die Vorstellung von meinem Leben gehabt, jung Mutter zu werden und meine Erfüllung im Großziehen meiner Kinder zu sehen, stünde ich jetzt in einem massiven Konflikt mit mir selbst.

Können wir heute noch mit gutem Gewissen Kinder bekommen, oder wäre es reiner Egoismus?

Können wir heute noch mit gutem Gewissen Kinder bekommen?

Meine Eltern erzählen mir, dass sie sich damals auch die gleichen Gedanken gemacht haben. Damals war die

Zeit des sauren Regens nach Tschernobyl, und die Zukunft sah auch nicht besonders rosig aus. Heute sind sie und ich natürlich auch froh, dass sie sich dazu entschlossen haben, mich zu bekommen.

Wer weiß denn wirklich, wie es weitergehen wird? Können wir überhaupt solch exakte Prognosen stellen? Wann wird es denn wirklich schlimm? Wann werden die Hitze und die Umweltkatastrophen unerträglich? Leider in vielen Gebieten der Welt heute schon. Europa ist der Kontinent, der sich am schnellsten erhitzt – im Sommer 2022 gab es hier bereits 60.000 Hitzetote.[92]

Die Frage stellt sich, ob wir uns durch äußere Umstände wie Kriege und Umweltkatastrophen dermaßen beeinflussen lassen, dass wir uns gezwungen sehen, auf das Natürlichste der Welt, auf den biologischen Sinn unserer Existenz zu verzichten?

Es ist bei mir noch lange nicht so weit, aber werde ich dem archaischen Drang, mich fortzupflanzen, aus moralischen Gründen und offensichtlichen Gegebenheiten standhalten können? Oder werde ich das tun, was alle anderen halt auch tun, weil man es eben so macht?

Ist es egoistisch, eher auf sein eigenes Wohlergehen zu achten als auf das seines Kindes? Sehe ich es als Priorität an, aus Liebe zu meiner Partnerin oder meinem Partner Nachkommen zu zeugen, oder ist eine mögliche dystopische Zukunft Grund genug, mich davon abzuhalten?

Warum sollte ich denn aufs Kinderkriegen verzichten, obwohl es alle anderen scheinbar ohnehin tun? Ich bin kein großer Fan dieser »Die anderen machen es doch auch«-Mentalität, aber hier geht es schließlich um eine ganz existenzielle Frage. Besonders Menschen im globalen Süden werden letzten Endes wegen mangelnder Aufklärung und Verhütung weiterhin viel zu viele Kinder bekommen. Mein Kind würde ein so viel besseres, privilegierteres Leben haben als die meisten Kinder auf der Welt. Vielleicht sind es unsere

Kinder, die die Zukunft braucht, um Veränderung durchzusetzen, um einem wankenden Sozialsystem Halt zu geben. Vielleicht ist es unfair der Gesellschaft gegenüber, keine Kinder zu bekommen. Jemand muss doch Steuern zahlen und den Sozialstaat stärken – und wer kann das besser als ein Kind, das in guten Verhältnissen in Mitteleuropa geboren wird?

Zum Thema Kinderkriegen johlt mein FOMO-Radar natürlich besonders laut auf: »Möchtest du allen Ernstes das angeblich schönste, intimste Erlebnis der Welt verpassen?«

Eigentlich kann ich dem Thema recht nüchtern ins Auge blicken, dennoch schleicht sich zunehmend immer wieder der Gedanke ein, ob ich mit der Entscheidung, keine Kinder zu wollen, einen großen Fehler begehen würde. Kürzlich schrieb mir die 15-jährige Antonia auf Instagram, dass sie jetzt schon definitiv wisse, dass sie keine Kinder wolle bzw. verantworten könne. Mit 15 habe ich mir noch nicht einmal Gedanken über Kinder gemacht, geschweige denn über Klimaschutz, obwohl das Problem sehr wohl damals schon bekannt war. Heute leben Jugendliche in einer anderen Realität. Entweder sie verkriechen sich in ihre Social-Media-TikTok-Bubble und gehen am Wochenende leidenschaftlich gerne shoppen oder sie gehen zu jedem Klimastreik, essen keine tierischen Produkte mehr und wollen von ihren Eltern nicht mehr mit dem Auto in die Schule gebracht werden.

Das Gefühl, von der Regierung nicht ernst genommen zu werden, macht sich immer mehr in jungen Leuten breit. Nicht umsonst klagte eine Gruppe Jugendlicher den Staat Österreich. Sie kritisierten, dass er die Klimakrise nicht ernst nehmen würde und ihre Zukunft waghalsig aufs Spiel setze. Überaus mutig und wichtig. Die aktuellen Regierungen geben uns allen Grund, kein Vertrauen in unsere Zukunft aufzubauen. Und wenn ich schon kein Vertrauen in meine eigene Zukunft habe, wenn alles ungewiss scheint und niemand etwas für die Aussicht auf eine sichere Zukunft tut – wie soll ich denn da an Kinder denken?

Gleichzeitig machen solche Nachrichten aber großen Mut. Sie zeigen, dass eine Generation heranwächst, die mitdenkt, die sich über mögliche Folgen und auch Lösungen Gedanken macht, die in den Diskurs tritt und Gehör finden will. Es ist an der Zeit, dass Regierungen auf der ganzen Welt den jungen Menschen und der Wissenschaft zuhören, sie miteinbeziehen und endlich in Aktion treten. Vielleicht wird Antonia dann eines Tages doch Kinder wollen.

Alles ist Politik – Farbe bekennen – laut und so oft wie möglich

Warum ist Wählen so wichtig?

Unsere Gesellschaft ist heute ganz klar unzureichend politisiert – besonders die Wahlbeteiligung junger Menschen sinkt immer weiter. Merkwürdig, oder? Schließlich ist es ja unsere Zukunft, die auf dem Spiel steht. Das Interesse für Politik bei jungen Leuten schwindet immer mehr, aber kann man es ihnen übelnehmen? »Ach, den alten weißen Männern unserer Gesellschaft, die sowieso schon das meiste vermasselt haben, sind wir doch komplett egal!« Ob wir ihnen wirklich egal sind, sei dahingestellt, aber warum überlassen wir ihnen unsere Zukunft? Denjenigen, die keine Anstalten machen, unser Klima zu retten, und dies vermutlich auch in Zukunft nicht tun werden. Wieso liegt es nicht in unserem Interesse, unser Morgen selbst mitzugestalten und mitzuformen? Wir hören oft, dass junge Menschen wenig Interesse für tagespolitische Themen haben – doch alles ist Politik! Jede Debatte in unserem Alltag hat einen politischen Hintergrund und jede Aktion kann eine politische Auswirkung haben.

Ja, wir fühlen uns als junge Menschen der Gesellschaft oft machtlos, manchmal sogar ohnmächtig und ausgeliefert. Die einflussreichen Frauen und Männer des Landes, die Großkonzerne und Politiker*innen entscheiden über unsere

Köpfe hinweg. Die Interessen des Volkes, das Wohlergehen der Bürger*innen scheinen unwichtig.

Doch Moment mal, ganz so stimmt das alles nicht. Wieso denkt ein Großteil der Bevölkerung, er müsse resignieren (Freeze-Szenario, siehe Kapitel »Das Problem mit dem Glücklichsein«)? Dass es ja eh nichts bringe, zur Wahl zu gehen, weil sich sowieso nichts ändert? Wir haben es ganz klar und deutlich im Fleischsektor gesehen: Ändert sich das Konsumverhalten der Menschen, ändert sich auch die Produktion. Der Markt wird an die Bedürfnisse der Konsument*innen angepasst. Ja, es bringt wenig, wenn eine Handvoll Schülerinnen sich dazu entscheidet, ein Jahr lang vegetarisch zu leben, wenn aber 15 % der Österreicher*innen und Deutschen beschließen, sich vegan oder vegetarisch zu ernähren, verändert dies einiges – wie wir in den Supermarktregalen in den letzten Jahren mitverfolgen konnten.

Seine eine kleine Stimme zu nutzen, ist demnach essenziell. Wir dürfen nicht vergessen, dass wir viele sind und gemeinsam eine große Macht ausüben können. Wieder ein Beispiel aus Frankreich: Durch den Sieg der rechtspopulistischen bis rechtsextremen Partei »Rassemblement National« beim ersten Wahldurchgang im Sommer 2024 stieg die Wahlbeteiligung im zweiten Wahlgang gewaltig, und das Linksbündnis »Nouveau Front populaire« konnte sich überraschend durchsetzen. Um den Aufstieg von Marine Le Pen zu verhindern, rafften sich Tausende Französinnen und Franzosen auf und setzten ein Zeichen gegen die ausländerfeindliche, rechtsextreme Partei. Davor hatte bereits Fußballspieler Kylian Mbappé zur Wahl aufgerufen und sich klar gegen rechts positioniert. Für viele Europäer*innen war die Wahl in Frankreich ein Hoffnungsschimmer gegen den aktuell weitläufigen Rechtsruck in der EU.

Wir vergessen oft, was für ein Privileg unser Wahlrecht in Wahrheit darstellt. In der Schweiz dürfen Frauen erst seit 1971 wählen, in einigen Ländern dürfen Frauen keine politischen Ämter bekleiden, in vielen Ländern der Erde haben noch nie gerechte Wahlen stattgefunden! Wie viele Menschen haben dafür gekämpft und sogar ihr Leben dafür gegeben, dass wir heute in unserer westlich geprägten Welt das aktive und passive Wahlrecht haben?

Wenn junge, gebildete Menschen nicht wählen gehen, dann spielt das direkt den rechten Populist*innen in die Karten. Denn wer geht wählen? Die Menschen, die wütend sind, die generell Angst haben. Die Angst haben, ihren Job zu verlieren oder dass ihnen etwas weggenommen wird, die anfällig sind für Populismus, Hetze und Ausgrenzung. Warum erleben wir denn gerade jetzt auf der ganzen Welt wieder einen Vormarsch der Rechtspopulist*innen? Der Zweite Weltkrieg ist noch nicht einmal 80 Jahre vorbei und »rund 40 % der deutschen Jugendlichen zwischen 18 bis 34 Jahren gaben in einer Umfrage des amerikanischen TV-Senders CNN an, ‚wenig' oder ‚gar nichts' über den Holocaust zu wissen.«[93]

Populist*innen geben vor, die Vertreter*innen bzw. die Stimme des Volkes gegenüber den Eliten zu sein. Sie verstehen also die Probleme des »kleinen Mannes«, schüren Angst und Unsicherheit und beziehen sich hauptsächlich auf negative Themen. Als angebliche »Politiker*innen des Volkes« bereiten sie komplexe Themen sehr einfach auf. Typische Attribute des Rechtspopulismus sind zum Beispiel Nationalismus und Fremdenfeindlichkeit. Mit Simplizität und Verallgemeinerungen sprechen sie Emotionen an und haben deshalb eine große Wirkung. Besonders »autoritärer Populismus« schürt nationalistische Gefühle und schafft es, die Gesellschaft zu spalten. Rechte Populist*innen wie Donald Trump oder die Regierungschefs Ungarns, Polens oder Italiens treiben somit einen Keil in die Gesellschaft und spalten zwischen einem »Wir« und »die Anderen«.[94]

Junge Leute sind heute so pessimistisch wie noch nie.

Junge Leute sind heute so pessimistisch wie noch nie. Laut der Studie »Jugend in Deutschland 2024« sind Jugendliche und junge Erwachsene immer unzufriedener und wenden sich deshalb stärker rechtspopulistischen Parteien wie der AfD zu. Ganze 22 % (fast ein Viertel!) der 14- bis 29-Jährigen würden in Deutschland die AfD wählen, was doppelt so viele wie noch zwei Jahre zuvor wären. Besonders unzufrieden stimmt die junge Bevölkerung die gesellschaftlich-wirtschaftliche Lage. So herrscht neben einem wachsenden Unmut auch eine sehr hohe mentale Belastung, was sich wieder auf das Wahlverhalten überträgt. Am meisten Sorgen bereitet den 14- bis 29-Jährigen die Inflation (65 %), die Kriege in Europa und im Nahen Osten (60 %), knapper, teurer Wohnraum (54 %), die Spaltung der Gesellschaft und der Klimawandel (beide 49 %).[95]

»Es wirkt so, als hätte die Corona-Pandemie eine Irritation im Vertrauen auf die Zukunftsbewältigung hinterlassen, die sich in einer anhaltend tiefen Verunsicherung niederschlägt«, gibt die Studie »Jugend in Deutschland 2024« an.[96] Der Autor Klaus Hurrelmann vermerkt ebenso einen »deutlichen Rechtsruck in der jungen Bevölkerung«. Parteien wie die Grünen, die FDP und die SPD sinken deutlich in den Umfragen. Die Anzahl der jungen Menschen, die nicht wissen, was sie wählen sollen, stieg auf 25 %. Am eklatantesten ist jedoch die große Beliebtheit der AfD. Die Werte und Ansichten der jungen Menschen stimmen dabei oft nicht mit dem Parteiprogramm der Rechtspopulisten überein (etwa dem geforderten EU-Ausstieg Deutschlands), sie sind somit den klassischen Protestwähler*innen zuzuordnen. Allerdings gab es in puncto der Aufnahme von Flüchtlingen bereits einen gewaltigen Meinungsumschwung. Dieser Wert schrumpfte von 57 % auf 26 %.[97]

Den jungen Leuten fehlen anscheinend die Alternativen. Wir fühlen uns verloren, hoffnungslos und enttäuscht von der Politik der letzten Jahre.

Aber wir sind mächtiger, als wir denken. Besonders in Zeiten wie diesen, in denen Rechtspopulist*innen wieder am Vormarsch sind, ist es umso essenzieller, Gebrauch von unserer Stimme zu machen, uns für unsere Werte einzusetzen und Repräsentant*innen zu wählen, die unsere Interessen im Parlament vertreten. Wir dürfen nie unsere Kraft unterschätzen, wenn wir sie geballt einsetzen. Gemeinsam ist die gewünschte Veränderung möglich!

Ich wurde kurz vor der EU-Wahl im Juni 2024 vom EU-Parlament eingeladen, nach Straßburg zu reisen, um mir ein Bild von dem Apparat EU machen zu können. Wir waren eine kleine Gruppe junger Österreicher*innen, die die Thematik der EU-Wahl und generell politisches Interesse in die junge Bevölkerung tragen sollte. Kurz gesagt: Politik wieder sexy und nahbar für junge Leute zu machen. Und das durch Künstler*innen und Influencer*innen – eigentlich keine schlechte Idee.

Nicht nur in den einzelnen Staaten, auch auf EU-Ebene sehen wir, dass immer weniger junge Menschen wählen gehen. Einerseits fehlen das Interesse und Vertrauen in die Kompetenz der Politiker*innen. Die junge Generation sieht sich und ihre Bedürfnisse nicht vertreten. Ebenso denken viele Junge, sie seien zu wenig informiert, um mitreden und das richtige Kreuz machen zu können. Sie beklagen, dass es nirgends kompakte Informationen zu den Parteien und allgemein zum Wahlvorgang gäbe. Viele bekommen nichts von der EU-Politik mit und denken nicht, dass sie einen direkten Einfluss auf ihr Leben hat. Außerdem bezweifeln sie, dass eine einzige Stimme etwas verändern kann.

Ein weiteres großes Problem ist, dass die Jungen in Österreich und Deutschland klar in der Minderheit sind. »Die 18- bis 29-Jährigen bilden [in Deutschland] nur 15,4 % aller Wahlberechtigten.«[98] Wenn von diesen 15 % jetzt auch immer weniger zur Wahl gehen, überlassen wir den älteren Generationen die Entscheidung über unsere Zukunft, obwohl wir diejenigen sind, die sie erleben werden. Kurzsichtig und egoistisch entscheiden sie also über unsere Leben und unsere Zukunft, die sie eigentlich nicht mehr betrifft. Und genau aus diesem Grund ist jede einzelne junge Stimme immens wichtig – wir müssen unsere Interessen gegen die überwiegenden Stimmen der älteren Wähler durchsetzen.

Demnach erhofften sich viele dank der Senkung des Wahlalters auf 16 Jahre in einigen EU-Staaten eine Gegenströmung, eine klare Haltung gegen rechte Parteien. Leider war das Gegenteil der Fall. In Deutschland waren bei den 16- bis 24-Jährigen die Unionsparteien (17 %) und die AfD (16 %) am stärksten.[99]

Die EU-Wahl 2024 war für viele eine große Enttäuschung, das erste Mal konnten wir den klaren Rechtsruck fast flächendeckend beobachten (Ausnahmen gab es bei nord- und osteuropäischen Staaten wie Schweden, Finnland, Dänemark oder etwa der Slowakei).[100] In Österreich erzielte die Freiheitliche Partei (FPÖ) das erste Mal bundesweit die meisten Stimmen und war somit die stärkste Partei des Landes.

Was haben der Nationalsozialismus unter Hitler und Ausländerfeindlichkeit heute gemeinsam? Beide politischen Strömungen haben den gemeinsamen Nenner des Neides. In den 1930er-Jahren waren die reichen Jüdinnen und Juden das Feindbild, die besser situiert waren, erfolgreiche Geschäftsleute, Intellektuelle und Künstler*innen. Die Nazis warfen ihnen vor, die Macht an sich reißen zu wollen. Sie waren ganz offensichtlich von Neid und Missgunst getrieben. Der gemeinsame Feind und Sündenbock war schnell gefunden. Der Grund, warum es ihnen schlecht ging, war, weil es den reichen Jüdinnen und Juden vermeintlich besser ging.

Heute ist es, wenn wir genau hinsehen, gar nicht so anders. Während der Schatten des Antisemitismus in Europa gerade wieder auferstanden zu sein scheint, herrschen schon seit längerem Missmut und eine hasserfüllte Haltung

Ausländer*innen gegenüber. Migrant*innen werden angefeindet, ausgegrenzt und beschimpft. Und wieder gibt es einen eindeutigen Sündenbock – der Grund, warum hierzulande so viel schiefläuft und es den Menschen immer schlechter geht. Nicht umsonst war bei der Europawahl 2024 Migration das Thema, das die Menschen am meisten beschäftigte. Nicht der Klimawandel, nicht die soziale Ungerechtigkeit, nein, der Fakt, »dass hilfesuchende Menschen nicht in unser Land kommen sollen, weil sie uns ja etwas wegnehmen würden«. Ihnen wird es scheinbar leicht gemacht, während wir hart für den Mindestlohn arbeiten müssen. Die Österreicher*innen und Deutschen fühlen sich sichtlich bedroht. Sie haben Angst, dass Asylwerber*innen ihre Jobs, ihren Lebensraum und sogar ihre Kultur stehlen würden. Es herrschen wieder Angst und Neid. »Nichts arbeiten, aber Geld hinterhergeschmissen bekommen« ist die Haltung, die viele Österreicher*innen heute vertreten. Um diese Falschinformation ein für alle Mal aufzuklären: »Bei Unterbringung mit Vollversorgung (= 3 Mahlzeiten täglich) erhalten Asylwerber*innen im Monat lediglich 40 Euro Taschengeld pro Person. Bei Unterbringung in einem Selbstversorgerhaus müssen Asylwerber*innen mit € 7,00 täglich (monatlich also zwischen € 165 und € 170,5) auskommen. Bei Privatunterbringung erhält jeder Erwachsene 260 Euro/Monat und jedes Kind 145 Euro/Monat«, gibt Caritas OÖ an.[101] Seien wir mal ehrlich, könnten wir mit so wenig auskommen?

Wir sind also neidisch auf Menschen, die vertrieben wurden, ihre Familien und ihr gesamtes Hab und Gut zurücklassen mussten und ihre gesamte Existenz neu aufbauen müssen – in einem völlig fremden Land mit neuer Sprache.

Falschinformationen und Gerüchte über Zuschüsse sind in dieser Debatte leider auch keine Seltenheit. Zwar scheint sich das Gefälle umgekehrt zu haben – früher waren die Ärmeren neidisch auf die Reicheren, heute haben die proportional »reichen« Österreicher*innen Angst vor Menschen ohne jeglichen Besitz –, dennoch ist der unbegründete Neid eine Triebfeder für immer tiefer eindringenden Hass und offene Anfeindung.

Wie schon gesagt: *Politik geht uns alle etwas an, denn Politik ist überall.* Nur durch politischen und gesellschaftlichen Wandel könnten wir unser alteingesessenes System erneuern und verbessern. Es wird in den kommenden Jahren entscheidend sein, wer in die Parlamente dieser Welt und auch der EU einziehen wird. Es geht um Kipppunkte, um essenzielle Entscheidungen und Regulierungen in den Debatten um den Klimawandel, die Migration, Gleichberechtigung und soziale Gerechtigkeit, die jetzt (!) gehandhabt werden müssen. *Wir leben in trivialen Zeiten. Darum zählen jede Stimme, jede Diskussion und jeder Appell an die Menschlichkeit und den Verstand.*

Politik geht uns alle etwas an.

Mensch sein kann ich nicht allein

Rechte Politik darf niemals normalisiert werden.
Hass, Aggression, Verachtung, Angst
und Fremdenfeindlichkeit
darf nicht unsere Sprache werden.
Nur zusammen als Einheit erlangen wir
die Freiheit, wieder Mensch zu sein,
ein gemeinsames Heilen.
Denn Mensch sein kann ich nicht allein.
Egoismus und die nie enden wollende Gier
nach Profit, scheinbar gemeißelt in Granit,
sind nicht gottgegeben, sondern menschengemacht, und werden pedantisch bewacht.
Doch Systeme sind da, um sie zu verändern,
und ich meine mehr, als nur zu gendern.

Wo wären wir geblieben, gäbe es keine Rebellion, keine
Suche nach einem Update, einer neuen Version?
Wir folgen still, sind gehorsam und
zahm, doch was jetzt geschieht,
kann kein Autor erfinden, sind wir erblindet?
Der Faschismus, der Rassismus hat
die Gesellschaft infiziert,
es ist, als wären die Säulen von Moral,
Empathie und Verstand nun gänzlich kollabiert.
Le Pen, Meloni, Kickl und Co. sind am Vormarsch,
haben wir in der Schule nicht aufge-
passt, unsere Lehrer verschlafen?
Sind wir einfach viel zu angepasst,
haben vergessen, selbst zu denken, plappern
bloß nach, was wir in den Medien lesen,
völlig verblendet?
Wenn Geld und die Waffenindustrie mehr gelten
als das Wohl eines Menschen,
dann fragt sich wirklich, wofür wir noch kämpfen?
Ich glaube, wir haben uns verwettet, verzettelt.
Verspielen unsere Zukunft für ein momentanes
kleines Glück – zurück?
Zurück geht's dann nimmermehr.

Ich möchte an dieser Stelle die These aufstellen, dass in Ländern, die potenziell eine größere rechte Wählerschaft haben, der Hang zu Sexismus und auch Rassismus größer ist. Doch wie hängen Sexismus und Rassismus zusammen?

Beide Begriffe implizieren den Gedanken, dass eine Gruppe einer anderen von Natur aus überlegen sei. Das Ergebnis ist die daraus resultierende Diskriminierung. Wenn die benachteiligte Gruppe das weibliche Geschlecht bzw. eine bestimmte »Rasse« ist, dann ist die unterdrückende Partei ganz zweifellos der weiße Mann.

Das größte Privileg auf dieser Erde ist es, als weißer Mann geboren zu werden. »White Privilege« bedeutet, einen klaren Startvorteil zu haben, Sonderrechte zu genießen und diese als selbstverständlich anzusehen. Nicht erst seit den Zeiten der Kolonialisierung, als sich die westlichen Gesellschaften selbst als die »herrschende Rasse« definierten, wurde ein Rassenungleichgewicht, ein unnatürliches Machtgefälle geschaffen.

Doch wie kommt eine Menschengruppe überhaupt dazu, sich als besser, höherwertig und überlegen zu positionieren? Andere Gesellschaften auszubeuten und auszurotten? Ihre Kultur und Bräuche, ihren Glauben zu verhöhnen? Warum wird heute alles Westliche noch immer als »hochwertiger« eingestuft? Ungleichheit ist ein menschengemachter Unsinn, der absichtlich konserviert und gepflegt wird.

Wie alle Lebewesen sind auch wir Menschen alle gleichwertig. Wie anmaßend und arrogant das Verhalten einer einzigen Menschengruppe, sich über die anderen zu erheben. Dabei liegt die Wiege der Menschheit in Afrika, und sowohl dort als auch in Süd- und Zentralamerika gab es Hochkulturen, lange bevor der Aufstieg der europäischen Kultur überhaupt begonnen hatte.

Bis heute sammeln westliche Staaten immer mehr Macht und Reichtum an, während andere Staaten grausam ausgebeutet werden. Durch die jahrelange Abhängigkeit und Unterdrückung bleibt den Ländern keine andere Wahl. Zwar ist die offensichtliche Kolonialisierung beendet, viele Bündnisse und Auswirkungen sind jedoch noch heute deutlich spürbar. Die massive Abhängigkeit der Ex-Kolonialstaaten ist nicht abzustreiten. Durch Kredite der westlichen Länder oder von Institutionen wie der Weltbank und des IWFs bleiben viele Staaten des globalen Südens hoch verschuldet und schaffen es nicht aus der Abhängigkeit. Durch die hohe Verschuldung wird ihnen jeglicher Spielraum für eine eigenständige Politik genommen. Weiters sind die Kredite oft an

Verträge gebunden, die den Regierungen vorgibt, Politik zu machen, die sich gegen die eigenen Interessen richtet. Die Verträge müssen aber akzeptiert werden, weil die Staaten sonst gar kein Geld bekommen würden. Während meiner Reise in den Südsudan erzählten mir einige Einheimische vor Ort (ohne eine nähere Quelle zu nennen), dass die Regierung angeblich bereits jetzt den Großteil der Ressourcen des Landes im Gegenzug für Kredite für die nächsten Jahre verkauft und verpfändet habe.

Heute geht es aber viel mehr um eine »Entkolonialisierung des Kopfes«. Die Beeinflussung der ganzen Welt durch amerikanische und europäische Werte wie Inhalte, Ideen, Sprachweise, Musik und Mode ist allgegenwärtig. Der Erhebung einer Menschengruppe über alle anderen bzw. eines Geschlechts über das andere muss ein Ende gesetzt werden. Da Sexismus und Rassismus vom weißen, privilegierten Mann ausgehen, liegt es an ihm, diesen Strukturen entgegenzuwirken. In Ländern wie Österreich sind beide Formen der Diskriminierung leider weit verbreitet. Da überrascht es kaum, dass Österreich die höchste Zahl an Femiziden in ganz Europa hat …

Einer der wichtigsten Aspekte ist die Ermächtigung der Frauen.

Die Menschheit befindet sich an einem Punkt in ihrer Geschichte, an dem ein massiver Wandel stattfinden muss. Wir brauchen einen vollständigen Systemwechsel, um unsere Spezies zu retten, und einer der wichtigsten Aspekte bei diesem Wandel ist die *Ermächtigung der Frauen*.

Das benachteiligte Geschlecht – It's a Man's World

Haben Frauen faire Chancen in einer Welt, gemacht für Männer?

Kommen wir zu einem der allerwichtigsten Themen der Zukunft. Und das sage ich nicht nur, weil ich eine bin – eine Frau.

Frauen bilden 51 % der Weltbevölkerung und werden noch immer ungerecht behandelt, unterdrückt, benachteiligt und als schwach, untergeordnet und wertlos bezeichnet. Sie haben es meistens schwerer im Leben. Ich spreche nicht von privilegierten weißen Frauen, die in New York City leben, als Anwältinnen arbeiten und zwei Nannys haben. Ich spreche von jungen Mädchen aus Ländern wie Somalia oder Afghanistan, die für ihre Gesellschaften weniger wert sind als ihre Brüder, die nicht in die Schule gehen dürfen, denen Bildung und somit jegliche Chance auf ein besseres Leben verwehrt werden. Von jungen Mädchen, die im Kindesalter jeder sexuellen Lust und Weiblichkeit beraubt werden und verstümmelt werden, um somit rein für einen Mann auf den Heiratsmarkt zu kommen. Ich spreche von Mädchen, die in Afrika täglich kilometerweit literweise schmutziges Wasser in Plastikkanistern auf ihren Köpfen nach Hause tragen müssen. Von jungen Frauen, die ihre Monatsblutung bekommen und deswegen nicht in die Schule und nicht außer Haus gehen dürfen. Von Frauen, die als Teenagerinnen verkauft werden, um ihr Leben lang zur Prostitution gezwungen zu werden. Ich spreche von zwölfjährigen Mädchen in Indien, die zwangsverheiratet werden und mit einem 30 Jahre älteren Mann zum Geschlechtsverkehr gezwungen werden, da Vergewaltigungen in der Ehe vollkommen legal sind. Von neugeborenen Mädchen, deren zarte, kleine Körper mit Hunderten anderen in einen Brunnen geworfen werden, um sie sterben zu lassen. Nur weil sie nicht als Jungen geboren wurden.

Nicht umsonst ist die Ermächtigung der Frauen (Empowerment) auch beim Club of Rome (siehe Kapitel »Klimawandel und Ungleichheit«) eine der essenziellen Kehrtwenden, die die Menschheit für eine gesunde und nachhaltige Zukunft einschlagen muss.

Das Geschlecht, das die Nachkommen austrägt, sie großzieht, den Haushalt erledigt, eine liebevoll unterstützende Freundin oder Ehefrau ist und heutzutage auch noch eine erfolgreiche und selbstständige Business-Powerfrau. Frauen und Mädchen müssen und mussten sich immer schon an bestimmte Regeln halten, um gesellschaftlich akzeptiert zu werden. Ja nicht anecken, ja nicht aufbegehren, sich schön still und brav verhalten. Schön sein, schlank sein, Kurven haben, der Mann muss ja etwas zum Anfassen haben, aber ja nicht zu viel, sie soll ja kein Walross sein. Zierlich, feminin, gepflegt, rasiert, gefärbt, gecremt, zart und wohlriechend. Sie hat vorzügliche Manieren, ist gut erzogen und ist nie rüpelhaft, eklig oder gar menschlich. Sie trägt vorteilhafte Kleider, die ihre Figur betonen und den ein oder anderen Einblick gewähren, um Lust auf mehr zu machen. Sie stimmt zu und wehrt sich nicht. Sie ist geschminkt – geschmackvoll, ja nicht zu viel –, sie hat gepflegte, manikürte Hände, frisch gewaschene Haare und trägt diese glatt oder in Locken. Sie ist gebildet, aber nicht zu gebildet, sie darf ja schließlich nicht schlauer als der Mann sein! Und sie steht ihrem Mann stets zur Verfügung.

Dies könnte die Beschreibung einer amerikanischen Hausfrau aus den 1950er-Jahren sein, aber viele dieser Anforderungen werden auch heute noch an Frauen gestellt. Es passiert im 21. Jahrhundert, dass Frauen rund um die Welt ohne Einwilligung eines Mannes nicht das Haus verlassen dürfen, nicht arbeiten oder Auto fahren und oder gar ihr Gesicht zeigen dürfen.

Obwohl der Kampf um Gleichberechtigung durch Bewegungen wie jene der Suffragetten über die Jahrzehnte viel erreicht hat, ist der Traum von Gleichheit noch immer ein winziger Punkt am weit entfernten Horizont. Natürlich ist bereits einiges geschehen, die Frage ist nur, für wen. Fakt ist, von unserem modernen Pseudofeminismus profitieren meist nur reiche, weiße Frauen. Weibliche CEOs, Frauen in Toppositionen, aber wie sieht es mit der alleinerziehenden Putzfrau aus, die vier Kinder großziehen muss? Für die Frauen der Unter- und Mittelschicht dieser Erde hat sich noch immer wenig getan. Sie verdienen nach wie vor deutlich weniger als ein Mann im gleichen Beruf. Laut OECD studieren europaweit 50 % aller Frauen und nur 36 % aller Männer. Trotzdem verdienen sie weniger und haben bei gleicher/besserer Ausbildung eine geringere Chance auf einen Spitzenjob als ihre männlichen Kollegen. Dies liegt mitunter auch an dem Faktor Familie. Frauenkarrieren verlaufen meist weniger steil, da sie durch Pausen und Teilzeitarbeit gebremst werden. Ebenso arbeiten Frauen viel eher in sozialen Bereichen wie dem Gesundheitssystem und der Pädagogik. In der EU sind 9 von 10 Grundschullehrer*innen weiblich.[102]

Es ist als Frau in der Berufswelt so eine Sache mit dem Selbstwertgefühl. Haben wir zu viel, wirken wir schnell arrogant, haben wir zu wenig, schnell wie ein graues Mäuschen. Um in der männerdominierten Arbeitswelt mitzuhalten, eignen sich Frauen oft männliche Verhaltensweisen an, um konkurrenzfähig zu sein. Sie treten dominant und herrisch auf und wirken dadurch schnell hart, verschlossen und verbittert. Leider ist es noch immer so, dass es absolut akzeptiert wird, wenn ein Mann selbstbewusst seine Meinung sagt. Wenn Frauen mal auf den Tisch hauen oder unbequeme Entscheidungen fällen, werden sie sofort als aggressiv, wütend und unausgeglichen beschimpft oder als »Emanze« tituliert. Wir sind so festgefroren in diesem Denken, dass Frauen leise, artig und unauffällig sein sollen, dass es immer noch ein Tabu ist, wenn eine Frau laut wird, eine Ansage macht oder breitbeinig dasitzt. Das waren ja schließlich stets männliche Attribute.

Doch Frauen sollten sich nicht wie Männer verhalten müssen, um Machtpositionen in der Gesellschaft einnehmen zu können. So ziemlich alle weiblichen politischen Figuren, die wir kennen, sind fast gänzlich in ihrer männlichen Energie. Jede und jeder von uns trägt selbstverständlich Anteile beider Energien in sich. In der Lehre des Yin und Yang, des weiblichen und männlichen Prinzips, wird folgendermaßen unterteilt: Menschen, die sich in ihrer männlichen Energie befinden, sind linear, kognitiv, analytisch, rational, kopflastig, zielorientiert und hart. Weibliche Energie hingegen ist intuitiv, kreativ, passiv, sanft, geduldig, emotional, nährend und heilsam.[103] Wenn wir auf diese Attribute blicken, erscheint es verständlich, warum erfolgreiche Frauen oft in ihrer männlichen Energie sind. Doch wie viel Stärke liegt in der weiblichen Energie? Wie viel Potenzial für ein gesundes Miteinander gäbe es, wenn mehr Führungskräfte oder Entscheidungsträgerinnen in ihrer weiblichen Energie verankert wären?

Solange unsere Anführer*innen, Politiker*innen und CEOs größtenteils Männer sind, wird die Welt weibliche Attribute wie Mitgefühl und Empathie hintanstellen, obwohl wir diese gerade unglaublich dringend brauchen würden.

Warum sehen wir so wenige Frauen in politischen Funktionen? Weil sie nicht ernst genommen werden? Weil weibliche Politikerinnen auf ihr Äußeres reduziert werden? Weil es für uns alle immer schon so war, dass Politiker eben männlich sind? Es fehlt an Vorbildern und Vorstreiterinnen. Angela Merkel war die erste Frau seit Jahrzehnten an einer Regierungsspitze in Zentraleuropa. Ich hoffe, dass dank ihr nun mehr kleine Mädchen die Lücke für Berufswunsch im Freundschaftsbuch mit »Politikerin« ausfüllen.

Ich habe es satt, zwei Pärchen beim gemeinsamen Abendessen zu sehen, bei dem die beiden Männer in ein interessantes Gespräch verwickelt sind und die Frauen lächelnd und nickend danebensitzen. *Die Zeiten sind vorbei, in denen Frauen als Aufputz fungiert haben.* Es liegt nun an der Offenheit der Männer, in der Berufswelt wie im Privaten, Frauen mehr Raum zu geben. Warum muss der Lauteste am Tisch meistens ein Mann sein? Wieso erzählt ein Mann viel freier und unbeschwerter seine Geschichten als eine Frau? Natürlich müssen Frauen den Raum auch einnehmen, doch es liegt an Männern, zu sehen, wo ihnen gerade kein Raum gelassen wird. *Dieser muss bewusst geschaffen werden.* Wir sind nun mal so sozialisiert, dass Männer laut und Frauen leise und unauffällig sein sollen – doch es liegt an beiden Geschlechtern, uns aktiv zu resozialisieren. Das können mitunter Kleinigkeiten sein, wie in Meetings darauf zu achten, dass die Kolleginnen genauso viel Redezeit bei ihrer Präsentation bekommen wie die männlichen Mitarbeiter. Oder aufmerksam zu sein, ob deine Partnerin in einer Runde genauso zu Wort kommt. Wieso ist es für einen Mann im Zug oder im Flugzeug ganz selbstverständlich, die Armlehne zu benutzen, während sich die Frau kleinmacht und zur Seite lehnt? Hier bedarf es viel langwieriger Arbeit und Reflexion. Wann ertappe ich mich selbst dabei, zu viel oder zu wenig Raum einzunehmen?

Raum für Frauen muss bewusst geschaffen werden.

Es ist höchst problematisch, dass sexistisches Denken durch ein jahrhundertealtes System unaufhörlich in unsere

Köpfe infiltriert wurde und es bis heute unsere Gedanken, unser Empfinden und unser Handeln unseren Mitmenschen gegenüber beeinflusst und vergiftet. *Unsere Sozialisierung begünstigt bis heute Männer.* Ist ja eigentlich logisch: Ein System, gemacht von Männern, aus der Perspektive von Männern, ist auch einzig und allein Männern dienlich. Hier kann ein Wandel, eine Resozialisierung nur geschehen, wenn beide Geschlechter am selben Strang ziehen.

Unsere Sozialisierung begünstigt bis heute Männer.

Gleicher Lohn und eine verpflichtende geteilte Elternzeit wären gute erste Schritte, trotzdem muss hier so viel mehr passieren. Es fängt im Kern an. In unseren Köpfen, mit unserer Sozialisation als Gesellschaft. Meine Mutter ist zum Beispiel keine Feministin. Sie wurde so erzogen, dass sie Männer immer als wichtiger oder besonderer wahrnahm. Sie hat das so von ihrer Mutter gelernt, die es wahrscheinlich von ihrer Mutter gelernt hatte. Wie interessant und verwunderlich, dass patriarchale Strukturen oder das Denken in festzementierten Geschlechterrollen oft von den Frauen selbst übermittelt werden. Genauso wie es immer die Mütter und Großmütter sind, die ihre Töchter in Afrika beschneiden lassen. Die Beschneiderin selbst ist natürlich auch eine Frau. Warum füllen Frauen weiter diese Rolle aus, wieso weigern sie sich nicht, diese zu übernehmen? Sind wir so gesteuert und vereinnahmt vom patriarchalen System, dass wir es verabsäumen, zu realisieren, dass wir gegen uns selber arbeiten? Dass wir ungerecht agieren und uns selbst schaden?

Meine Oma mütterlicherseits ist nach mehr als 30 Jahren noch immer nervös und aufgeregt, wenn mein Papa zu Besuch kommt. Diese Ehrfurcht, diese fast anhimmelnde Sympathie für Männer ist bei den Frauen in meiner Familie hochpräsent. Doch was bedeutet das? Heißt das, dass sie lieber einen Sohn gehabt hätten anstatt einer Tochter? Heißt das, dass sie sich selbst nicht mögen? Dass sie sich selbst als weniger wertvoll als ihren Ehepartner oder andere Männer einstufen? Oder ist es von uns selbst völlig unabhängig und nur die anderen werden kategorisch bewertet? Der Mensch hat nun mal Präferenzen, wen er sympathisch findet und wen nicht. Es ist nur problematisch, wenn dieses Denken durch eine jahrhundertelange Endlosschleife in unseren Köpfen manifestiert worden ist und es bis heute unsere Gedanken, unsere Gefühle und unser aktives Handeln beeinflusst.

Ich habe als Kind auch lieber mit Jungs gespielt. Vielleicht habe ich das von meiner Mutter übernommen – wer weiß, wie viel genetisch und wie viel durch Erziehung hier an uns weitergegeben werden kann. Ich habe mich auch nie wirklich als Mädchen gesehen. Auch nicht als Junge, ich hatte eher neutrale Gedanken mir gegenüber, wofür ich meinen Eltern wiederum furchtbar dankbar bin. Ich habe mich nie in irgendeiner Art und Weise unterlegen gefühlt. Ich konnte nie etwas nicht tun, weil ich ein Mädchen war – *ich musste es erst recht tun, weil ich ein Mädchen war.* Ich hatte immer den Konkurrenzgedanken, mich mit den Jungs zu messen. Ich wollte immer schneller, stärker und besser sein als sie. Genau aus dem Grund, weil ich ihnen beweisen wollte, dass es Mädchen so richtig, richtig draufhaben. Dass sie mindestens so schnell laufen, so hoch springen und so gut kämpfen können wie Jungs. Da ich früh mit Kampfsport angefangen habe, gab es für mich auch immer ein körperliches Messen, das erst mit circa 14 Jahren unrealistisch wurde, als die Jungs dann einfach zwei Köpfe größer und 20 Kilo schwerer waren als ich.

Ich musste es erst recht tun, weil ich ein Mädchen war.

Im Kindesalter, in dem biologische Unterschiede noch nicht den Ausschlag über Sieg oder Niederlage gegeben haben, war ich der absoluten Überzeugung, dass ich gegen jeden Jungen gewinnen kann. Und das konnte ich auch.

Mit circa neun Jahren war ich Teil der KIDO-Kampfsport-Gruppe an meiner Grundschule. Beim Sparring gab es immer Zweikämpfe, so lange, bis keiner mehr übrig war. Ich war eines der wenigen Mädchen in dem Kurs und nachdem ich circa fünf Jungs besiegt hatte, fragte der Trainer: »Irgendjemand, der jetzt noch gegen Valerie antreten möchte?« Als sich keiner der Jungs traute, die Hand zu heben, kam ich mir so richtig gefährlich vor. Ich muss lachen, wenn ich heute daran denke. Ich war ein kleines Kämpfermädchen, was natürlich auch daran lag, dass mein Vater früher Taekwondo-Trainer gewesen ist, meine Eltern sich über diesen Sport kennengelernt haben und alle in unserer Familie den schwarzen Gürtel besitzen.

Mein Vater, der im Gegensatz zu meiner Mutter immer schon Feminist war, hat mich in dem Glauben erzogen, dass ich alles erreichen könnte, was ich nur wollte. Ich hatte nie das Gefühl, ich hätte weniger Chancen, weil ich ein Mädchen bin.

Heute ist es ein wenig anders. Ich bin zwar noch immer selbstbewusst und sehr froh und stolz darauf, eine Frau zu sein, sehe aber, mit welchen Dingen Frauen zu kämpfen haben. Als Mädchen hatte ich das Glück, das Bewusstsein dafür noch nicht zu haben, es wurde mir erst klarer, als ich erwachsen wurde. Ja, Frauen werden anders behandelt.

Ich bin mir dessen bewusst, dass ich aus einer sehr privilegierten Perspektive heraus spreche, weil ich behütet und umsorgt aufgewachsen bin. Ich hatte das Glück, bis heute (Knock on wood) noch nie sexuell belästigt oder bedrängt worden zu sein. Nicht auf der Straße, nicht in der Schule, nicht bei meiner Arbeit in der Schauspielbranche. Ich weiß, wie selten das ist und wie glücklich ich mich schätzen kann. Laut einer Studie des Instituts für Angewandte Sexualwissenschaft haben in Deutschland »89 % aller Frauen Formen der sexuellen Belästigung erlebt oder sich belästigt gefühlt. [...] 40 % der befragten Frauen gaben an, bereits einen Vergewaltigungsversuch erlebt zu haben. 30 % wurden vergewaltigt.«[104]

Ich bin der Überzeugung, dass die frühe Auseinandersetzung mit Selbstverteidigung und Kampfsport essenziell für jede Frau ist. Die Selbstsicherheit, die dadurch erworben wird, ist unbestreitbar wichtig für das Wohlbefinden in gewissen Situationen und im gesamten Leben. Zu wissen, wie wir jemanden schnell ablenken oder verletzen können, um zu entkommen, kann in einer heiklen Situation oftmals entscheidend sein. An jeder Schule sollten Kurse zur Selbstverteidigung für Mädchen angeboten werden. Ich bin mir sicher, jede Frau würde dadurch bestärkter und selbstbewusster durchs Leben gehen.

Ehrlicherweise habe ich mir auch nicht immer leicht mit Mädchen und Frauen in meinem Umfeld getan. Das lag vermutlich daran, dass ich oft umgezogen bin und mir die Mädchen in den neuen Schulen meistens keine leichte Zeit beschert haben. Ich hatte immer mehr männliche Freunde. Mitte 20 änderte sich mein Verhältnis zu meinen Geschlechtsgenossinnen um 180 Grad, und ich habe erkannt, wie wahnsinnig toll, inspirierend und stark Frauen sind und wie viel wir voneinander lernen können, wenn wir zusammenhalten. Ich habe das Glück, unheimlich intelligente, empathische Powerfrauen in meinem Umfeld zu haben, die mich täglich inspirieren. Wir haben heute die Macht, unsere Sozialisierung des ständigen Konkurrenzkampfes unter Frauen über Bord zu werfen und eine Gemeinschaft ins Leben zu rufen, einen solidarischen Zusammenhalt mit Cliquen und Clubs. Was Männer schon lange machen, können wir jetzt auch.

Feminismus und die Filmindustrie

Warum erzählen wir keine weiblichen Geschichten?

Wir unterschätzen die Macht, die Medien auf uns ausüben. So prägen *Filme und ihre Hauptfiguren ganze Generationen.* Die Rollenbilder, die wir auf der Leinwand oder im TV gezeigt bekommen, werden zu unserer Realität. Wir wachsen mit der Vorstellung auf, dass Männer und Frauen bestimmte Aufgaben übernehmen und bestimmte Rollenklischees bedienen. Wird es im Fernsehen gezeigt, muss es ja so sein.

> Filme und Hauptfiguren prägen ganze Generationen.

So wuchs meine Generation (und auch die davor) damit auf, kaum starke Frauenfiguren in Filmen zu sehen. Wenn Frauen hier und da aufblitzten, waren sie meist Aufputz, Lustsymbol – oder die Mutter. Oft dümmlich, meist willig und immer schön anzusehen. Wir wuchsen mit Figuren aus Cartoons und Disneyfilmen auf. Die Prinzessinnen von Disney haben meine Kindheit ganz sicherlich nicht unwesentlich beeinflusst. Sie waren schön, schlank, meist reich und wurden am Ende des Filmes von einem Mann gerettet und verheiratet – das klassische Mädchenleben eben. Doch ist dies wirklich das Frauenbild, das wir jungen Mädchen vermitteln wollen? Es dann geschafft zu haben, wenn wir uns einen Traumprinzen »geangelt« haben und nun an dessen Seite unser Leben verbringen, bis dass der Tod uns scheidet? Ohne eigene Ambitionen und Träume, ohne Ausbildung, ohne tieferen Sinn außer der Liebe und der Beziehung zu einem (meist reichen) Mann?

Es ist pervers, dass die Filmindustrie bereits mehreren Generationen dieses Frauenbild vermittelt. Geschieht das aus Zufall und Gewohnheit, weil es die männlichen Entscheidungsträger einfach nicht besser wissen? Weil es halt immer schon so war? Weil es einfach keine weiblichen Produzentinnen, Regisseurinnen und Autorinnen gab? Oder ist es Kalkül, um Frauen bewusst in den Köpfen der Menschen gesellschaftlich zu definieren und kleinzuhalten?

Wie krass ist es, *dass die Hälfte unserer Gesellschaft über Jahrzehnte hinweg auf der Leinwand nicht adäquat dargestellt und repräsentiert wurde.* Die meisten Filme sind männerlastig, handeln von männlichen Geschichten und männlichen Erfahrungen. Es ist auch ganz logisch: Filmemacher, Regisseure und Produzenten waren bis vor nicht allzu langer Zeit fast ausschließlich männlich. Natürlich erzählen sie ihre Geschichten aus ihrer Sicht, dem sogenannten Male Gaze.

Doch Frauen wurden in der Traumfabrik auch bewusst ausgegrenzt. Ein weiteres Mittel, um das weibliche Geschlecht kontrollieren zu können. Männer waren in den Machtpositionen, trafen die Entscheidungen und schanzten sich natürlich gegenseitig die Jobs zu. Wie furchtbar wäre es gewesen, diesen ohnehin sehr umkämpften Arbeitsmarkt mit Frauen teilen zu müssen?

So gab es 2019 nur 12 % weibliche Regisseurinnen in Hollywood. Und das war schon ein eklatanter Sprung von den 4 % im Jahr davor. 2014 waren nur 1,9 % (!) der Regisseur*innen weiblich![105]

Wir unterschätzen, wie sehr patriarchale Strukturen und Sichtweisen durch Film und Fernsehen verbreitet werden und welch ein Frauenbild bei den Jüngsten der Gesellschaft eingebrannt wird. Kinder ahmen das nach, was sie sehen. *Wir brauchen starke, intelligente Frauen aller Hautfarben,*

> Wir brauchen echte Frauen als Vorbilder!

Altersgruppen, Körperformen und Klassen als Vorbilder! Wenn eine Frau sich in einem Film lasziv verhält, um einzig und allein der männlichen Hauptfigur zu gefallen, leben wir es jungen Mädchen vor, sich ebenso zu verhalten. Wo sind die Politiker*innen, die Wissenschaftler*innen, die Geschäftsführer*innen, die Astronaut*innen? Wir müssen beginnen, Geschlechtergleichheit auch im Film zu vermitteln und an den Mann/an die Frau zu bringen. Film ist Vorbild. Film ist Inspiration. Film ist Gedankennahrung. Die Chance, die Gesellschaft zu prägen und zu verändern, darf nicht länger verpasst werden. Die Filmindustrie muss inklusiv werden und braucht ganz offensichtlich eine Frauenquote. Wir können unsere Geschichten und die Geschichte der Menschheit nicht länger von einer Hälfte der Gesellschaft – vom alten weißen Mann – dominieren lassen.

Doch das Blatt beginnt, sich zu wenden – zwar langsam, aber immerhin. Veränderungen in der Filmbranche sind klar erkennbar. So stellen immer mehr Produktionsfirmen Autorinnen und Regisseurinnen ein. Einige befreundete Filmemacher erzählen mir sogar, dass sie momentan keine Jobs bekämen, da sie »keine Frauen« wären. Das ist natürlich übertrieben, so ist es noch lange nicht. Aber peu à peu wird ein höherer Frauenanteil zur Normalität. Zwar sind wir immer noch meilenweit von einer 50:50-Quote entfernt, dies ist jedoch ein zunehmend realistischeres Ziel, worauf wir als gesamte Branche und natürlich auch als Gesellschaft hinarbeiten müssen.

Auch der Big Player Disney ist in der Neuzeit angelangt. So werden die modernen »Prinzessinnen« immer unabhängiger, diverser und »alltagstauglicher«. Sie dürfen heute klein, rundlich und frech sein und unterschiedliche Hautfarben haben. Ich hätte mir gewünscht, als Kind auch solche Frauen und Mädchen im Fernsehen zu sehen. Nicht nur Träumereien, Manieren, enge Korsetts und Perfektion.

Der Vergleich mit diesen unrealistischen Figuren ist ähnlich gefährlich wie der Vergleich mit gefilterten Leben und Vorbildern auf Social Media heutzutage. Wir sehen also, dass das vermeintliche Idealbild von Frauen immer schon instrumentalisiert wurde.

Um Sexismus in Filmen beurteilen zu können, erfand die amerikanische Cartoon-Zeichnerin und Autorin Alison Bechdel (mein Schreibprogramm kennt den Namen natürlich nicht) 1985 den sogenannten »Bechdel-Test«. Dieser ist kein wissenschaftlicher Test, wird aber in der Presse als »Sexismus-Test« bezeichnet, da er ganz klar die untergeordnete Bedeutung von Frauenrollen im Film aufdeckt. Er befasst sich mit folgenden Fragen – werden diese Fragen positiv beantwortet, besteht der Film den Test:

1. Gibt es mindestens zwei Frauenrollen?
2. Sprechen sie miteinander?
3. Unterhalten sie sich über etwas anderes als einen Mann?

37 % aller 4.000 untersuchten Filme fielen beim Bechdel-Test auf der offiziellen Website durch.[106] Die Ergebnisse variierten stark, abhängig vom Geschlecht der Autor*innen, Produzent*innen und Regisseur*innen. Wenn zum Beispiel die Autoren eines Filmes ausschließlich männlich waren, fielen 50 % der Filme durch.[107]

Der Barbie-Film, der den Test bestand, ist der paradoxe Beweis dafür, in was für einer Welt wir leben. Immer noch machen wir zwei Schritte nach vorne und einen zurück.

Ehrlicherweise konnte ich die besagte Genialität des Barbie-Films nicht zu hundert Prozent nachvollziehen. Klar, er hat seine Momente. Zum Beispiel, wenn die Stimme der Regisseurin plötzlich aus dem Off erklingt und kommentiert, dass sie mit der Rolle, die sich über ihr scheinbar »hässliches« ungeschminktes Selbst beschwert, nicht

Margot Robbie besetzen hätte können, die wahrlich selbst ohne Schminke die Perfektion in Person darstellen würde.

Wenn die Geschichte auch etwas einfallslos und platt war, punktete der Film mit einer großen Portion Selbstironie und Kritik am Patriarchat, was mir natürlich besonders zugesagt hat. Die perfekte Barbie-Welt ist eine, in der Frauen an der Macht sind, sie sind die Präsidentinnen und CEOs, stimmen über Gesetzesänderungen ab und haben generell das Sagen. Ken, Barbies Freund, ist ohne Barbie eine Null. (Er wird auch nicht müde, dies zu betonen.) Als Barbie jedoch aus ihrem matriarchalen Barbie-Land in die echte Welt katapultiert wird, bemerkt sie, dass die Realität nicht so rosig aussieht. Plötzlich wird sie von Männern komisch angeschaut, alles scheint grauer und ungerechter zu sein. Als Ken dies auch bemerkt und versucht, Barbie-Land zu einem Ken-Land umzukrempeln, bricht Chaos aus: Auf einmal geht es nur noch um Bier und Pferde und darum, wer die größeren Muskeln hat.

Das unfassbar Tragische an dem Barbie-Film-Phänomen ist, dass genau diese Thematik des Films beim Rennen um die Oscars in Los Angeles zur Realität wurde. Ein Film, produziert und gemacht von Frauen. Der bis dato größte kommerzielle Erfolg einer weiblichen Regisseurin. Ein feministisches Denkmal und ein herausragender Erfolg für Regisseurin Greta Gerwig und Hauptdarstellerin und Produzentin Margot Robbie. Keine der beiden Frauen wurde jedoch für einen Oscar nominiert, bloß der männliche Ken-Darsteller Ryan Gosling erhielt eine Nominierung für den Academy Award. Es ist ironisch und makaber, dass genau die stereotypen Phänomene, die der Film so inbrünstig kritisiert, auch tatsächlich eintreten. Ein Film von und für Frauen, eine flammende Kritik am Patriarchat – und der einzige männliche Darsteller wird mit einer Nominierung gewürdigt. Ein weiteres Beispiel dafür, dass wir noch ganz am Anfang stehen, um die gleiche Anerkennung für Frauen zu erlangen.

Gleichberechtigung

Sind 50 Prozent genug?

Laut der österreichischen Presseagentur APA war Österreich 2017 das einzige EU-Land, das mehr Frauenmorde verzeichnete als Morde an Männern. Die Debatte rund um Femizide hat seither auf Social Media nicht nachgelassen. Laut der Website der Autonomen Österreichischen Frauenhäuser ist in Österreich jede dritte Frau von körperlicher und/oder sexueller Gewalt innerhalb oder außerhalb intimer Beziehungen betroffen. Das sind etwa 35 % der weiblichen Bevölkerung – unfassbar.

Frauenfeindlichkeit hat mit Konservatismus, dem Rechtsruck und toxischer Männlichkeit zu tun. Der Gender-Pay-Gap lag laut Eurostat 2021 in Österreich bei 18,8 % und damit deutlich über dem EU-Schnitt von 12,7 %.[108] Laut Arbeiterkammer Oberösterreich verdienen Frauen auf ein Arbeitsleben gerechnet im Durchschnitt 500.000 Euro weniger als Männer.[109] Eine halbe Million Euro weniger bei gleicher Qualifikation und Ausbildung – nur, weil wir Frauen sind.

Die Einkommensschere zwischen den Geschlechtern schließt sich nur sehr langsam. Die oben genannte Statistik basiert auf Jobs in Vollzeitarbeit. Wenn wir nun auf die Zahlen der Teilzeitarbeitskräfte blicken, verdienen Frauen – was für ein Wunder – um ganze 35 % weniger als Männer.[110]

Die Arbeiterkammer behauptet, dass zwei Drittel der ungleichen Verteilung nicht durch objektive Kriterien erläutert werden könnten. Ein Teil soll also auf Diskriminierung zurückzuführen sein. Frauen verdienen grundsätzlich einfach weniger als Männer mit der gleichen Tätigkeit. Noch ein Grund sei, dass Frauen generell in schlechter bezahlten Jobs arbeiten würden und durch die Familienarbeit oft Teilzeitstellen annehmen müssten.[111]

Was können wir denn nun gegen diese Einkommensschere tun? Es wäre an der Zeit, eine Frauenquote in allen Betrieben und öffentlichen Anstalten bis hin zum Parlament einzufordern und gesetzlich festschreiben zu lassen. Neben der bereits erwähnten gesetzlich vorgeschriebenen, geteilten Elternzeit müsste das Angebot an Kinderbetreuung ausgebaut werden. Ein weiterer grundlegender Schritt wäre es, dass Unternehmen künftig die Zahlen ihrer Einkommensverteilung offenlegen müssen, um eine komplette Transparenz zu gewährleisten.

Tausende von Jahren waren Männer diejenigen, die das Sagen hatten und alle Entscheidungen getroffen haben – sei es in der Politik oder in der Familie. Tausende von Jahren wurden Frauen unterdrückt. Der Gedanke, Menschen nicht als ebenbürtig anzusehen, erscheint mir völlig absurd. Doch leider ist das auch heute noch weitverbreitete Realität. Doch reicht das Prinzip von Gleichstellung aus, um hier eine spürbare Verbesserung zu erzielen und Gerechtigkeit zu schaffen?

Was bedeutet Gleichstellung eigentlich? Bedeutet es 50:50? Bedeutet es, eine Frauenquote in Konzernen einzuführen oder den gleichen Lohn zu erhalten? In Spanien sollen zum Beispiel künftig Regierung und Parlament zu gleichen Teilen mit Frauen und Männern besetzt werden. Regierungschef Sanchez sagt es klipp und klar: *»Wenn Frauen die Hälfte der Gesellschaft ausmachen, dann müssen sie auch die Hälfte der politischen und wirtschaftlichen Macht ausmachen.«*[112] Eigentlich ganz logisch, oder?

Im Geschichtsunterricht lernen wir, dass, seitdem es Menschen gibt, Männer immer das mächtige und dominante Geschlecht waren. Jesus war ein Mann, die Kaiser des Römischen Reiches, Alexander der Große, Napoleon, Ludwig XIV. und unzählige andere. Frauen spielten keine wichtige Rolle. Sie wurden verhetzt, gejagt, getötet, vergewaltigt und benutzt. Die neuzeitliche Hexenjagd und Verfolgung von Frauen, die angeblich übernatürliche Kräfte hatten, weil sie überliefertes Wissen über Kräuterheilmittel hatten und dieses anwandten, war eine der brutalsten Reaktionen der männlichen Angst Frauen gegenüber. Sie warf ihnen dunkle Magie und Kontakt mit dem Teufel vor. Männer hatten immer schon Angst vor Frauen, weil sie von jeher wussten, dass von ihnen eine gewaltige Kraft und Macht ausging. Die Fähigkeit, zu gebären, die Verbundenheit aller Frauen mit der Natur ist eine Urgewalt. Diese Angst vor Frauen blieb bis heute erhalten.

Männer führen seit Anbeginn der Geschichte Kriege. Sie haben ihre Reviere abgesteckt, wollten diese immer weiter erweitern (auch heute noch) und haben sich in Machtkämpfe verstrickt. Wenn wir genau hinsehen, ist es die männerdominierte Weltherrschaft, Kriegsführung, der internationale Handel, die Globalisierung und die Profitgier, warum wir uns in der aktuellen Weltlage befinden. Zusammengefasst kann man also sagen, dass Männer für Kriege, den Klimawandel, für Ausbeutung und soziale Ungerechtigkeit verantwortlich sind.

Ich weiß, wir werden nicht dazu erzogen, dies als eine wahre Option anzusehen, doch ich stelle jetzt eine provokante Frage, die von den meisten bestimmt nicht gerne gehört wird: Warum sollten wir uns mit 50 % zufriedengeben, wenn es theoretisch nun endlich wir Frauen wären, die zum Zug kommen sollten? Ein wahrer Ausgleich wäre es, das gesamte System umzukehren. Nachdem Männer bis jetzt immer das Sagen hatten und sichtlich viel falsch gemacht haben, sollten es doch nun die Frauen sein, die an die Macht kommen sollten. Wäre das nicht einfach nur fair? Konzerne tun oft so, als gäbe es nicht genügend qualifizierte Frauen, denn ansonsten hätten sie sie ja schon längst eingestellt. Und wie es sie gibt! Es ist an der Zeit, dass wir über ein System, das von Frauen geführt wird, das Frauen die Entscheidungskraft gibt, das Frauen empowert, fördert und Verantwortung zuspricht, nachdenken.

Ein etwas extremer Gedanke, ich weiß. Viele von euch werden sagen, nein, Feminismus bedeutet eben genau nicht, Männern etwas wegzunehmen. Er bedeutet völlige Gleichstellung. Doch kann eine Gleichstellung ohne Fairness durch Regulierung passieren? Ohne Transparenz und Veränderung bei den Arbeitgeber*innen? 50:50 wäre fair, doch dies bleibt weiterhin ein utopischer Gedanke.

Die Kluft zwischen den Geschlechtern

Driften Männer und Frauen immer weiter auseinander?

Laut dem Wirtschaftsmagazin The Economist driften junge Männer und Frauen immer weiter auseinander. Es geht hier nicht um bekannte Kluften wie zwischen Stadt und Land, Akademikerinnen und Nichtakademikern oder Reich und Arm. Forschende sehen einen größeren Trend, nämlich eine stetig wachsende Kluft zwischen den Geschlechtern innerhalb der jüngeren Generation, die sich bald nicht nur bei Wahlen und der politischen Orientierung, sondern auch im Privatleben bemerkbar machen könnte. Es geht um die Schere zwischen links und rechts. Die Schere bei Fragen um soziale Gerechtigkeit, Menschenrechte, Feminismus, Gender- wie Wirtschaftsthemen und LGBTQ-Rechte. Ob in Deutschland, Großbritannien, Polen, den USA, Südkorea, China oder Tunesien, der Graben ist weltweit bemerkbar.[113]

Immer mehr junge Männer fühlen sich heute durch den wachsenden Feminismus bedroht und ausgegrenzt. Ihrer Empfindung nach werden sie durch Frauenquoten und Chancengleichheit immer weiter an den Rand der Gesellschaft gedrängt und ihrer Chancen am Arbeitsmarkt beraubt. Feminismus bedeutet für sie nicht die Gleichstellung der Geschlechter, sondern die Unterdrückung des Mannes und die Förderung der Frau. Viele vertreten die Meinung: Wenn Frauen etwas gewinnen, müssen Männer ja etwas verlieren.

Die politischen Differenzen zwischen den Geschlechtern sind so groß wie nie zuvor. Während junge Frauen zwischen 18 und 24 Jahren immer häufiger links wählen, tendieren junge Männer zur politischen Mitte oder eher rechts davon. Bei der deutschen Bundestagswahl im Jahr 2021 war zu erkennen, dass die 18- bis 24-jährigen Frauen mit 28 % am häufigsten für die Grünen abstimmten, während bei den jungen Männern die FDP mit 26 % die meisten Stimmen bekam.[114] Simone Abendschön, Politikwissenschaftlerin an der Justus-Liebig-Universität Gießen, sieht in den Wahlergebnissen auch bestätigt, dass für Frauen »postmaterialistische Ideen« wichtiger werden: »Umweltschutz und Nachhaltigkeit sind tendenziell für Frauen wichtiger. Bei Männern stehen ökonomische Themen stärker im Vordergrund.«[115]

Männer sind oftmals unzufriedener mit der Gesamtsituation und betrachten sich als Verlierer der aktuellen gesellschaftlichen Entwicklungen. »Je linker die Partei tendenziell, desto häufiger wird sie von Frauen im Vergleich zu Männern gewählt«, gibt Ansgar Hudde vom Institut für Soziologie und Sozialpsychologie an der Universität zu Köln an. Diese politische und ideologische Ausrichtung ist neu, denn bis in die 1980er-Jahre waren es Frauen, die konservativer wählten. Der Grund dafür war, dass Frauen religiöse und traditionelle Werte wichtiger waren als Männern. Diese Einstellung wurde als »Traditional Gender-Gap« bezeichnet. Mit dem breiten Einstieg der Frauen in die Arbeitswelt wurden jedoch sozialstaatliche und sozialdemokratische Fragen für sie interessanter. 2017 wurde das umgekehrte Phänomen – der »Modern Gender-Gap« – das erste Mal registriert, und die Kluft wird seither immer extremer.

Aber *warum werden Frauen immer progressiver und Männer immer konservativer?* Das liegt vor allem daran, dass Frauen ein stärkeres Unrechts-

Warum werden Frauen immer progressiver und Männer immer konservativer?

bewusstsein haben und ihnen Themen wie Gleichstellung und Feminismus am Herzen liegen – Interessen, die meist von linken Parteien vertreten werden. »Junge Frauen sind durchaus das tolerantere Geschlecht, sie sind meist kosmopolitischer, politisch eher links und weniger anfällig für Populismus«, sagt Judith Goetz, Politikwissenschafterin und Genderforscherin an der Universität Innsbruck.[116]

»Konservative und rechte Ideologien bieten vor allem jungen Männern ein attraktives Angebot, indem sie ihnen Orientierung geben«, sagt Goetz. Durch Begriffe wie »toxische Männlichkeit« verlieren junge Männer immer mehr ihren Halt und ihre Rolle in der Gesellschaft.[117] Mann sein ist heute so schwierig wie noch nie. Zweifelhafte Figuren im Internet, wie etwa der Influencer Andrew Tate, der mit frauenfeindlichen und chauvinistischen Aussagen zum Online-Star wurde, üben großen Einfluss auf viele junge Männer aus – sie sprechen von »männlichem Empowerment«. Aktuell steht Tate wegen Menschenhandels, Vergewaltigung und organisierter Kriminalität vor Gericht.

Das Auseinanderdriften von Mann und Frau konnten wir ebenso bei der Me-too-Debatte der letzten Jahre beobachten. Wo sich Frauen endlich verstanden und gehört fühlten, stieg bei vielen Männern die Ablehnung gegenüber dem Thema. Sie fühlten sich ungerecht behandelt, ob ihres Geschlechts diskriminiert und in eine Täterrolle gezwängt.

In den Vereinigten Staaten geben heute 57 % der Gen-Z-Männer an, dass sie keine Feministen sind. Der Hang zum Konservativen bei jungen Männern wird deren niedrigeren Bildungsabschlüssen zugeschrieben. So hat zum Beispiel »in der Schweiz [...] unter den 25- bis 34-Jährigen ein klar höherer Anteil der Frauen (41 %) einen Universitäts- oder Fachhochschulabschluss als der Männer (35 %).«[118]

In der EU stieg zwischen 2002 und 2019 die Zahl der Universitätsabschlüsse bei Männern auf 35 % und bei Frauen auf 46 %.[119] Damit übertrafen Frauen das allgemeine europäische Ziel für 2020, während Männer noch darunterliegen. Es ist also anscheinend eine Bildungs- und Aufklärungsfrage und hängt zudem davon ab, wie junge Männer und Frauen sozialisiert werden. Um den Modern Gender-Gap zu schließen, braucht es Lösungen, um leistungsschwache Jungen an Schulen zu fördern. Ebenso sollten mehr männliche Lehrer als positive Vorbilder eingestellt werden und es sollte über die Idee nachgedacht werden, Jungen, die sichtlich langsamer reifen, ein Jahr später einzuschulen als Mädchen.

Die Frage, die nun aufkommt, ist, ob die zunehmende Kluft der Geschlechter direkte Auswirkungen auf Beziehungen und Partnerschaften hat. Ist es uns überhaupt möglich, bei der Partnerwahl politische Differenzen zu überkommen? Oder bestehen immer weniger junge Paare wegen ihrer grundlegend verschiedenen politischen Einstellungen? Die Bereitschaft, sich auf »Andersdenkende« einzulassen, nimmt bei jungen Menschen immer weiter ab. Laut Change Research ist für ganze 76 % der jungen Amerikanerinnen die schlimmste »Red Flag«, wenn ein Mann Trump-Anhänger ist. Auf der anderen Seite ist es für 64 % der jungen Amerikaner der größte Abtörner, wenn eine Frau Kommunistin ist.[120]

Politische Haltungen sind bei der Partnerwahl keine Nebensache mehr, sondern ein Knackpunkt. Es geht um »Identität«.[121] Und diese lässt sich nicht gerade leicht für eine Partnerin bzw. einen Partner ändern.

Durch die Kluft der Geschlechter wird die sogenannte »Paarungslücke« immer größer. Akademikerinnen wünschen sich einen Partner mit gleichem Bildungsstand, tun sich aber schwer, weil sich viele Männer bei der Wahl ihrer Partnerinnen beruflich »nach unten« orientieren.

In den USA wird vermerkt, dass Eheschließungen, Partnerschaften und sogar Freundschaften ab- und Single-Haushalte zunehmen. Um den Modern Gender-Gap zu schließen, müssen Bildungsmaßnahmen vorgenommen und Kompromisse eingegangen werden. Fakt ist, dass ein weiterer Keil in unserer Gesellschaft nicht förderlich für eine friedliche, sozial gerechte Zukunft ist und diese Kluft unsere FOMO, den richtigen Partner zu verpassen, noch mehr befeuert.

Wir sehen also, dass Frauen Themen wie soziale Gerechtigkeit und Menschenrechte am Herzen liegen – Männern eher Wirtschaftsthemen. Wenn Frauen somit das empathischere, mitfühlendere Geschlecht sind, hätten sie dann nicht hervorragende Voraussetzungen, um integre Politik zu machen? Wir sind an einem Punkt, an dem wir uns ob der ausgereizten planetaren Grenzen und den daraus resultierenden katastrophalen Auswirkungen eine weitere wirtschaftliche Ausdehnung nicht mehr leisten können. Wenn männliche Politik auf Expansion, Macht und Ausbeutung beruht, dann kann eine vernünftige Gegenmaßnahme nur aus einem wirtschaftlichen sowie persönlichen »Degrowth« bestehen, ohne den die Menschheit sicherlich in den Ruin getrieben werden würde. Und wer könnte diesen besser in die Hand nehmen als empathische und verantwortungsbewusste Frauen?

> Wären Frauen die besseren Anführerinnen?

Ich frage mich: *Wären Frauen (die in ihrer weiblichen Energie bleiben) die besseren Anführerinnen?*

Die Frauen von Orango

Was können wir von matriarchalen Gesellschaftsformen lernen?

Das sogenannte Patriarchat begleitet die Menschheit seit Anbeginn. Selbst in unserer Sprache ist es deutlich verankert. Unser gesamtes Gesellschaftssystem wurde auf Macht, Kriegen und Ausbeutung aufgebaut, wobei kulturelle Normen und Bräuche Männer begünstigen.

Im Patriarchat besagen unsere Geschlechterrollen, dass Männer dominant sind, während Frauen als unterwürfiges Geschlecht geboren sind. Lange herrschte der Glaube vor, dass die Überlegenheit der Männer natürlich sei. Doch die Idee der untergeordneten Frau ist menschheitsgeschichtlich erst einige Jahrtausende alt und entstammt einer Zeit, als die Menschen sesshaft wurden und begannen, Ackerbau zu betreiben.[122] In nomadischen Jäger- und Sammler-Gruppen waren die Geschlechterrollen höchst flexibel und egalitär. »Jäger-Sammler-Gruppen waren extrem aufeinander angewiesen. Die Solidarität der Geschlechter war unser eigentliches Erfolgsgeheimnis«, sagt der Historiker Kai Michel. »Die Rede von Frauen als schwachem Geschlecht ist eine kulturelle Erfindung, die sich erst in den Jahrtausenden nach dem Sesshaftwerden durchsetzt.«[123] Hier wird eine ganz neue Lebensweise und Ernährungsumstellung zum Alltag, wobei Frauen stark in ihrer Mobilität eingeschränkt werden und gesundheitliche Defizite aufweisen, wodurch die Lebenserwartung sinkt. Während Frauen in nomadischen Jäger-Sammler-Strukturen nur alle vier bis sechs Jahre schwanger wurden, wurden die sesshaften Mehlbäuerinnen und Ackerarbeiterinnen plötzlich fast jedes Jahr schwanger. Durch die Sesshaftigkeit gab es erstmals auch Land, das verteidigt werden musste. Kriege um Grund und Boden brachen aus, und Männer galten plötzlich als starke Beschützer. »Kriege und andere Formen der organisierten Gewalt verliehen Männern Macht.«[124] Der Kampf entsprach einer kollektiven Männlichkeit, was zur Folge hatte, dass Weiblichkeit immer weniger wert wurde und Frauen Anerkennung und Relevanz in der Gesellschaft verloren. Die Sieger der Konflikte gingen als »stark und männlich« in die Geschichtsbücher ein, während die Verlierer als »weiblich und schwach« bezeichnet wurden. Kriege und Ausbeutung wurden zur Grundlage für Macht, worunter besonders die Frauen, die ohnehin immer mehr aus dem öffentlichen Raum verdrängt wurden, litten. Der Siegeszug des Patriarchats war eingeleitet.[125]

Das Patriarchat (= die Herrschaft der Väter) ist ein Begriff aus der Soziologie und bezeichnet eine »Gesellschaftsordnung, bei der der Mann eine bevorzugte Stellung in Staat und Familie innehat und bei der in Erbfolge und sozialer Stellung die männliche Linie ausschlaggebend ist.«[126]

Die Befürworter*innen des Patriarchats behaupten, dass unsere derzeitige Hierarchie auf Kompetenz beruht, was bedeutet, dass Frauen schlichtweg für den Haushalt, die Kinderbetreuung und soziale Berufe geschaffen sind. Das Patriarchat ist heute noch immer in voller Blüte: Im Jahr 2024 sind noch immer 82 % der Ministerposten von Männern besetzt und nur 2,77 % der Nobelpreise in der Wissenschaft gingen an Frauen.

Aufgrund der Unterdrückung von Frauen in patriarchalen Strukturen ist es Frauen in einigen Ländern der Welt immer noch nicht möglich, ohne männliche Erlaubnis zu reisen, Auto zu fahren oder sich auch nur in der Öffentlichkeit zu zeigen. In 18 Ländern der Welt brauchen Frauen immer noch die Zustimmung ihres Ehemannes, um zu arbeiten.[127]

Es ist die harte Realität, dass Frauen heute immer noch ermordet, versklavt, vergewaltigt, verkauft und verstümmelt werden – nur aufgrund ihres Geschlechts. Die Frau wird nach wie vor dem Mann untergeordnet und wegen ihrer physischen Attribute als schwach und hilflos angesehen.

So emanzipiert und fortschrittlich wir Frauen hierzulande auch denken zu sein: Hier besteht ein riesiger Abgrund zwischen Wahrnehmung und Wirklichkeit. Sei es im Geldbeutel, im Büro, im Krankenhaus oder im Bett – das Patriarchat wird in irgendeiner Form noch sehr lange bestehen bleiben, egal wie emanzipiert wir (privilegierten) Frauen in Mitteleuropa uns heute fühlen.

Primär stellt sich die Frage: *Warum wird das patriarchale Gesellschaftssystem als gottgegeben angesehen?* Wie können wir jemals von Gleichberechtigung der Geschlechter sprechen, wenn Männer weiterhin die absoluten Entscheidungsträger sind? Wenn Frauen weiterhin aufgrund ihres Aussehens anstatt ihres Könnens beurteilt werden? Wenn sie immer noch nicht zu hundert Prozent ernst genommen werden? Immer noch tagtäglich für den angemessenen Respekt in der Gesellschaft kämpfen müssen?

Warum wird das patriarchale Gesellschaftssystem als gottgegeben angesehen?

Die traurige Wahrheit ist, dass wir den Weg zur Gleichberechtigung kaum eingeschlagen haben. Das haben mächtige Männer bisher zu verhindern gewusst, die schließlich vom patriarchalen Gesellschaftsaufbau profitieren. Dieser kann sich nur ändern, wenn wir alle unsere Denkgewohnheiten im Kern neu ordnen und die Politik dieses auch vorlebt.

Ich merke immer wieder selbst, dass antifeministische Gedanken in mir hochkommen, weil sie sich durch irgendeine Prägung (sei es durch Erfahrung oder durch einen Film) in meinem Kopf festgesetzt haben. Obwohl dies oft völlig unlogische Gedanken sind, wurden wir dazu sozialisiert, in Rollenbildern und Schubladen zu denken. Uns von solchen Gedanken zu befreien, ist ein Riesenkraftakt, aber absolut notwendig für eine gesunde Zukunft und eine faire Gesellschaft.

Kriege, Kräftemessen, testosterongesteuerte Konflikte, Machtkämpfe, Gier, Expansion – all dies sind Attribute von patriarchalen Systemen. Es könnte aber auch anders sein. Ich spreche hier nicht von Politikerinnen, die versuchen, in der männerdominierten Welt mitzuhalten. Ich spreche von Politikerinnen, die in ihrer vollen Weiblichkeit, Empathie und Kraft Verantwortung übernehmen und Länder friedvoll und strategisch leiten. Dialog anstelle von Kampf. Empathie anstelle von Egoismus.

Obwohl wir in den letzten Jahrzehnten unglaublich weit gekommen sind, sind Frauen immer noch die Verliererinnen unserer modernen Gesellschaft. Aber was wäre, wenn es einen anderen Weg gäbe, eine Struktur des Friedens und der Gleichberechtigung, angeführt von dem meist empathischeren, friedlicheren Geschlecht – von Frauen?

Auf der Erde gibt es heute noch etwa 20 matriarchale Gesellschaften. Sie leben in Frieden und Gleichheit. Hier sind es die Frauen, die für die Führung und Entscheidungsfindung zuständig sind. Lernen wir von unseren weiblichen Urinstinkten, unserer Mutter Natur und matriarchalen Strukturen, die sich seit Jahrhunderten positiv auf die Gemeinschaften ausgewirkt haben!

Fürsorge und Intuition sind die stärksten Attribute einer Frau – wären dies nicht die *wichtigsten Mittel, um eine gesunde Politik* zu betreiben, die niemanden benachteiligt? Eine vorausschauende Politik voller Solidarität und Empathie?

Die Frauen von Orango machen es vor – sie leben seit Jahrzehnten ein friedliches, autarkes Leben in Unabhängigkeit.

Im Dorf Eticoga auf der Insel Orango vor dem westafrikanischen Guinea-Bissau bekommen die Frauen nicht nur die Kinder, sie managen auch das Leben im Dorf. Frauen bauen ihre Häuser selbst und dafür gehören sie auch ihnen. Ein Mann ist darin immer bloß Gast. Traditionell wird vor jedem Haus ein Baumstamm aufgestellt. Hängt an diesem Stamm eines Tages die Tasche des Mannes, ist dies das Zeichen, dass es Zeit für ihn ist, das Haus zu verlassen und die Beziehung zu beenden.

Frauen lassen sich in Eticoga – besonders von Männern – nichts gefallen, sie werden, anders als die meisten Frauen auf der Welt, so erzogen.

Die Oberhäupter des Dorfes sind ausschließlich weiblich: Die Priesterinnen von Eticoga wirken als Entscheidungsträgerinnen, spirituelle Oberhäupter und stellen die höchste Instanz des Dorfes dar. Die Position der Priesterin wird von Mutter zu Tochter vererbt, und vielleicht wird auch deshalb die Geburt einer Tochter – anders als in den meisten Ländern – hier besonders euphorisch gefeiert.

Die Priesterinnen fällen die meisten Entscheidungen für das Dorf, zum Beispiel wann gesät und geerntet werden soll oder wie und wann religiöse Zeremonien durchgeführt werden sollen. Diese Entscheidungen werden in der Rundhütte der Priesterinnen gefällt, welche von einem dichten Zaun umgeben ist. Nur die Priesterinnen selbst haben Zutritt zu dieser Hütte, Männer sind nicht erlaubt. In der Hütte wird auch die Verbindung zu den Göttern hergestellt.

Okinka Pampa, die letzte Königin von Eticoga, gilt als Urmutter der matriarchalen Strukturen auf Orango und wird als Patronin und Heilige verehrt. Sie war von 1910 bis 1930 die letzte Herrscherin der Insel und war eine Königin des Friedens. Sie schaffte die Sklaverei ab, führte Frauenrechte ein, wehrte mehrere portugiesische Kolonialisierungsversuche ab und handelte schließlich einen Friedensvertrag mit den Portugiesen aus.

Anders als das Festland blieb die Insel somit von der Kolonialherrschaft verschont. Königin Okinka Pampa wurde zur Heldin und zum Vorbild für die folgenden Generationen.

Hugo Adolf Bernatzik, Ethnologe und Mitglied der NSDAP, schrieb 1944 in einem Bericht über den »Frauenstaat von Orango Grande« verwundert, dass der Begriff »schwaches Geschlecht« hier gar nicht gelten würde. Gemeinschaften, in denen Frauen entscheidende Machtpositionen in der Familie und der Gesellschaft innehatten – bevor die europäischen Missionare und Kolonialherren die Strukturen auf den Kopf gestellt hatten –, waren für den Ethnologen bestimmt eine unbegreifliche Sache.

Das gesellschaftliche Modell auf Eticoga hat sich seit den Zeiten von Herrscherin Okinka Pampa kaum verändert. Es gibt ein ganz bestimmtes System, um Entscheidungen und Gesetze zu beschließen. So werden anstehende Fragen oder Konflikte von zwei unterschiedlichen Räten diskutiert: einem Männerrat und einem Frauenrat. Jede Gruppe präsentiert anschließend einen Lösungsvorschlag und die Räte diskutieren untereinander und finden einen Kompromiss. So wird kein Geschlecht übergangen oder benachteiligt. Das letzte Wort haben jedoch immer noch die Priesterinnen. Dieses altbewährte System sichert seit Anfang des 20. Jahrhunderts den Frieden auf der Insel.

Wie sind diese Machtverhältnisse zustande gekommen? Sie sind vor allem das Resultat der ungleichen Arbeitsverteilung auf Orango. Frauen kümmern sich traditionell nicht nur um die Kindererziehung und den Haushalt, sie übernehmen auch die Feldarbeit, das Sammeln von Meeresfrüchten und den Hausbau.

Die Arbeit der Männer besteht lediglich aus Fischen und dem Sammeln von Palmfrüchten. Durch diese Arbeitsteilung erhalten die Frauen automatisch mehr Macht. *Denn wer mehr arbeitet und mehr leistet, hat mehr zu sagen.*

Diese Arbeitsteilung wird seit Generationen so gelebt und nicht hinterfragt.

Ich habe mir in Afrika oft die Frage gestellt, warum die Arbeiten so ungerecht verteilt sind. In weiten Teilen Afrikas übernehmen Frauen die Kinderbetreuung, die Feld- und Hausarbeit, schleppen kilometerweit Trinkwasser nach Hause. Ebenso sind sie es, die die landwirtschaftlichen Erträge auf den Märkten verkaufen. Anders als in Orango jedoch haben sie nicht das Sagen und müssen sich dem Mann – der das Geld, das die Frauen hart verdienen, wieder ausgibt – beugen.

Auf der Insel Orango nehmen die Frauen ihr Glück selbst in die Hand. So ist es hier nicht der Mann, der um die Hand einer Frau anhält – es sind die Frauen, die den Männern den Heiratsantrag stellen. Ist die Entscheidung gefallen, mit einem bestimmten Mann zusammenleben zu wollen, stellt die Frau dem Mann einen großen Teller mit Essen vor die Hütte. Akzeptiert der Mann die Mahlzeit, ist dies ein symbolisches Ja, und er zieht daraufhin ins Haus der Frau.

Auch das gesamte Vieh im Dorf – die Hühner, Schweine und Kühe – gehört den Frauen. Mit Viehzucht verdienen die meisten Frauen ihren Lebensunterhalt. Die Männer von Eticoga wissen, dass ohne die Frauen im Dorf nichts läuft – wenn sie sprechen, hören sie zu. Das Besondere ist: Die Männer im Dorf haben kein Problem mit der Macht der Frauen, sie sind stolz darauf, dass Frauen hier die Entscheidungen treffen.

Während es am Festland seit der Unabhängigkeit mehr als ein Dutzend Putschversuche und Staatsstreiche gegeben und sich die politische Männerwelt immer wieder einmal den Kampf angesagt hat, blieb die Stimmung auf Orango unaufgeregt und die Geschichte nahm einen friedlichen Lauf. Die Insel ist völlig autark und unabhängig vom Festland, hat massenhaft Fischbestand und fruchtbares Land.

Doch die matriarchale Inselidylle scheint aktuell in Gefahr zu sein. Äußere Einflüsse aus dem Westen und die Verbreitung der katholischen Kirche machen dem System auf Orango Konkurrenz. Auch die Männer haben Sorge, dass die matriarchalen Strukturen durch den Einfluss moderner Kultur und des Christentums langsam, aber sicher verwässert werden.

Ähnlich wie früher die Missionare baut die Kirche heute vor Ort Krankenhäuser und Schulen. Das christliche Gedankengut dringt langsam in den Alltag der Dorfbewohner*innen ein. Die Moderne ist auch in Orango angekommen und die fremden Bräuche machen sich bereits bemerkbar: Immer mehr Männer bauen Häuser, machen den Frauen Heiratsanträge, Männer haben teilweise plötzlich zwei Frauen, was zuvor ein Tabu gewesen ist. Auch die weiblichen Oberhäupter sterben aus – nur noch zwei von den ursprünglich zwölf Priesterinnen sind heute noch am Leben.

Die Frauen in Eticoga haben immer besonnen gehandelt und Gewalt verhindert. Das friedliche Prinzip ist heute durch äußere Einflüsse bedroht und geht langsam zugrunde.[128]

So staubig unsere Denkmuster und Systeme auch sein mögen, es muss eine Möglichkeit geben, diese aufzubrechen. Was kann unsere westliche Kultur von einer lange erfolgreichen, friedlichen Zivilisation lernen? Hier müssen wir uns selbst an der Nase nehmen, wie selbstständig und unverfärbt wir wirklich denken können. Welche Denkmuster können wir ablegen und wo können wir umdenken? Vor 150 Jahren gab es noch Kaiserinnen in engen Korsetts, seit 1971 dürfen Frauen in der Schweiz wählen – was dürfen Frauen in 50 Jahren?

Der etwas andere Vulva-Talk

Warum wissen wir so wenig über das weibliche Geschlecht und FGM?

Wir kommen nun zu einem unangenehmen, schwierigen Thema: der weiblichen Genitalverstümmelung. Wem dieses Thema zu grausam ist, soll bitte zum nächsten Kapitel übergehen. Obwohl es natürlich auch hier wichtig wäre, hinzusehen.

FGM (Female Genital Mutilation) ist eine traditionelle Beschneidungspraxis, die in westlichen und nordöstlichen Teilen Afrikas, dem Jemen, dem Irak, Indonesien und in Malaysia verbreitet ist.

Nach Schätzungen des Kinderhilfswerks der Vereinten Nationen (UNICEF) sind weltweit etwa 200 Millionen Frauen und Mädchen von Genitalverstümmelung betroffen. Jedes Jahr werden etwa drei Millionen Mädchen unter 15 Jahren beschnitten und verstümmelt. Nach Schätzungen der WHO sterben circa 25 % von ihnen bei dem Eingriff.

Das Verbrechen der weiblichen Genitalverstümmelung ist eine furchtbare Verletzung der Menschenrechte und für mich die schlimmste Form der Unterdrückung des weiblichen Geschlechts.

Viele von euch haben bestimmt schon von FGM gehört, vielleicht peripher in der Schule oder durch ein Video auf Instagram. Da das weibliche Geschlechtsorgan und die weibliche Lust lange unerforscht waren, scheinen sie bis heute große Tabuthemen zu sein – auch die Aufklärung in den Schulen dazu ist immer noch nicht ausreichend. Laut Süddeutscher Zeitung hat eine britische Studie von Eve Appeal im Jahr 2018 ergeben, dass *50 % der befragten Männer auf einer Schautafel nicht zeigen konnten, wo sich die Vulva befindet.*[129] Wie kann das möglich sein? Scheinbar gelten die Vagina und die Vulva als unerforschte Mysterien, worüber die Öffentlichkeit einfach zu wenig weiß und zu wenig spricht. So, let's talk about it.

50% der Männer wissen nicht, wo sich die Vulva befindet.

Was ist die Vagina, was ist die Vulva und was die Klitoris?

Das Wort Vulva bezeichnet die äußeren Geschlechtsorgane. Dazu gehören die inneren und äußeren Schamlippen, der Scheideneingang, der Scheidenvorhof, die Harnröhrenöffnung, der Venushügel und der äußere Teil der Klitoris.

Im Zuge der bisher größten Vulva-Studie der Welt stellten Forscher*innen in Luzern fest, dass Vulven in ihrem Aussehen stark variieren. Farbe und Form sind sehr unterschiedlich, die inneren Schamlippen können fünf Millimeter bis fünf Zentimeter lang sein, was alles vollkommen natürlich ist. Durch unrealistisch dargestellte Geschlechtsorgane in Pornos verspüren junge Frauen oft enormen Druck, »da unten« genauso auszusehen wie die Frauen in den Videos. Das ist leider genau der Grund, warum Schönheitschirurg*innen in den letzten Jahren einen Boom bei Schamlippenkorrekturen und Vagina-Liftings verzeichnen. Wieder wird Geschäft mit den scheinbaren Defiziten junger Frauen gemacht, die es als Notwendigkeit empfinden, sich unters Messer zu legen, um sich für Männer zu optimieren. Hier ist der Vergleich schuld. Wer nicht in der Pornoindustrie arbeitet, nicht für diesen Beruf gelasert, gebleacht oder sogar operiert ist, hat keinen Grund, sich mit diesen scheinbaren Schönheitsidealen auseinanderzusetzen.

Im Vergleich zur Vulva ist die Vagina hingegen die Verbindung von den äußeren Geschlechtsorganen zu den inneren, vom Scheidenvorhof zur Gebärmutter.

Ein anderes Wort für Vagina ist Scheide. Im 17. Jahrhundert überlegten sich Anatomen, wofür das weibliche Sexualorgan denn gut wäre. Na, damit der Mann seinen Penis, sein Schwert hineinstecken kann. Also nannten sie es im Volksmund »Scheide«. Somit wurde das weibliche Geschlechtsorgan, die weibliche Lust mit einem Schlag entwertet, hatte keine eigene Bedeutung mehr und diente nur dazu, die Scheide für ein Schwert zu sein.

Dabei laufen in der Klitorisspitze laut US-Wissenschaftlerin Natalie Angier 8.000 Nervenenden zusammen. Bei der männlichen Eichel sind es zwar genauso viele, allerdings ist die Dichte dieser Rezeptoren bei der Frau 50-mal höher als beim Mann, was die Klitoris deutlich empfindlicher als den Penis macht. Womit wir also bei der Klitoris angekommen wären.

Wie die Klitoris aufgebaut ist und dass sie hauptsächlich im Inneren des Körpers liegt, wissen die wenigsten. Wie bei einem Eisberg liegt der Großteil unterhalb der Oberfläche, weshalb auch der Begriff »vaginaler Orgasmus« völlig falsch ist, da ebenso im Inneren andere Teile der Klitoris stimuliert werden.

Die Gynäkologin Sheila de Liz aus Wiesbaden behauptet, dass 80 % der Frauen nur durch äußere Erregung der Klitoris einen Orgasmus bekommen könnten, die restlichen 20 % erlebten diesen innerlich, aber auch über die erogenen Stellen der Klitoris. Sie beschreibt die Klitoris als »die Königin des Kommens, die Kanzlerin aller Orgasmen und der weiblichen Lust«.[130]

Und jetzt stellt euch vor, diese Lust, die Sensation von sexueller Erregung und Befriedigung nicht erleben zu dürfen. An ihrer Stelle stattdessen qualvolle Schmerzen zu erleiden und ein Leben mit weitreichenden Einschränkungen führen zu müssen – vorausgesetzt, du überlebst den Eingriff im Kindesalter ohne gröbere Komplikationen. Das ist die Realität für viele junge Frauen in afrikanischen Ländern, dem Nahen Osten und Teilen Asiens.

Das Thema ist nichts für schwache Nerven, da es an Grausamkeit fast nicht zu überbieten ist.

Wie in jeder Kultur gibt es auch hier verschiedene Praxen und Methoden.

Ich möchte mich für die folgenden Informationen und Zahlen auf die Website der Desert Flower Foundation[131] berufen, welche 2002 von Model und Aktivistin Waris Dirie ins Leben gerufen wurde. Vielen von euch wird ihr Name ein Begriff sein.

»Alle 11 Sekunden wird auf dieser Welt ein Mädchen beschnitten. Jedes dritte stirbt nach diesem brutalen Eingriff und viele leiden ihr Leben lang unter den schmerzhaften Folgen. 8.000 Mädchen werden täglich genitalverstümmelt«, so Gründerin und Schirmherrin Waris Dirie.

Doch was genau ist FGM (Female Genital Mutilation)?

»Weibliche Genitalverstümmelung [...] ist ein destruktiver Eingriff, bei dem die weiblichen Geschlechtsteile teilweise oder ganz entfernt oder verletzt werden. Dadurch soll die sexuelle Lust der Frau verhindert werden. Die Verstümmelung findet meist vor der Pubertät statt, häufig bei Mädchen zwischen vier und acht Jahren, inzwischen auch vermehrt bei Säuglingen, die erst wenige Tage, Wochen oder Monate alt sind.«

Der Eingriff wird in der Regel von professionellen Beschneiderinnen durchgeführt, die gesellschaftlich hohes Ansehen genießen. FGM wird aber auch unter der Hand von traditionellen Geburtshelferinnen oder Hebammen durchgeführt. Die Verstümmelung geschieht meist unter katastrophalen hygienischen Bedingungen und ohne Betäubung der jungen Mädchen. Es werden Werkzeuge wie Rasierklingen, Scheren, Messer und Glasscheiben verwendet. Desinfektion ist häufig ein Fremdwort, oft sind die Klingen nicht sauber und infizieren so die jungen Mädchen. Die »Operationen« werden ohne Betäubung am Boden von schmutzigen, staubigen, dunklen Lehmhütten unter den schlechtesten Bedingungen durchgeführt.

Laut der Weltgesundheitsorganisation WHO können die FGM-Praxen in vier Typen unterteilt werden. »Diese Typen gehen von dem Ausschneiden der Klitoris-Vorhaut, der Klitoris und der inneren Schamlippen oder von Teilen davon bis hin zu dem Ausschneiden der gesamten äußeren Geschlechtsteile, wobei die Stümpfe der äußeren Schamlippen zusammengenäht werden, sodass nur eine winzige Öffnung bleibt, damit Urin und Menstruationsblut ablaufen können.«[132]

Vor dem Geschlechtsverkehr und einer Geburt muss die Narbe wieder geöffnet werden – und wird danach häufig erneut zugenäht, was zusätzliche Schmerzen verursacht.

Eher seltener, aber umso barbarischer sind das »Anstechen, Durchstechen, Einschneiden oder Dehnen der Klitoris oder der Schamlippen, auch Vernarben durch Brandwunden, Abschaben der Vaginalöffnung oder Einführen von ätzenden Substanzen oder Kräutern, um die Vagina zu verengen.«[133]

Die Folgen von FGM für die jungen Frauen sind oft fatal. Die Mädchen werden mit gravierenden physischen und psychischen Auswirkungen zurückgelassen. Es kann direkt nach einem Eingriff zu Entzündungen, Blutungen oder sogar Blutvergiftungen kommen, die nicht selten tödlich enden. Darüber hinaus besteht durch die schmutzigen Instrumente die Möglichkeit der Übertragung von HIV/AIDS.

Neben dem psychischen Trauma, das der Eingriff hinterlässt, und dem Verlust der sexuellen Empfindung klagen die Opfer langfristig oft über Schmerzen beim Urinieren und während der Menstruation. Das Sitzen oder Gehen kann durch das Scheuern der Kleidung an den Narben zur Qual werden. Zysten, Abszesse, Infektionen der Blase und Inkontinenz können auftreten. Auch Unfruchtbarkeit gehört zu den möglichen Langzeitfolgen. Der Geschlechtsverkehr wird häufig als überaus schmerzhaft empfunden. Bei Geburten treten häufig Komplikationen wie Geweberisse oder starke Blutungen auf.

FGM ist die schlimmste Art der Unterdrückung des weiblichen Geschlechts. Die Praxis wird zur Kontrolle der weiblichen Sexualität durchgeführt, da durch den Eingriff unerwünschtes sexuelles Verhalten, das der Ehre der gesamten Familie schaden könnte, verhindert wird. Ebenso dient diese sogenannte Infibulation dem Nachweis von Jungfräulichkeit und wird als Möglichkeit betrachtet, die Jungfräulichkeit der Frau und ihre Treue in der Ehe sicherzustellen. Schuld hat die Tradition – FGM wird mittlerweile in einigen Ländern als Bestandteil der Kultur wahrgenommen und damit begründet. Wer kein Teil davon ist, wird ausgegrenzt oder sozial ausgestoßen.

FGM ist die schlimmste Art der Unterdrückung des weiblichen Geschlechts.

Was weiters ausschlaggebend ist, ist, dass ein höheres Brautgeld für beschnittene Mädchen bezahlt wird. Religiöse Gründe gelten als zusätzliche Faktoren. Beschnittene Frauen werden als »rein« vor Gott betrachtet, und das Fehlen der Klitoris soll die Fruchtbarkeit erhöhen und den Genitalbereich sauber halten. Auch absurde medizinische Mythen, dass etwa der Kontakt mit der Klitoris tödlich sei oder zu Impotenz führe, werden genannt.

In vielen Familien herrscht großer gesellschaftlicher Druck. Viele wollen ihren Töchtern durch die Praxis eine gute Zukunft ermöglichen. Was die meisten aber einfach nicht wissen, ist, dass FGM ein Verstoß gegen die Menschenrechte ist, gegen die Kinderrechtskonvention verstößt und somit als Kindesmisshandlung zu betrachten ist.

Ein Leben gezeichnet durch qualvolle Schmerzen. Weil man eine Frau ist. Weil man rein sein muss. Weil die weibliche

Lust und sexuelle Selbstbestimmung verhindert werden müssen. Weil man sonst keine richtige Frau ist, keinen Mann findet und aus der Gemeinschaft ausgestoßen wird.

Eine Frau ist also schlecht, so wie sie auf die Welt kommt, und muss sich verändern, um einem Mann zu gefallen. Und sich dabei dem enormen Risiko, zu sterben, aussetzen.

Seit Generationen führen Frauen diese Praxis an Mädchen durch, ihren eigenen Töchtern und Enkeltöchtern. Und das, obwohl sie die Qualen und das Leid aus erster Hand an sich selbst erfahren haben.

Wie kann dieser grausame Zyklus durchbrochen werden? Wie kann diese blutige Tradition beendet werden?

Bildung! Aufklärung, Prävention und Therapie.

Es gibt zahlreiche NGOs und Initiativen, die gegen FGM kämpfen. Auch in Europa gibt es viele Bemühungen, auf das Thema aufmerksam zu machen. So veröffentlichte die Desert Flower Foundation (DFF) 2005 einen 4.000 Seiten umfassenden Bericht über die weite Verbreitung von weiblicher Genitalverstümmelung in Europa, von der mindestens 500.000 Frauen betroffen waren. Dieser Bericht hatte Folgen. Nachdem Waris Dirie und die DFF ihre Forschungsergebnisse dem Ministerrat der EU vorgelegt hatten, beschlossen 2006 fast alle europäischen Länder, Gesetze gegen die weibliche Genitalverstümmelung zu beschließen und Kampagnen zur Aufklärung ins Leben zu rufen.

Die größte FGM-Kampagne führte die DFF gemeinsam mit der BBC und Scotland Yard durch, nachdem sich herausgestellt hatte, dass jährlich 20.000 Mädchen in Großbritannien von FGM bedroht waren. Die BBC produzierte daraufhin gemeinsam mit der DFF ein Video, das an Schulen, Krankenhäuser und Polizeistationen verteilt wurde.

Weltweit laufen mehrere Kampagnen, um auf FGM aufmerksam zu machen. So startete die DFF 2008 eine Social-Media-Kampagne, die im ersten Jahr über 400 Millionen Menschen erreichte. Mit ihrem Buch und dem Spielfilm

»Wüstenblume« berührt Waris Dirie unzählige Menschen mit ihrer Geschichte.

Nachdem sich immer mehr Frauen gemeldet hatten, die unter den Folgen der Verstümmelung litten, eröffnete die Desert Flower Foundation 2013 das Desert Flower Center in Berlin zur ganzheitlichen Behandlung der Opfer von FGM. Es besteht dort unter anderem die Möglichkeit, durch chirurgische Rekonstruktion Klitoris wie Schamlippen wiederherstellen zu lassen. So ist es beschnittenen Frauen möglich, ihren Alltag schmerzfrei zu bestreiten und eine Sexualität ohne Schmerzen zu erleben.

Afrika

Der unterschätzte Kontinent?

Wie schön wäre es, wenn das Leben wieder simpel wäre und wir uns an den kleinen Dingen erfreuen könnten – wie Kinder! Ich werde nie vergessen, wie sich die Kinder in Afrika über ein einfaches Karamellbonbon gefreut haben. Was bei uns in Europa nicht mal ein »Danke« hervorruft, behandeln afrikanische Kinder oft als ihren größten Schatz. Das Strahlen auf ihren Gesichtern, die Wertschätzung und pure Freude, die sie einem einzigen Bonbon schenken, werde ich nie vergessen. Ihr werdet euch jetzt fragen, wie ich dazu komme, Bonbons in Afrika zu verteilen, und woher meine Liebe zu diesem Kontinent kommt.

Es ist so, dass ich meine ersten sieben Lebensjahre in Afrika verbringen durfte. Mein Vater war in der Elfenbeinküste und in Uganda in der Entwicklungszusammenarbeit tätig, und ich ging dort zur Schule.

Manchmal kam es vor, dass wir mit unserem Auto stecken geblieben sind, da es häufig nur sehr schlechte, löchrige Straßen gibt, die bloß aus roter Erde und Sand bestehen. Wenn wir dort als Weiße verzweifelt am Heck unseres Autos geschoben haben und bereits bis zu den Knien im Schlamm versunken sind, kam – wenn wir Glück hatten – eine Gruppe hilfsbereiter Afrikaner, die gekonnt und mit vereinten Kräften geholfen haben, das Auto aus dem Morast zu befreien. Als Dank wurde Trinkgeld ausgeteilt, die Kinder, die interessiert am Straßenrand zugesehen haben, wie hilflos die Mzungus schon wieder mal waren, bekamen Bonbons. Die Freude über ein paar Süßigkeiten ist in unserer abgeklärten, reichen Gesellschaft kaum vorstellbar.

In Afrika ist so manches anders. Ich betrachte es als das größte Privileg meines Lebens, die Chance gehabt zu haben, dort ein paar Jahre lang aufzuwachsen. Meine Kindheit in Afrika hat mich Dinge von unschätzbarem Wert gelehrt. Ich möchte nicht verallgemeinern und möchte betonen, dass all meine Einschätzungen, Erinnerungen und Erzählungen privilegiert sind und durch die Augen eines Kindes stattgefunden haben. Natürlich hat Afrika auch sehr dunkle Seiten, auf die ich etwas später zu sprechen komme.

Was mir in Zusammenhang mit Afrika am meisten in Erinnerung geblieben ist, sind die Wärme und die Herzlichkeit der Menschen. In Afrika herrscht noch wahre Menschlichkeit. Mir kommt vor, als seien die Menschen in afrikanischen Ländern freier, unverfärbt und pur. Sie sind voll und ganz in ihrem Wesen verankert, lachen laut los oder fangen mitten auf der Straße an zu tanzen. Sie beobachten sich nicht andauernd selbst und sind viel weniger auf ihre Außenwirkung bedacht. Für Oberflächlichkeiten gibt es keinen Raum. Ich denke, Afrikaner*innen leben froher und lauter als wir. Es zählen andere Dinge im Leben, die Prioritäten werden anders gesetzt – und Probleme werden anders wahrgenommen und bewältigt.

Ich kann sagen, dass ich als fremdes Kind in einem fremden Land, das mit weißer Haut und hellblonden Haaren deutlich anders aussah als alle anderen und alles, was die Menschen gewöhnt waren, immer mit größter Herzlichkeit empfangen und behandelt wurde. Mir wurde nie zu verstehen gegeben, dass ich anders sei. Ich wurde willkommen geheißen – eine Wesensart, die wir als Österreicher*innen nicht für uns beanspruchen können. Als ich mit acht Jahren dann wieder in Wien war, wurde ich mit den warmen Worten »Heast, des is a Fahrradweg, du Gschissene« empfangen.

Ich war völlig perplex und verstand die Welt nicht mehr. Wieso hatten sich die Menschen auf einmal so verändert?

Obwohl der Wiener Grant ein recht treffendes Beispiel für die Willkommenskultur bei uns im Lande darstellt, fielen mir schon als Achtjährige einige kulturelle Unterschiede auf. Allen voran das Essen. Essen ist in Afrika etwas immens Kostbares – niemals würde dort Essen verschwendet oder weggeworfen werden. Ich wundere mich bis heute, wie Menschen einen halb vollen Teller im Restaurant stehen lassen können. Selbst wenn ich schon gesättigt bin, ist es mir bis heute nicht möglich, die Speise auf meinem Teller nicht aufzuessen. In Afrika herrschen ein anderes Verständnis von Lebensmitteln und eine andere Wertschätzung dafür, was durchaus auch verständlich ist. Wenn es etwas nicht im Überfluss gibt, wird es automatisch kostbar. Wie alltäglich ist es für uns geworden, zu jeder Jahreszeit die perfektesten, frischesten Lebensmittel in unzähligen Supermärkten kaufen zu können und das noch als absolute Selbstverständlichkeit anzusehen? In Afrika ist Essen ein Fest, es wird zelebriert. Bis heute ist Essen meine größte Freude im Leben. Falls ihr es noch nicht kennt, probiert unbedingt mal äthiopisches Essen aus – es schmeckt fantastisch und wird von einer großen Platte mit den Händen gemeinsam verzehrt – ein wunderbares Erlebnis.

Afrika – ein Kontinent, der von Krieg, Armut, Hunger, Versklavung, Vergewaltigung, Korruption und Ausbeutung geprägt ist. Der Rebellenführer Joseph Kony (Führer der Terrormiliz Lord's Resistance Army), der seit vielen Jahren in den Ländern Zentralafrikas wie Uganda und dem Kongo Kinder raubt, um sie zu Kindersoldat*innen zu machen, treibt bis heute sein Unwesen. Angeblich sucht ihn das US-Militär seit Jahren – erfolglos. 2022 wurde er zum letzten Mal im Sudan gesichtet. Die erste Aufgabe, die die frisch rekrutierten Kindersoldat*innen erfüllen müssen, ist, ihre eigenen Eltern zu erschießen. Sie werden vor die

Wahl gestellt: Entweder sie töten ihre Eltern oder sie werden selbst erschossen – und danach ihre Eltern. In weiterer Folge geben ihnen ihre Entführer Drogen, meist Heroin, um sie abhängig und hörig zu machen. Sie sind oft nicht älter als sechs Jahre und spielen anstatt mit Spielzeug mit Kalaschnikows. Die Kinder sind meist unterernährt und sterben oft an Hunger oder Krankheiten. Es gibt keine Worte, um die Grausamkeit dieser Taten zu beschreiben. Laut UNICEF wurden zwischen 2005 und 2022 weltweit rund 105.000 Kinder von bewaffneten Gruppen zum Kämpfen gezwungen und missbraucht.[134]

Solange Krieg so profitabel bleibt und große Waffenkonzerne die Politik mitbestimmen, wird es keinen Frieden geben. Es ist absurd, ekelhaft und traurig zugleich, wie viele Milliarden Dollar jedes Jahr in die Produktion von Waffen gesteckt werden und wie viele Menschen pro Tag an den Folgen von Hunger sterben. Nach Angaben der Hilfsorganisation Oxfam könnten die G7-Staaten mit nur 2,9 % (35,7 Milliarden Dollar oder rund 33 Milliarden Euro) ihrer jährlichen Militärausgaben den Hunger in der Welt beenden.[135] Wie unendlich absurd und makaber. Für Kriege gibt es immer Geld – um Menschen vor dem Hungertod zu bewahren, nicht.

> Solange Krieg profitabel bleibt, wird es keinen Frieden geben.

Wie bereits erwähnt, gäbe es heute die Mittel, alle Menschen auf diesem Planeten zu ernähren. Trotzdem verhungern Kinder. Wir können und wollen uns wahrscheinlich gar nicht vorstellen, dass das in diesem Moment passiert, gar nicht so weit weg von hier. Seit den Kriegsausbrüchen in der Ukraine und im Gazastreifen werden die Stimmen immer lauter, die für eine Aufrüstung und Militarisierung Europas eintreten. Anstatt sich um aktive Friedenspolitik zu bemühen, sprechen Staatsoberhäupter wie Emmanuel Macron davon, Europa aufzurüsten, um Sicherheit und

Wettbewerbsfähigkeit zu gewährleisten. Angst macht sich in der Bevölkerung breit, der Geist des Krieges lauert vor unseren Türen.

Ich spreche oft mit meinem Vater, der zwölf Jahre in Afrika verbracht hat und unter anderem für die afrikanische Entwicklungsbank und für die Weltbank tätig war. Ich frage ihn immer wieder, wieso sich in Entwicklungsländern bis heute so wenig verändert hat. Warum so viele Menschen trotz unserer Technologien, unserer Überproduktion an Gütern, all unserer Möglichkeiten hungern und sterben müssen. Warum tun Europa und der Westen so wenig, um Afrika zu helfen, nachdem wir den Kontinent seit Jahrhunderten geplündert und ausgebeutet haben? Es gibt doch so viele Organisationen, NGOs und Vereine, warum tut sich da denn nichts? So viele Menschen, die helfen, die Schulen bauen, ausbilden, spenden. Jeder Staat hat in seinem Budget Geld für Entwicklungszusammenarbeit kalkuliert. Wieso scheinen diese Hilfen nicht anzukommen? Wieso sehen wir nur minimale Verbesserungen über die letzten Jahrzehnte hinweg?

Ganz einfach – weil manche Menschen es so wollen. Weil es im Interesse mancher liegt, dass es den Menschen in Entwicklungsländern so geht. Wieder einmal wegen der eigenen Profitgier. So weit ist die Menschheit gekommen: Wir sind bereit, zu töten, zu rauben, zu hintergehen, um unsere eigenen Interessen durchzuboxen. Besonders in Afrika heißt der größte Verhinderer von Fortschritt Korruption. Solange sich Privatpersonen, sei es in Regierungen oder Konzernen, selbst bereichern, wird es keine Veränderung geben. Natürlich wird ein Staatsoberhaupt keine Steuern für einen großen Konzern einführen, wenn es genau jener Konzern ist, der seinen Wahlkampf finanziert. Solange Menschen bestechlich bleiben und ihre Werte beim Anblick eines Geldkoffers über Bord werfen, wird sich wenig ändern. Alle Staaten – besonders jene im globalen Süden – brauchen dringend transparente Antikorruptionsgesetze.

Wo versickert das ganze Geld, das in die großen Organisationen wie die UN, die EU, die Weltbank gepumpt wird? Wieso sehen wir keine Resultate, wo sie am dringendsten nötig sind? Vor der Pandemie waren deutliche Fortschritte zu verzeichnen, die Zahl an Hungernden ging zurück – doch die Coronapandemie warf viele der Bemühungen der Organisationen wieder um etliche Jahre zurück.

Anstatt finanzielle Mittel in Bürokratie zu stecken, gibt es Organisationen, die Geld direkt an die Bevölkerung austeilen. Eine von ihnen heißt GiveDirectly. Menschen bekommen direkt Geld auf ihr Handy überwiesen, das ihnen frei zur Verfügung steht. Und wofür verwenden sie das Geld? Erstens für Bildung. Sie schicken ihre Kinder in die Schule. Denn nur Bildung sichert eine bessere Zukunft. Zweitens in ihr Haus, sie bauen sich ein Zuhause auf. Das bedeutet, dass sie Handwerker*innen brauchen. Sie kurbeln somit die lokale Wirtschaft an, was ein weiterer wichtiger Schritt ist. Wie kann eine Wirtschaft aufblühen, wenn die Menschen kein Geld haben, um es auszugeben? Wie soll denn da jemals ein Kreislauf einer gesunden Ökonomie entstehen? Weiters verwenden sie das Geld, um sich eigene, kleine Unternehmen aufzubauen, um sich Samen oder Tiere zu kaufen, um landwirtschaftlich tätig zu werden und somit Jobs zu kreieren, um autark leben zu können.

Es ist nämlich bei Weitem nicht so, als hätten Afrikaner*innen keine Ausbildungen. Mein Vater erzählte mir von einem jungen Mann, den er in Kampala getroffen hat, der ihm erzählt hat, dass er die Ausbildung zum Mechaniker absolviert hatte. Er arbeitete aber als Gärtner, weil er als Mechaniker einfach keinen Job finden konnte. Und warum nicht? Weil es keine Autowerkstätten gab. Und warum nicht? Weil niemand sein Auto in die Werkstatt bringen würde. Und warum nicht? Weil niemand ein Auto besaß.

Ein ewiger Teufelskreis. Es wird Geld benötigt, das zirkulieren kann. Deshalb ist das, was die Ärmsten der Armen brauchen, ein Grundeinkommen. Und das ist nicht viel. Das könnten schon 50 Euro pro Monat sein. Wenn den Menschen der Kampf ums reine Überleben abgenommen wird, kann auch die Wirtschaft florieren. Gibt es aber kein Geld, das in Umlauf gebracht werden kann, gibt es keinen wirtschaftlichen Aufschwung und keine Entwicklung. Nach dem essenziell wichtigen Ausbau des Bildungssystems in afrikanischen Ländern müssen in erster Linie Jobs geschaffen werden.

Natürlich ist es nicht so einfach, wie es klingt – »Gebt den Menschen doch einfach Geld!« –, es wäre aber ein wichtiger, erster Schritt. Wo sind die Milliardär*innen der Welt, wo ist die katholische Kirche? Während manche reicher und reicher werden, sterben alle paar Sekunden andere. Wie kann das ein Mensch oder eine Gruppe von Menschen verantworten, der bzw. die in der Machtposition wäre, etwas zu verändern? Ich werde es vermutlich nie verstehen.

Natürlich hätten die Modernisierung und der Fortschritt in Entwicklungsländern auch negative Folgen, vor allem für die Umwelt. Hätten die Leute mehr Geld, würden sie sich Dinge kaufen wie zum Beispiel ein Auto. Stellt euch vor, alle Chines*innen, Inder*innen und Afrikaner*innen hätten auf einmal ein Auto. Gleichzeitig würden plötzlich viel mehr Menschen noch mehr rotes Fleisch konsumieren wollen. Logischerweise wäre dies ein Schlag ins Gesicht für das Klima und unseren Planeten. Aber ich würde die Leute verstehen: »So lange hattet ihr alles und wir nichts. Jetzt sind wir mal an der Reihe, jetzt dürfen wir auch all das wollen, was wir nie hatten und ihr schon.« Ist völlig legitim. Es stimmt, dass wir für gesellschaftliche Gerechtigkeit kämpfen müssen, was bedeutet, dass manche zukünftig mehr erhalten werden und andere verzichten werden müssen. Nur so kann sich gesellschaftliche Gerechtigkeit stabilisieren.

Es ist also dringendst an der Zeit, Reparaturzahlungen an Afrika zu leisten. Die jahrhundertelange Ausbeutung des gesamten Kontinents muss endlich wenigstens finanziell abgegolten werden. Doch der Westen hat keine Absichten, dies zu tun – stattdessen plündern, stehlen und beuten wir weiter aus. Wir leben in Saus und Braus, während die Lebensumstände in Afrika dank des Klimawandels immer unerträglicher werden.

Die Arbeit von UNICEF

Wie viel wird wirklich geholfen?

Auch wenn es nicht im Interesse der Reichen dieser Welt liegt, Armut und Hunger zu beenden, gibt es Menschen und Organisationen, die die größte Bereitschaft an den Tag legen, um Menschen im globalen Süden aus der Armut zu befreien. UNICEF ist das Kinderhilfswerk der Vereinten Nationen und wurde 1946 gegründet, um Kindern in Europa nach dem Zweiten Weltkrieg zu helfen. Heute ist UNICEF in 190 Ländern der Welt tätig, um besonders in Entwicklungsländern und Krisengebieten humanitäre Hilfe zu leisten, Kinderrechte zu schützen und jedem Kind eine sichere und gerechte Zukunft zu ermöglichen.

Bereits als Teenagerin interessierte mich die Arbeit von UNICEF sehr, und ich träumte davon, eines Tages vielleicht eine Projektreise mit der Organisation machen zu dürfen. 2023 hatte ich dann tatsächlich die Chance, mit UNICEF nach Malawi zu reisen. Zusammen mit dem zugehörigen Country Office vor Ort sollten Hilfsprojekte besucht werden, um sich ein Bild machen zu können und dieses dann medial zu verbreiten, um öffentliche Aufmerksamkeit für die Tätigkeiten der UNICEF zu generieren und dadurch Spenden zu lukrieren.

Eines gleich vorweg: Denkt euch nicht, dass Spendengelder benutzt werden, um für die Kosten der Mitreisenden aufzukommen. UNICEF verfolgt die klare Linie, dass für solche Reisen keinerlei Mittel aus Spenden verwendet werden, sondern diese wirklich nur den eigentlichen Projekten zugutekommen dürfen.

»Das ewig weite, saftige, aber trockene Land, die roten, staubigen Straßen, die Berggipfel in der Ferne, Maisfelder, Bananenplantagen, Palmen, Frauen mit Babys am Rücken und Wasserkanistern am Kopf. Buntes Treiben und kleine Geschäfte am Straßenrand, Gemüse, fein säuberlich am Boden ausgestellt. Töpfe voll Maisbrei, die über kleinen Flammen vor den Haustüren köcheln.

Rote Ziegel und Ziegen am Straßenrand, hohe Affenbrotbäume und tiefe Löcher in den sandigen Straßen. Wartende und spielende Kinder in der prallen Sonne, die an Zuckerrohr knabbern. Menschen auf Rädern, Menschen zu Fuß, Minibusse, vollgestopft mit Passagieren, Babys, Waren und Gepäck. Flüsse mit braunem Wasser voller Plastikmüll und Stofffetzen. Frauen, die darin ihre Kleidung waschen und sie zum Trocknen auf Büschen ausbreiten.

Neugierige Gesichter, wenn sie Mzungus sehen. Junge Buben und Männer, die den ganzen Tag Steine klopfen. Junge Mädchen und Frauen, die Wassereimer kilometerweit auf dem Kopf nach Hause tragen.

Hier ist das Leben noch roh, die Menschlichkeit noch ursprünglich. Die Sonne strahlt hier lauter als anderswo. Die Kraft der Natur ist gewaltig, sie beschenkt und verwüstet«, so lautet ein Tagebucheintrag von mir.

Die Anreise war fast zu unkompliziert. Auch das Geldwechseln und das Finden eines Taxis stellte sich als leichter heraus, als ich es aus Afrika gewohnt war. Hier dauert nämlich normalerweise alles ein bisschen länger. »Pole, pole«, heißt es auf Swahili, in Malawi sagen die Menschen: »Pangono, pangono« – »Relax, alles mit der Ruhe, versuch's mal mit Gemütlichkeit!«

Am ersten Morgen der Reise wachte ich mit dem zarten, ersten Strahl der Sonne auf. Die Sonne ist anders in Afrika. Sie strahlt hier heller und kräftiger als anderswo.

Frühmorgens machte sie sich sachte bemerkbar und glitt langsam durch die dicken senfgelben Doppelgardinen. In reinem Gold überflutete sie das Hotelzimmer, den dicken, ausgebleichten Teppichboden neben meinem Bett. Die Sensation eines neuen Tages machte sich in mir breit, es war mir unmöglich, noch länger liegen zu bleiben. Draußen zwitscherten Vögel, und Menschen machten sich auf den Weg zur Arbeit. Der Geruch von Feuerstellen der letzten Nacht lag noch in der Luft, gepaart mit Tau und dem Duft der aufgehenden Sonne.

Wieder einmal war ich überrascht und doch erinnerte ich mich an dieses Gefühl von früher. Der Rhythmus des Lebens ist hier ein anderer. Die Menschen und Tiere leben hier noch im völligen Einklang mit der Natur. Sie bewegen sich auf die natürlichste Weise, angepasst an den Rhythmus der Erde, das Gefühl für Zeit bekommt hier eine ganz neue Bedeutung. Es herrscht eine tiefe Verbundenheit mit unserer Mutter Natur.

Um Punkt 5:30 Uhr war mein Körper also hellwach. Um 20 Uhr abends war er dafür dann müde und wollte schlafen. Mein Aktivitätslevel bewegte sich mit der Sonne und war eingespielt auf den natürlichen Rhythmus. Meine Mutter erzählt mir öfter die Geschichte, dass ich mich als Kind in Afrika wie ein Huhn verhalten habe – mit dem ersten Sonnenstrahl war ich wach, und kaum zeigte sich der Mond am Himmel, musste man mich ins Bett tragen. Man kann also durchaus sagen, ich fühlte mich zurückversetzt in meine Kindheit und verhielt mich wieder etwas wie damals.

Ich war plötzlich wieder verbunden mit der Welt um mich herum

Ich hatte einen früheren Flug gebucht, damit ich, bevor die Projektbesuche der UNICEF starten würden, noch drei Tage Zeit hatte, um das Land ein bisschen zu erkunden. Noch konnte ich natürlich nicht wissen, dass diese zu den schönsten meines bisherigen Lebens zählen würden.

Das lag daran, dass ich mich seit Langem wieder wirklich frei fühlte. *Ich war plötzlich wieder verbunden mit der Welt um mich herum* – verbunden mit mir selbst.

Das sind die Menschen hier noch. Ich bin der festen Überzeugung, dass sich die Bewohner*innen des afrikanischen Kontinents noch viel eher selbst spüren als wir Europäer*innen. Sie sind nicht geblendet von Oberflächlichkeit und Konsum. Hier zählen Grundbedürfnisse. Was wichtig ist, ist, satt zu werden, seine Kinder ernähren zu können und ein Dach über dem Kopf zu haben. Fast ein Zehntel der Weltbevölkerung (8,4 %) lebt in extremer Armut. Das bedeutet, dass diese Menschen pro Tag weniger als 1,9 Dollar zur Verfügung haben. In Malawi arbeiten die meisten Menschen als kleinbäuerliche Landwirt*innen. Laut Welthungerhilfe ist Malawi »mit einem Jahreseinkommen von 328 US-Dollar pro Kopf eines der ärmsten Länder der Welt«.[136] Die Lebenserwartung liegt bei 63 Jahren, was aber auch mit der hohen Kindersterblichkeit zu tun hat.

Die Wäsche wird im Fluss gewaschen und auf den Steinen oder umliegenden Büschen zum Trocknen ausgebreitet. Die Menschen sitzen im Schatten und in der prallen Sonne, verkaufen ihre Waren oder klopfen den ganzen Tag Steine, um diese vielleicht verkaufen zu können. Arbeit gibt es hier wenig.

Wenn wir Weiße mit dem Auto am regen Treiben der Dörfer und Märkte vorbeifahren, richten sich natürlich alle Blicke auf uns. Zuerst voller Neugier und Skepsis, doch lächeln wir die Menschen an oder winken ihnen zu, erstrahlt die reinste Freundlichkeit und die Hände erwidern begeistert das Winken. Mzungus sehen die Dorfbewohner*innen hier nicht jeden Tag. Sie sehen schon seltsam aus, diese Weißen. Und vor allem sehen sie alle gleich aus. Man könnte meinen, sie wären alle Geschwister.

Das Hotel organisierte mir netterweise einen Taxifahrer, der mir die Stadt zeigte, mit mir auf den Markt ging und mich zu einem wunderbaren Wanderweg etwas außerhalb der Stadt brachte. Nach dem zweistündigen »Aufstieg« auf einen kleinen Hügel außerhalb der Stadt Blantyre war ich sofort verzaubert von der bergumringten, grünen, lebendigen Stadt und der vielfältigen Natur rundherum. (Gott sei Dank erzählte mir der Fahrer erst nach meiner Wanderung, dass hier vor ein paar Wochen ein Riesenpython gefunden worden war, der so schwer war, dass er von sieben Männern weggetragen werden musste.)

Da es so gut wie keinen Tourismus in Malawi gibt (Fluch oder Segen – das ist hier die Frage), war es etwas schwierig, Ausflüge rund um Blantyre via Internet zu organisieren. Netterweise halfen mir der Taxifahrer und die Rezeptionistin mit ein paar Telefonnummern.

Ich buchte also mit Rebecca, einer Mitarbeiterin der UNICEF in Wien, die auch etwas früher angekommen war, für den nächsten Tag eine Safari. Was man nicht über die Stadt weiß, ist, dass es einen wunderschönen Nationalpark circa eine Stunde von Blantyre entfernt gibt. Majete Reserve ist ein Geheimtipp, der alle Big Five der afrikanischen Tierwelt beherbergt und kaum von Tourist*innen angesteuert wird. Wir sahen Giraffen, Elefanten, Antilopen, Wasserbüffel, Nilpferde, Krokodile und auch Löwen. Mir ist bewusst, dass ein Afrikaurlaub und eine Safari nicht wenig kosten, aber für mich ist das Beobachten von Wildtieren in ihrer natürlichen Umgebung eines der schönsten Erlebnisse, die es gibt.

Am nächsten Tag hatten wir nach langer Suche über WhatsApp einen Tagestrip nach Mulanje gebucht. Ich hatte gehört, dass es ein beeindruckender Ort sein sollte, hatte aber keine Ahnung, was uns erwarten würde.

Wir fuhren wieder circa 1,5 Stunden lang durch die sattesten grünen Teefelder und hielten am Fuße des rostroten Mount Mulanje. Mulanje ist eine südöstliche Provinz von Malawi und hinter Mount Mulanje liegt bereits Mosambik.

Die Tour ging los, und wir entschlossen uns, den Berg hochzuspazieren. So wanderten wir mit unserem Guide los, den Mount Mulanje hinauf – den angeblich dritthöchsten Berg Afrikas. Der gesamte Aufstieg würde mehrere Tage dauern, aber wir wollten nur eine kleine Runde von ein paar Stunden gehen. Nach einigen Kilometern durch dichten Wald kamen wir über die Baumgrenze und kletterten steilen Vulkanstein hinauf. Dieser war fast senkrecht, und mit unseren Sneakern war der Aufstieg gar nicht so ungefährlich. Ziemlich angestrengt und vorsichtig, der Adrenalinspiegel war bei Rebecca und mir ziemlich in die Höhe geschossen, folgten wir dem Signal von unserem Guide Kingsley, uns umzudrehen.

Vor uns erstreckte sich gefühlt ganz Malawi, zwischen den saftigen, hellgrünen Teefeldern waren kleine Dörfer, weiche Hügel und Berge, hinter uns erstreckte sich majestätisch die kahle, schwarze, fast bedrohlich wirkende Bergwand bis zum Himmel. Die Landschaft und die Freiheit da oben waren überwältigend. Ich hatte selten etwas so Schönes gesehen.

Kingsley führte uns als Teil der Wanderung zu einem versteckten Wasserfall – erneut einer der paradiesischsten Orte, die ich jemals zu Gesicht bekommen hatte. Unter einem hoch oben gelegenen Gipfel floss glasklares, eiskaltes Gebirgswasser in ein türkises Becken. Wir zogen uns aus und nahmen ein Bad in dem geheimen Bergpool. Wir sprangen auch von den Klippen, da das kleine Teichbecken angeblich 60 Meter tief war. Wir verbrachten einige Stunden auf den warmen Felsen neben dem karibisch wirkenden Wasser, dem schneeweißen Wasserfall und der Bergspitze in der Ferne. Wir aßen, genossen die Sonne, das kühle Nass und das Leben.

Der zweite der beiden Guides hatte während der gesamten Wanderung den Rucksack für uns getragen. Er tat mir leid, aber Kingsley, der sein Chef war, sagte, es sei sein Job.

Als die Sonne schon langsam unterging, kehrten wir zurück zum Auto und fuhren zu einem der Teefelder. Die Abendsonne leuchtete durch die grünen Pflanzen und tauchte den steilen Berg in ein noch tieferes Rot. Auf der anderen Straßenseite hatte sich das gesamte Dorf versammelt, es gab ein Fußballspiel, und es wurde gegrillt. Wir verließen das Auto und flanierten durch die sich sanft im Wind wiegenden Teeplantagen. Wir zündeten uns eine starke, afrikanische Zigarette an und genossen das Abendlicht und den Geruch Afrikas. Für mich der beste Geruch.

Nun aber Schluss mit Urlaub, die Projektbesuche mit dem Country Office von UNICEF in Malawi standen an; deswegen waren wir ja schließlich hier. Zu Beginn hatten wir ein Briefing mit den UNICEF-Mitarbeiter*innen. Ich habe noch nie so viele Informationen aufgesogen wie in diesen drei Stunden.

Ich hinterfragte meine Entscheidung, Schauspielerin geworden zu sein.

Schon nach zehn Minuten *hinterfragte ich meine Entscheidung, Schauspielerin geworden zu sein* und nicht eine Karriere im humanitären Bereich angestrebt zu haben. Die Mitarbeiter*innen sprühten vor Kompetenz und Leidenschaft, sie brannten für ihre Projekte, sie widmen ihr Leben dem tieferen Sinn, Menschen und ihrem Land zu helfen.

Drei Tage und viele Projekte

Tag 1: Die Drohnenakademie

Am ersten Tag unserer Projektbesuche fuhren wir zur MUST, der University of Science and Technology bei Blantyre. Das Universitätsgebäude liegt circa eine Stunde von Blantyre entfernt, was dem vorigen Präsidenten zu verdanken ist, der die Uni unbedingt auf seinem eigenen Grundstück bauen wollte. Für die Student*innen ist dies natürlich weniger praktisch, da die Universität weit entfernt von der Stadt liegt. Die meisten Menschen in Malawi besitzen kein eigenes Auto, sie benutzen meist billige, bis auf den letzten Platz vollgestopfte Mini-Busse, um von A nach B zu kommen.

Die MUST-University war mit Abstand das schönste Bauwerk, das ich in Malawi gesehen hatte. Prunkvoll in hellrosa, fast wie ein Palast thront das Hauptgebäude mit einigen Nebengebäuden auf einem riesigen Areal. Für einen Moment hätte man denken können, wir seien in Windsor. Wir alle stellten uns relativ schnell die Frage, wie diese Hochschule finanziert worden war: Ein chinesischer Kredit hatte den Bau der Vorzeigeuni möglich gemacht.

Der Campus schien auf den ersten Blick wie ausgestorben zu sein, vereinzelt spazierten Student*innen über den großen Hof, das Hauptgebäude war komplett leer. 2.500 Student*innen sollen hier studieren. Sie leben alle auf dem Campus, was nun auch das Problem mit dem Transport löst. Viele Studierende bekommen Scholarships, ein reguläres Jahr an der Universität kostet 1.000 US-Dollar, was sich in Malawi kaum jemand leisten kann. Kein Wunder, dass es nur 3 % der Kinder, die ins Schulsystem einsteigen, bis auf eine Universität schaffen.

Das Projekt, das wir besuchten, drehte sich um Drohnen. Um ehrlich zu sein, konnte ich mit dem Begriff anfangs nicht viel anfangen. Ich kannte Drohnen nur von kitschigen Urlaubs- oder Hochzeitsvideos. Doch was ich an diesem Tag lernte und wofür Drohnen überall eingesetzt werden können, verblüffte mich immens. Drohnen sind nämlich ein Gamechanger in den Bereichen der Katastrophenhilfe und des Medikamententransports. Sie können für die Erfassung von Land und Territorien, für das Mapping nach Umweltkatastrophen und für essenzielle Lieferungen in abgeschiedene Gebiete genutzt werden. Andere Aufgabenbereiche, in denen Drohnen eingesetzt worden sind: Präzisionslandwirtschaft, Abfallwirtschaft, Standortplanung, Kartierung und Berechnung. Die Drohnenakademie an der MUST ist seit einigen Jahren ein Vorzeigeprojekt von UNICEF. So gibt es zum Beispiel eine Frauenquote, 60 % der Studierenden sind Frauen. Die Kurzausbildung an der Akademie dauert nur elf Wochen, wobei der Theorieteil online und nur die letzten fünf Wochen dann vor Ort stattfinden. 40 Student*innen werden pro Klasse angenommen, wobei 20 aus Malawi und 20 aus anderen afrikanischen Ländern stammen sollen.

Als uns die jungen Lehrer*innen des Programms, die alle selbst Absolvent*innen des ersten Jahrgangs und Mitte 20 waren, erklärten, wie Drohnen funktionieren, merkte ich, was für unglaublich intelligente junge Menschen hier vor uns standen. Sie sprachen eloquenter als viele, die hierzulande drei Studienabschlüsse oder eine jahrelange Sprechausbildung erhalten haben. Zwei junge Frauen, die wir auch interviewten, stachen besonders heraus. Ich habe selten so inspirierende Menschen getroffen. Wenn ich an diese beiden jungen, kompetenten Frauen denke, entfaltet sich in mir die Hoffnung, dass es doch noch eine Chance für unsere Spezies gibt. Sie sind unheimlich stark, intelligent, gebildet, souverän, ruhig und unbestechlich. Wie viel besser und rosiger die Zukunft vieler afrikanischer (und auch europäischer!) Länder aussehen würde, würden sie von solchen Frauen regiert werden!

Sie erzählten uns, dass es Ziel des Programms sei, möglichst viele junge Leute zum Gründen ihres eigenen Drohnen-Business zu animieren und ihnen dabei Starthilfe zu geben. Denn dies ist das größte Problem der meisten afrikanischen Staaten: der Mangel an Jobs. Die Bevölkerung besteht zum Großteil aus jungen Menschen und Kindern, es wachsen immer mehr Erwachsene heran, für die es aber keine starken Institutionen, keine Infrastrukturen, keine wirtschaftlichen Aufstiegsmöglichkeiten und keine Technologien für die Zukunft gibt. Es gibt zu viele Kinder. Natürlich stellt sich hier die Frage nach Bildung, diese bleibt ebenso eines der größten Probleme in Afrika. Doch selbst wenn immer mehr Menschen Zugang zu Bildung erhalten, garantiert dies noch keine Jobs für sie, da es einfach keine gibt.

Um den Absolvent*innen der Drohnenakademie aber einen stabilen weiteren Pfad zu sichern, werden hier praktische Fähigkeiten, Know-how und technische Vorgänge gelehrt. So bauen die Absolvent*innen eigene Drohnen mithilfe von 3-D-Druckern und erhalten viele Stunden Flugpraxis, bevor sie ihr Zertifikat erhalten.

Und wie sieht das in der Praxis aus? Ein paar der Lehrenden haben heute bereits eigene Firmen und arbeiten teilweise mit der Regierung und NGOs wie auch der UNICEF zusammen. Das ist eine riesige Errungenschaft.

Nach dem Besuch an der MUST besuchten wir ein Krankenhaus in der Nähe von Blantyre. Dort gibt es hinter dem Hauptgebäude einen Drohnen-Start- und -Landeplatz. Von dort aus führen die einheimischen Mitarbeiter*innen von Swoop Aero, einer australischen Drohnenfirma, täglich Flüge und Medikamententransporte in verschiedene rurale Gegenden durch. In Malawi sind zehn Drohnen im Einsatz, das ergibt um die 50 Flüge pro Tag. Es können bis zu drei Kilo schwere Pakete transportiert und ein Radius von 120 Kilometern abgedeckt werden. So kann die Lieferung von dringend gebrauchten Medikamenten und Impfungen, die mit dem Auto über eine Stunde dauern würde, in nur 15 Minuten erfolgen.

Ich war mehr als beeindruckt davon, wozu Drohnen heute fähig sind. Das Drohnenprojekt von UNICEF ermöglicht nachhaltige, fachbezogene, technische Ausbildungen für sichere und bitter benötigte Berufe.

Tag 2: Wasserprojekte

Der zweite Tag der Feldbesuche stand ganz im Zeichen des Hygieneprojekts WASH. Wir besuchten Schulen, die dank UNICEF nun Zugang zu sauberem Trinkwasser haben. 2021/22 wurden mehrere völlig autarke, solarbetriebene

Wasserpumpen gebaut, von denen Schulen und ganze Communitys profitieren. Besonders in Zeiten von Corona und Cholera ist diese Hygiene essenziell. Die üblichen Toiletten in Malawi sind Stehklos, die wir ab und zu noch an italienischen Raststationen finden, Klopapier gibt es nicht. Umso wichtiger ist es, dass es nun Waschbecken mit mehreren Wasserhähnen und Seife gibt, sodass die Schüler*innen neben sauberem Trinkwasser auch die Möglichkeit haben, ihre Hände gründlich zu reinigen.

Die erste Schule, die wir besuchten, war eine Primary School mit 893 Mädchen und 846 Jungen. Für die insgesamt 1.739 Schüler*innen stehen 25 Lehrer*innen zur Verfügung, 16 weibliche und 9 männliche. Wer etwas Kopfrechnen kann, bemerkt schnell, dass es natürlich viel zu wenig Lehrpersonal gibt. Was wir in der Schule sahen? Klassen mit 150 Kindern, die eng nebeneinander am Boden des Raumes saßen, aufmerksam zuhörten und lernen wollten. Für Schreibtische, Hefte oder Stifte gibt es keinen Platz und kein Geld. Erst für die letzten beiden Jahrgänge gibt es mit Schreibtischen ausgestattete Klassenzimmer.

Eines der größten Probleme Malawis ist die Überbevölkerung, das merken wir besonders an den Schulen und im Bildungssystem. Nehmen wir an, eine Schule wurde vor zehn Jahren für 500 Kinder gebaut. Heute wären es wahrscheinlich über 2.000, da viele der Absolvent*innen vermutlich in fünf Jahren selbst drei Kinder bekommen hätten. Die Frage stellt sich nun, wo denn all diese Kinder zur Schule gehen sollen. Die Einrichtungen haben keine Kapazitäten mehr. Es fehlt an nötiger Infrastruktur und Lehrpersonal. Die Zahl von 150 Kindern pro Klasse wird immer weiter steigen und die Qualität der Bildung somit sinken.

Doch selbst wenn alle Kinder in die Schule gehen – was passiert danach? Was sollen all diese Kinder danach tun? Es gibt keine Jobs. Es gibt keine wirtschaftlichen oder staatlichen Strukturen, die den jungen Menschen Chancen bieten. Das Land hat schlichtweg keine Kapazitäten für so viele Menschen.

Wenn wir heute zum Beispiel die Lage im Südsudan betrachten: Das ärmste und jüngste Land der Welt leidet nach dem Bürgerkrieg unter einer massiven humanitären Krise – mehr als die Hälfte der Bevölkerung lebt in Nahrungsmittelunsicherheit, es gibt viele Gewaltverbrechen, ethnische Konflikte und Bandenkriege, was zu 1,6 Millionen Binnenflüchtlingen führt. Dazu kommt noch, dass im Sudan Krieg herrscht und das bereits jetzt ärmste Land der Welt immens viele sudanesische Flüchtlinge aufnehmen muss. Die Menschen kommen in den Südsudan mit der Hoffnung, dort Arbeit zu finden, doch selbst die Einheimischen haben keine. Wir sehen also: eine hoffnungslose Situation, die uns unser eigenes Verhalten in puncto Flüchtlinge in Europa überdenken lassen sollte. In Zeiten vom Krieg im Gazastreifen und in der Ukraine wird oft auf den Krieg im Sudan vergessen – er gilt als vergessener Konflikt, was fatale Auswirkungen auf das Land und seine Einwohner*innen hat.[137]

Zurück zu Malawi: Hier bekommen Frauen oft schon mit 13 Jahren ihr erstes Kind. Die meisten Frauen, mit denen ich gesprochen habe, hatten vier bis sechs Kinder. Kinder sind wichtig, sie sind eine Altersvorsorge. Auf der anderen Seite ist in dem streng katholischen Land auch die Aufklärung ein großes Problem. Sex gilt in Malawi noch immer als Tabu, man spricht nicht darüber. Zwar gibt es angeblich einen vorgesehenen Teil dafür in der Schulausbildung, doch mir erscheint das eher als Alibi. Verhütung und Kondome werden von der Kirche streng verboten. Obwohl wir alle die Arbeit der Mission in Malawi wirklich anerkennen müssen (sie bauen viele Schulen und Krankenhäuser), muss auch in Malawi selbst etwas passieren: Es bedarf dringend einer Trennung von Staat und Kirche, und das Land braucht sexuelle Aufklärung und Bildung, um der Überbevölkerung auch nur ansatzweise entgegenwirken zu können.

Dank UNICEF und der Wasserversorgung gibt es nun bessere sanitäre Verhältnisse, die Böden der Klassenzimmer können gereinigt werden, zum Frühstück bzw. Mittagessen kann ein Brei für die Kinder zubereitet werden und die Essenbehälter können danach ausgewaschen werden. Vorher gab es nur eine einzige Wasserpumpe im ganzen Ort, was zu gewaltigen Schlangen und langen Wartezeiten geführt hat.

4.500 Menschen der umliegenden Community profitieren ebenfalls von dem neuen Wassersystem. In 8 Stunden können bis zu 10.000 Liter Wasser gepumpt werden, die Hygienesituation in der Region hat sich erheblich verbessert.

Am Nachmittag besuchten wir ein Health Center in Maziapango, das ebenfalls eines der Wassersysteme der WASH erhalten hat. Das Krankenhaus samt Geburtenstation hatte zuvor seinen Betrieb ohne fließendes Wasser bestreiten müssen. Beim Bau des Gebäudes Jahre zuvor war zwar ein Waschbecken mit Wasserhahn eingebaut worden, es kam jedoch nie Wasser heraus. Wir können uns in Europa schon lange nicht mehr vorstellen, ohne fließendes, sauberes Wasser eine Operation oder eine Geburt durchzuführen! Heute sind das Krankenhaus, die umliegenden Dörfer und die Schule dank UNICEF mit sauberem Wasser versorgt – das halbe Krankenhausgebäude hat aber immer noch keinen Stromanschluss …

Es geschieht zwar einiges – Organisationen wie UNICEF und Caritas arbeiten seit Jahrzehnten für Verbesserungen in vielen Bereichen des globalen Südens –, doch die Arbeit ist hart und mühselig, es bedarf unheimlich großen Aufwands, um nur die kleinste Kleinigkeit ins Rollen zu bringen. Projekte wie WASH stellen einen ungemeinen Mehrwert für malawische Communitys dar. Doch es gibt noch wahnsinnig viel zu tun.

Die Coronapandemie hat die Arbeit der meisten Organisationen um circa sieben Jahre zurückgeworfen. Durch zusätzliche Wetterextreme, wie etwa den Zyklon Freddy, der im Frühling 2023 in Malawi tobte, werden mühsam aufgebaute Projekte manchmal mit einem Schlag zunichtegemacht. Die verheerenden Auswirkungen eines solchen Tropensturms bekamen wir am dritten Tag unseres Projektbesuches zu Gesicht.

In Afrika bezweifelt übrigens niemand die Klimakatastrophe. Während Politiker*innen des Westens die Klimakrise noch immer negieren und schönreden, sehen die Menschen in Malawi oder im Südsudan tagtäglich ihre verheerenden Auswirkungen. Sie wissen über die Problematik Bescheid und sehen sie als echte Gefahr – haben uns hier also etwas voraus.

Tag 3: Die Auswirkungen von Zyklon Freddy

Wenn eine Umweltkatastrophe ein Entwicklungsland heimsucht, hören wir, wenn überhaupt, nur peripher in den Nachrichten davon. Auch wenn die Auswirkungen schwerwiegend sein mögen, sie beschäftigen uns meist kaum. Wir sehen die schrecklichen Bilder und Videos in den sozialen Netzwerken oder einen kurzen Beitrag im Frühstücksfernsehen. Wir sind so abgebrüht, dass sie uns nicht einmal mehr schockieren. Passiert ja ständig irgendwo auf der Welt – betrifft mich nicht.

Doch wie ist es, dann wirklich an so einem Ort zu sein? Ich bin davor noch nie in einem Katastrophengebiet gewesen, also hatte ich keine Ahnung, was mich erwartete.

In manchen Gebieten rund um Blantyre waren die Auswirkungen des Zyklons Freddy nicht ganz so verheerend. So wurden zum Beispiel »nur« sechs der zehn Toiletten vom Schulhof, den wir besucht haben, vom Sturm mitgerissen und der Garten, der als Agrarprojekt genutzt wurde, wurde komplett verwüstet.

Doch was uns an unserer nächsten Station erwartete, werde ich nie vergessen. Fast ein gesamtes Dorf am Fuße eines Berges war komplett verschüttet worden. Unzählige Tonnen

Schlamm und Wasser waren während des Zyklons hinabgespült worden. Mehrere Meter große Felsbrocken waren von dem Schlamm kilometerweit mitgerissen worden und hatten das Dorf überrollt. Zig Häuser und Hütten wurden dem Erdboden gleichgemacht. Als wir durch das Dorf gingen und die Hütten betrachteten, die noch standen, bemerkten wir, dass die Türen nicht mal einen Meter hoch waren. Der Schlamm war festgetrocknet und hatte das Bodenniveau um über einen Meter angehoben. Die Menschen konnten ihre Häuser nicht betreten, die Türen ließen sich schlichtweg nicht mehr öffnen. Viele Wände und Dächer in einem anderen Teil des Dorfes waren ganz weggespült worden, nur noch einige wenige Grundmauern waren stehen geblieben. Man hätte meinen können, ein riesiges, ausgetrocknetes Flussbett erstrecke sich vom Berg durch das Dorf hindurch. Doch dort, wo der vermeintlich ausgetrocknete Fluss lag, waren vor ein paar Monaten noch Häuser gestanden. Drei Kinder wurden seit der Katastrophe vermisst.

Es ist befremdlich, die Auswirkungen eines so katastrophalen Naturereignisses mit eigenen Augen zu sehen. Wie wenig es uns im Fernsehen tangiert und wie sehr es uns vor Ort mitten ins Herz trifft.

Es war mir wichtig, die Tragik und das Grauen zu sehen. Nur so ist es uns möglich, völlig zu erfassen, in welch hilflosen Situationen sich so viele Menschen in diesem Augenblick befinden. Der Zyklon Freddy war eine direkte Auswirkung des Klimawandels. Warum trifft es die Menschen am härtesten, die am allerwenigsten dafürkönnen? Wie kann der Westen es verantworten, die Erde weiterhin zu verpesten, auszubeuten und die Klimakrise sogar abzustreiten, während Tausende Menschen des globalen Südens heute schon an den direkten Auswirkungen unserer Produktionsweisen sterben? Um aber mit einem positiven Bild dieses Kapitel über die unentbehrliche Arbeit der UNICEF abzuschließen, folgt hier noch die Beschreibung unserer letzten Station.

Am Schluss unserer Malawi-Reise besuchten wir ein spannendes Projekt im Rahmen des Nutrition Program, das Mütter und ihre Kinder in den Communitys vor Unterernährung bewahren soll.

Wir kamen auf eine Baustelle, die gerade erst errichtet worden war. Doch hier sollte binnen kürzester Zeit mit einem 3-D-Drucker (!) ein neues Health Center entstehen. Mithilfe eines riesengroßen, programmierten Druckers wurden Wände aufgezogen und in Rekordzeit ein Gebäude zusammengesetzt.

Projekte wie die Drohnenakademie oder diese neue, effiziente, billige, schnelle und nachhaltige Weise, Häuser zu bauen, sind wahre Lichtblicke für die Menschen und Communitys in Malawi. Durch Innovationen und moderne Technologien wie 3-D-Drucker können Leben eklatant verbessert und nachhaltige Strukturen und Lösungen für eine optimistische Zukunft geschaffen werden.

Es bleibt aber noch viel zu tun. Da die verpflichtende und die freiwillige Finanzierung der UN-Organisationen durch ihre Mitgliedstaaten bei Weitem nicht ausreichen, um die notwendigsten Leistungen für diese Länder zu erbringen, befindet sich auch die UNICEF in permanenter Geldnot. Deshalb wäre es dringend notwendig, die staatlichen Beiträge signifikant zu erhöhen. Solange die Finanzsituation der Organisationen derart angespannt bleibt, ist die UNICEF auf die Beiträge privater Spender*innen angewiesen.

Der Ernst der Lage ist bei den meisten noch nicht angekommen. Wir hören es oft: »Ach, ich lebe nur ein Mal, hinter mir die Sintflut!« Doch *es geht hier nicht um uns als Individuen, es geht um die Menschheit als Ganzes.* Wir stehen an einem Wendepunkt, den wir vielleicht bereits überschritten haben. Es geht um ein Umdenken – weg vom Ich, hin zum Wir. Gemeinschaft, Solidarität und Menschlichkeit sind die Schlagworte der Zukunft. Es wäre

> Es geht nicht um uns als Individuen, es geht um die Menschheit als Ganzes.

uns zum ersten Mal in der Geschichte möglich, jedem Menschen auf der Welt ein gutes Leben zu ermöglichen – es gäbe alle notwendigen Mittel und Ressourcen. Doch in den Weg stellen sich uns Geiz, Unersättlichkeit und Korruption.

Gleich nach der unglaublichen Afrikareise mit UNICEF fuhr ich zu den Filmfestspielen nach Cannes. Ich war noch nie dort gewesen und wollte mir die Südküste Frankreichs schon länger ansehen. Ich wundere mich bis heute, wieso ich mir das angetan habe, denn, um ehrlich zu sein, war es nach Afrika ein eher irritierendes Erlebnis. Kurz nach dem Aufenthalt in einem Land, in dem sich Menschen keine neuen Schuhe leisten können, in einer derart dekadenten Stadt zu verkehren, war mehr als ein Kulturschock. Es kam mir noch absurder und perfider vor als sonst, dass Menschen auf ihren Yachten Champagner schlürfen und sich fünf Stunden lang stylen lassen, um dann zwei Minuten Fotos auf dem roten Teppich machen zu lassen.

Ich bekam einen Eindruck der Filmwelt, den ich davor noch nie gehabt hatte. Neben dem Glitzer und Glamour von Cannes kristallisierte sich recht schnell heraus, wieso so viele Menschen hier waren. Natürlich – wegen des Geldes. Das mag jetzt naiv klingen, aber dieses Ausmaß war mir nicht bewusst gewesen. Ich dachte, die Filmindustrie sei voller kreativer Köpfe, die Kunst machen wollen, so kommt es zumindest in Österreich oftmals rüber. Cannes scheint jedoch mehr oder weniger bereits amerikanisiert zu sein.

Versteht mich nicht falsch, es war ein aufregendes Erlebnis, es liegt dort etwas ganz Spezielles in der Luft, eine besondere Energie, dass alles möglich ist. Doch mein Gehirn tat sich schwer damit, wie es möglich sein kann, dass auf der einen Seite der Erdkugel fast eine gesamte Gesellschaft kein Geld für Klopapier, geschweige denn genug Essen hat, während hier die reiche Elite Austern auf ihren Luxusyachten schlürft und sich mit Diamanten behängt, um sich von der Weltpresse ablichten zu lassen, ohne nur mit der Wimper zu zucken.

Menschlichkeit

Haben wir verlernt, Mensch zu sein?

Wir entfremden uns immer weiter von uns selbst. Wir spüren unsere Bedürfnisse nicht mehr und haben verlernt, auf unsere Intuition zu hören. In einer digitalisierten, egozentrischen Ellbogengesellschaft dreht sich alles um das starke, erfolgreiche Individuum. Wir achten nicht auf andere. In der Bahn stehen heute die wenigsten auf, wenn eine alte Dame oder eine hochschwangere Frau den Waggon betritt. Doch durch unsere fehlende Solidarität und Empathie für andere bricht auch ein Stück unseres Selbst und unseres Menschseins weg. Was eigentlich verbunden sein sollte, ist heute getrennt und steht für sich. Wir gehen auf eigene Faust durchs Leben, wir akzeptieren nur selten Hilfe von außen.

Mensch sein können wir nicht allein.

Aber Mensch sein können wir nicht allein.

Um euch Menschlichkeit in ihrer rohsten Form zu zeigen, möchte ich euch zwei Geschichten von Florian erzählen. Ich kenne Florian nicht besonders gut, wir haben zusammen an einem Filmprojekt gearbeitet. Doch die Geschichten, die er mir eines Abends bei einem Drehschluss-Bier erzählt hat, werde ich nie vergessen. Sie handeln von einer Ursprünglichkeit, von einer puren Menschlichkeit, von Leid und Hoffnung.

Die Frau, irgendwo in Indien

Florian verbringt viel Zeit in Indien. Ich denke, man kann ihn als spirituellen Menschen bezeichnen. Er strahlt etwas aus, eine gewisse Energie, eine Reife, eine Lässigkeit, man merkt ihm an, er hat schon einiges gesehen und erlebt. Er ist lebenshungrig und abenteuerlustig, auf der Suche nach einer bestimmten Wahrheit. Schließlich war er einst in Kriegsgebieten tätig, was ich an jenem Abend erfuhr.

In der ersten Geschichte war Florian in Indien unterwegs, alleine, monatelang. Eines Tages entschloss er sich, auf einen Bazar, einen großen Markt, zu gehen. Seine Schilderung erschien klar und deutlich vor meinem inneren Auge: reges Treiben, bunte Farben, tönender Verkehr, Schreie, Händlerinnen und Händler, die lauthals ihre Ware anpreisen, lebendige Tiere in Käfigen, Kuhherden auf den Straßen, spielende Kinder, schubsende Massen, die drückende Hitze, exotische Düfte – ein Meer aus Sinneseindrücken. Plötzlich, mitten im Geschehen, mitten im Treiben, drückte ihm jemand etwas in die Arme. Für den Bruchteil einer Sekunde konnte er vor sich die Gestalt einer Frau erkennen. Den Ausdruck ihrer Augen, sagte er, würde er sein Leben lang nicht vergessen. Doch genauso plötzlich, wie sie vor ihm gestanden war, war sie auch wieder verschwunden, sie war wie vom Erdboden verschluckt. Es war, als wäre sie nie da gewesen. Doch dann spürte er eine Bewegung, etwas Lebendiges in seinen Armen. Er blickte hinunter und sah ein kleines Menschlein, ein Baby, ein paar Wochen alt, an seiner Brust.

Es dauerte einige Minuten, bis er realisierte, was gerade geschehen war. Er hatte für diesen Moment sein Zeitgefühl komplett verloren. So plötzlich war es da, dieses Bündelchen Leben in seinem Arm. Von der Mutter weit und breit keine Spur.

Wie müssen das Gesicht, die Augen dieser Frau in diesem Moment ausgesehen haben? War es ein flehendes Gesicht voller Angst, voller Ratlosigkeit, voller Verzweiflung oder voller Hoffnung? In welch einer Situation diese Frau gewesen sein muss, um ihr Kind – als letzte Hoffnung auf ein gutes Leben – einem Fremden in die Arme zu drücken? Ihr eigenes Fleisch und Blut abzugeben, weil es überall ein besseres Leben hätte als bei ihr. Die Chance zu ergreifen, dem Kind vielleicht irgendwo weit weg bei einem fremden Mann ein würdiges Leben zu ermöglichen.

Unvorstellbar, welche Verzweiflung eine Mutter verspüren muss, um so eine Handlung übers Herz zu bringen. Für mich eine tief ergreifende Geschichte, die mich sicherlich lange begleiten wird. Florian brachte das Baby zur nächsten Polizeistelle, vermutlich wird es in ein Waisenhaus gebracht worden sein.

Wie würden wir anstelle von Florian in so einer Situation reagieren?

Kinder und ihr Spiegelbild

Die zweite Geschichte Florians ist ähnlich ergreifend, obwohl sie ein deutlich schöneres Ende hat. Ich glaube mich daran zu erinnern, dass sich diese Geschichte ebenfalls in Indien ereignet hat.

Florian besuchte mit einem Freund einen Slum, es war einer der letzten Tage, die er in Indien verbringen würde. Aus den Hütten, aus verwinkelten Verstecken kamen Kinder angerannt, die gehört hatten, dass zwei weiße Männer in der Nähe waren. Umringt von Dutzenden Kindern hatte Florian eine Idee. Er packte aus seinem Rucksack seine Kamera aus und begann, Bilder von den Kindern zu machen. Er wollte sie entwickeln lassen und sie ihnen als Geschenk dalassen. Viele der Kinder hatten zuvor noch nie eine Kamera gesehen, geschweige denn jemals ein Foto von sich bekommen, und stürzten sich neugierig auf Florian. Zuerst machte er Einzelporträts, als es aber Unmengen an Kindern wurden, begann er, mehrere Kinder für Fotos zu gruppieren, damit am nächsten Tag alle eines bekommen würden.

Am nächsten Tag ließ er die große Menge an Fotos ausdrucken, die Einzelfotos einmal, die Gruppenfotos mehrmals. Mit den Geschenken im Rucksack begab er sich zurück in die heruntergekommene Wohnsiedlung, um seine Mitbringsel auszuhändigen. Er verteilte die richtigen Fotos an die richtigen Kinder, was sich bei der Menge an Fotos schwieriger gestaltete als erwartet. Also halfen ihm manche Kinder, die Fotos an ihre Freund*innen weiterzureichen. Auf einmal fiel ihm auf, dass manche Kinder mit gesenktem Kopf auf ihr Foto starrten oder verwirrt aussahen. Sie fragten ein anderes Kind etwas, das auf das Foto zeigte und nickte. Mit großen Augen schauten sie auf das Bild. Florian wusste erst nicht, was los war, bis er realisierte, dass viele dieser Kinder sich das erste Mal selbst sahen. Sie sahen zum ersten Mal, wie sie aussahen. Es war das erste Mal für diese jungen Menschen, dass sie ein Bild von sich vor sich hatten, noch nie zuvor hatten sie ihr Spiegelbild gesehen! Kein Metallbecher, keine Glasscheibe, keine Pfütze war ihr gesamtes Leben lang klar genug gewesen, dass sie sich selbst darin hätten betrachten können.

Manche begannen aufzuspringen, zu lächeln, zu jubeln, zu weinen, manche schauten immer noch verdattert auf die Bilder. So sehe ich aus? Das bin ich?

Sie konnten auf den Gruppenfotos klar erkennen, wer welche ihrer Freundinnen und wer welcher ihrer Freunde war, doch sich selbst hatten sie davor nie gesehen. Was für ein unbeschreibliches Gefühl das sein muss. Stell dir vor, du wüsstest bis zu deinem achten Lebensjahr nicht, wie du aussiehst. Was für eine Entfremdung, aber gleichzeitig auch Befreiung das sein muss, dich nicht über dein Äußeres zu definieren, völlig wertfrei und uneitel zu sein oder schlichtweg noch nie darüber nachgedacht zu haben. Absurd und für uns in der westlichen Welt völlig unvorstellbar.

Florian hat diesen jungen Menschen, glaube ich, ein wundervolles Geschenk gemacht.

Danke, Florian, dass es Menschen wie dich gibt. Danke für deine Geschichten und dafür, dass ich sie weitererzählen darf. Es gibt sie also, die Hoffnung, die Menschlichkeit.

Träume

Wovor haben wir so viel Angst?

»Was würdest du tun, wenn du keine Angst hättest?« Welchen Schritt würdest du heute wagen, wenn die Option, zu versagen, einfach nicht vorhanden wäre?

Wir haben in unseren Köpfen so viel zu verlieren. Anerkennung, Würde, Geld. Doch was wäre, wenn die Grenzen, die du in deinem Kopf ziehst, nicht real wären – sondern nur Hirngespinste und Überbleibsel einer Mangelsozialisierung?

Wenn wir eine so große Angst davor haben, etwas zu verpassen, wäre das nicht eigentlich der größte Motor, Dinge einfach zu machen? Möglichst viel auszuprobieren, zu sagen, zu springen, zu tun, weil wir es ja ansonsten verpassen würden?

Wie schön, wenn FOMO so funktionieren würde. Stattdessen lähmt sie uns und lässt uns in eine Passivität abgleiten. Angst vor dem großen Scheitern hat viel mit Vulnerabilität zu tun. Wollen wir uns wirklich öffnen und verletzlich zeigen, um im Gegenzug dann bloß auf die Schnauze zu fallen? Aber was kann uns in der Realität denn wirklich passieren? Glücklicherweise leben wir in einem Sozialstaat mit einem Auffangnetz, das uns alle absichert, sollten wir es mal brauchen. Firmen können etwa in die Insolvenz gehen, ohne dass die Geschäftsführer*innen mit ihrem Privatvermögen haften. Unser System ist raffiniert aufgebaut und lässt in Wahrheit einigen Raum für Fehler. Natürlich scheitern die meisten Start-ups und viele neue Restaurants schließen nach kurzer Zeit, was jedoch nicht bedeutet, dass wir es nicht noch einmal probieren sollten. Ja, wir machen

Den Mut zu haben, das zu sein und das zu tun, was wir wollen, ist eine Notwendigkeit für ein erfülltes Leben ohne Reue.

manchmal große Verluste; wir verlieren manchmal Geld, Zeit und Hoffnung. Aber existenziell herrscht bei uns in Zentraleuropa keine allzu große Bedrohung. Viele von uns werden das Glück haben, Familie, Freund*innen oder Partner*innen zu haben, auf die wir uns in schwierigen Situationen verlassen können, die uns beiseitestehen oder uns sogar ihre Couch anbieten. Kann alles passieren. Aber es kann auch das Gegenteil eintreten. Unsere wildesten Träume könnten genauso in Erfüllung gehen. Wenn wir es doch einfach nur probieren würden.

Den Mut zu haben, das zu sein und das zu tun, was wir wollen, ist eine Notwendigkeit für ein erfülltes Leben ohne Reue.

Stellt euch vor, was wäre, wenn … Was wäre, wenn wirklich alles möglich wäre, was wir uns als Kind erträumt haben? (In einem realistischen Ausmaß natürlich.) Was wäre, wenn uns in Wahrheit nichts passieren könnte? Wenn wir amerikanische Eltern gehabt hätten, die uns jeden Tag mantraartig vorgesagt hätten, wie toll wir nicht seien und dass wir alles im Leben erreichen könnten?

Warum häufen sich im Laufe des Lebens immer mehr Zweifel, immer mehr verunsichernde Stimmen in uns an, die an der einst dagewesenen Selbstsicherheit nagen? Wie war es denn damals? Wissen wir überhaupt noch, was das kleine, innere Kind in uns immer wollte?

Was geschieht mit uns, nachdem wir aufhören, Kind zu sein? Können wir Kindsein wieder erlernen? Wir werden als Erwachsene ganz andere Menschen als die Kinder, die wir einmal waren. Irgendetwas geht früher oder später in uns verloren. Bei manchen mehr, bei anderen weniger.

Aber was war es, was wir als Kinder wirklich gewollt haben? Was hat uns Freude bereitet? Wobei haben wir uns gut gefühlt, und wie hat sich das heute verändert? Nicht alle verbinden mit ihrer Kindheit nur positive Gedanken, ganz im Gegenteil, die meisten Probleme und Neurosen nehmen ihren Ursprung oft in einem sehr jungen Alter. Unser Umfeld, unsere Eltern, unsere Freund*innen und Verwandten haben eine unbestreitbar prägende Wirkung auf uns und formen unsere Persönlichkeit mit. Da können natürlich verschiedenste psychische Störungen entstehen. Wenn wir als Erwachsene unter mangelndem Selbstvertrauen, Bindungs- oder Verlustängsten leiden, wird das ganz häufig auf die Kindheit zurückgeführt. Genau deshalb ist die Verantwortung der Eltern so groß: Ihre Erziehung entscheidet darüber, wie psychisch stabil, instabil, glücklich oder unglücklich ihre Kinder mal sein werden. Die Rolle der Eltern in der Ausprägung kindlicher Träume ist daher nicht zu unterschätzen. Da wir in Österreich und Deutschland von vornherein eher realistischer als optimistischer Natur sind, ist es nur logisch, dass sich ein Kind, das in einer amerikanischen Familie aufwächst, mehr ermutigt fühlt, nach seinen Träumen zu streben, als ein Kind hierzulande.

Wieso hatten wir als Kinder diese fulminanten, vibrierenden Träume, die uns mit Glück und Rausch erfüllt haben, die dann jedoch langsam entschwunden sind? Was ist dieses Etwas, das sie uns wegnimmt? Ist es Verantwortung, das Erwachsensein, der Druck, etwas schaffen und leisten zu müssen? Auf einmal eine Familie zu haben, um die wir uns kümmern müssen, und nicht mehr allein zu sein? Der Räuber Realität scheint uns unsere Träume sukzessive zu stehlen.

Doch träumen – so wie ein Kind –, das können auch wir Erwachsene. Wir müssen es nur bewusst zulassen. Natürlich bekommen wir manchmal panische Angst und stellen uns Fragen, auf die wir keine Antworten haben. Aber genau diese Ungewissheit, dieses Abenteuer kann wunderschön sein. Nicht genau zu wissen, wo es hingeht, die nächsten

30 Jahre nicht minutiös verplant zu haben, uns die Freiheit zu nehmen, uns verändern zu dürfen. Wenn wir lernen, wieder eine Art Grundvertrauen in uns und unsere Zukunft zu haben, ermöglicht uns das die wildesten Vorstellungen und kühnsten Träume.

Das Leben muss lebenswert gemacht werden. Wir können es genau so designen und gestalten, damit es uns gefällt. Natürlich gilt es, niemandem zu schaden und Rücksicht zu nehmen, doch Pippi Langstrumpf hatte damals schon recht: »Ich mach mir die Welt, wie sie mir gefällt.« Es liegt alleine in unserer Hand. Es ist unser Leben, und wir können daraus machen, was wir wollen. Jede Sekunde steht uns zur freien Gestaltung, jeder Moment hat das Potenzial zur Veränderung. Meistens sind wir es selbst, die uns im Wege stehen.

Also wagen wir – ohne waghalsig zu sein – den Schritt, springen wir ins Ungewisse, probieren wir etwas Neues, was uns lebendig fühlen lässt! Verlassen wir unsere Komfortzone.

Verlassen wir unsere Komfortzone.

Einfach etwas zu tun, weil es sich richtig anfühlt, auch wenn es große Überwindung dafür braucht. Sich unsicher zu fühlen, Angst zu haben, sogar Panikattacken zu durchleben, das alles sind natürliche menschliche Reaktionen, die unser Körper durchlebt, wenn er aus seinem gewohnten Trott gerissen wird. Der Geist und der Körper mögen es gemütlich. Das Neue ist bedrohlich, fremd und ungewiss.

Aber nur durch diesen Schritt können wir wachsen. Nur so wagen wir Dinge, die notwendig sind, um uns weiterzubringen. Die Komfortzone zu verlassen, ist alles andere als angenehm, aber absolut notwendig.

Was passiert, wenn ein 16-jähriges Mädchen aus Schweden es wagt, groß zu träumen, weltweit zum Streik aufruft und daraufhin für einen Friedensnobelpreis nominiert wird? Richtig – Greta Thunberg ist ein wahrhaft grandioses Beispiel dafür, was eine einzelne Person bewirken kann. Was sie alles in die Gänge gebracht hat! Greta hat nicht darüber nachgedacht, ob sie scheitern wird oder ob das denn alles etwas bringt. Nein, sie hatte und hat eine Leidenschaft, einen kämpferischen, aufrüttelnden Traum, den Planeten zu retten, und sie setzt ihr gesamtes Tun daran, dies durchzusetzen.

Es ist absolut erstaunlich, was ein einzelnes junges Mädchen, das darüber hinaus auch unter dem Asperger-Syndrom leidet, erreichen kann, wenn es es sich in den Kopf gesetzt hat. Dank Greta Thunberg hat sich eine globale Bewegung geformt, dank ihr gehen Hunderttausende Menschen für unser Klima auf die Straße und fordern von ihren Regierungen Klimagesetze, die immer verbreiteter tatsächlich durchgebracht werden.

Wir sehen hier ganz klar, wie wichtig jedes einzelne Zahnrad einer Gesellschaft oder einer Bewegung ist. Und dass ein einzelnes Individuum mehr schaffen und erreichen kann, als es sich wahrscheinlich jede und jeder von uns zutraut. Jede kleine Handlung, sei es Mülltrennung, weniger zu fliegen, Secondhand-Kleidung zu kaufen oder weniger Fleisch zu essen – all unsere Handlungen wirken sich auf die Umwelt aus. *Und by the way: Jede und jeder von uns kann so mutig wie Greta sein.*

Doch alles zu seiner Zeit.

Wir machen uns oft Gedanken, warum wir denn noch nicht da sind, wo wir gerne wären. Jetzt haben wir unseren gesamten Mut zusammengekratzt, sind ins kalte Wasser gesprungen, arbeiten hart, opfern liebe Gewohnheiten, um unseren Traum zu erfüllen, und trotzdem … fehlt da scheinbar dieser letzte Funke, die letzte kleine Portion Glück.

Doch wir sind zum jetzigen Zeitpunkt genau da, wo wir sind, weil wir das geleistet haben, was wir bis jetzt leisten konnten. Wir sind vielleicht noch nicht dort, wo wir am

Ende unserer Reise sein möchten, weil wir schlicht und ergreifend noch nicht so weit sind. Denn alles braucht Zeit, oft mehr Zeit, als wir eingeplant haben. Und was hätten wir denn auch davon – wie sehr könnten wir den Weg zu unseren Zielen auskosten und all die Dinge erleben, die uns auf ihm widerfahren, wenn er kurz und geradlinig wäre und wir von heute auf morgen unseren Traum erreichen würden?

Es geht um das Dazwischen im Leben.

Denn genau um das Dazwischen geht es im Leben. Um die Dinge, die zwischen den Zeilen passieren, wenn wir abbiegen oder uns verlaufen.

Jene Erfahrungen sind es, die uns überraschen, uns reagieren und wachsen lassen und die wir später mal unseren Kindern erzählen werden. Wieso fokussieren wir uns so stark auf das Ziel, dass wir vergessen, den Weg zu genießen?

Energie findet immer zurück zu dir

Es wird alles dann kommen, wenn wir so weit sind. Vorher macht es überhaupt keinen Sinn. Vorher sind wir nicht offen dafür, sondern sind dann erst bereit, zu zeigen, was wir draufhaben, wenn wir uns die Zeit geben, uns entwickeln zu dürfen. Und das benötigt viele, viele Stunden harter Arbeit, Hingabe und Selbstoptimierung.

Denn harte Arbeit macht sich immer bezahlt.

Energie, die du in etwas hineinsteckst, wird immer auf die eine oder andere Weise zu dir zurückfinden, denn sie geht niemals verloren.

Alles ist Energie

Dem Energieerhaltungssatz zufolge kann Energie weder erzeugt noch vernichtet werden, sie kann lediglich in eine andere Form umgewandelt werden. In einem abgeschlossenen System – wie dem System Erde – bleibt die Menge an Energie konstant und über alle Zeit erhalten.

Alles im Leben hat mit Energie zu tun. Wenn wir also unsere gesamte Energie und Aufmerksamkeit auf eine Sache richten, kann die Energie gar nicht anders und kommt auch von dort zurück. Actio ist gleich reactio. Wenn wir viel hinausschicken, kommt auch viel zurück.

Deshalb ist es wichtig, wenn wir etwas erreichen möchten oder ein bestimmtes Ziel verfolgen, uns für eine gewisse Zeit bloß auf die eine Sache zu konzentrieren. Wenn die Energie gestreut wird, weiß sie nicht, wo sie hinschwirren soll. Wenn sie aber nur gezielt auf eine Herzensangelegenheit, ein Projekt gerichtet wird, wird sie dort schlussendlich auch ankommen. Dies muss jedoch nicht linear ablaufen und kann auf die unerklärlichsten Weisen geschehen. All das klingt jetzt vielleicht für einige von euch esoterisch, aber eigentlich ist es ganz einfach und logisch.

Das Problem ist, dass wir viel zu viel Zeit damit verbringen, uns abzulenken und zu prokrastinieren. Ich bin zwar sehr für eine Verlangsamung, für ein »Zur-Ruhe-Kommen«, weg von Dauerleistung und Stress – trotzdem können wir nicht vollständig mit uns im Reinen sein, wenn wir nicht probiert haben, uns das zu holen, was wir wollen. Vielleicht glauben wir auch einfach nicht daran. Meine ehemalige Mitbewohnerin in Berlin zum Beispiel ist eine unglaublich talentierte junge Frau. Ihre Stimme ist eine Mischung aus Norah Jones und Christina Aguilera. Dazu spielt sie auch noch sehr gut Gitarre und Klavier. Sie komponiert ihre eigenen Songs, dreht Musikvideos und tritt auf. Darüber hinaus ist sie auch noch eine tolle Schauspielerin und hatte schon einige Auftritte im Fernsehen. Und das alles ohne eine Ausbildung oder Agentur.

> Wir verbringen zu viel Zeit damit, uns abzulenken.

Als ich sie das erste Mal getroffen habe, habe ich mich gefragt: »Wieso ist diese Frau nicht schon längst ein internationaler Star?« Ich habe in meiner Aufzählung ihrer

Talente ganz vergessen zu erwähnen, dass sie obendrein auch noch wahnsinnig gut aussieht und jeden relativ schnell in ihren Bann zieht.

Doch es fehlt ihr an Selbstsicherheit, und sie lässt sich zu leicht ablenken. Sie verfängt sich immer wieder in Tagträumen, Männergeschichten oder Herzschmerz und arbeitet nicht konzentriert und kontinuierlich an ihrem Traum. Sie lebt recht gut nach dem Prinzip »Der Weg ist das Ziel«, doch auf Dauer macht das fruchtlose Verfolgen eines Traumes unzufrieden und frustriert. Wie viele Menschen kenne ich, die enthusiastisch etwas begonnen haben, aber nach einer Weile aufgeben mussten, weil es finanziell nicht mehr zu stemmen war oder weil sie die psychische Belastung der Ablehnung und des Scheiterns nicht länger ertragen haben. Und das ist verständlich.

Es ist gut und richtig, realistisch zu sein und eine gesunde Einschätzung unserer realen Chancen zu haben. Dazu kann unter Umständen auch gehören, ein gewisses Projekt als unerreichbar abzustempeln. Dennoch erreichen meist nur diejenigen ihre Ziele, die unerbittlich weitermachen und nicht aufgeben. Kein Erfolg kommt über Nacht, hinter jedem erfüllten Wunsch steckt jahrelange, harte Arbeit.

Alles geschieht häppchenweise, zwei Schritte nach vorne, einer zurück. Und manchmal geht es unendlich langsam voran. Aber das ist okay so. Könnten wir uns sonst über die noch so kleinen Erfolge überhaupt freuen, auf sie anstoßen und sie feiern? Es ist wichtig, sich ab und zu selbst zu loben, innezuhalten, durchzuatmen und zu sehen, was wir schon alles erreicht haben. Wenn wir ehrlich sind, *sind wir viel zu oft viel zu hart zu uns selbst* und stehen uns auf der Suche nach unserem Glück oft selbst im Wege.

Wir sind viel zu oft zu hart zu uns selbst.

Die Überwindung unserer FOMO

Wie lebe ich im Moment und bewahre mir mein Glück?

Ihr musstet euch durch etliche Seiten schwerer Kost kämpfen, um jetzt endlich zu erfahren, was nun wirklich gegen FOMO hilft – oder habt aus Neugier vielleicht gleich zu diesem Kapitel geblättert.

Habt ihr schon mal von dem Begriff »JOMO« gehört? Ich kannte ihn bis vor Kurzem jedenfalls nicht. JOMO bedeutet »Joy of missing out«, also die »Freude daran, etwas zu verpassen«. Er steht dafür, absichtlich und bewusst die Entscheidung zu treffen, etwas nicht zu tun, und sich an diesem Umstand zu erfreuen. Dieser Gegentrend zu FOMO soll dazu aufrufen, soziale Tätigkeiten einfach mal zu verpassen, Zeit für sich selbst einzuräumen, nicht ständig den scheinbar so wichtigen Verpflichtungen nachkommen zu müssen. Sich aus Social Media auszuklinken, das Handy für eine Weile beiseitezulegen und mal ein Buch zu lesen oder ein Bad zu nehmen.

Vollkommene Entschleunigung. Ruhe. Bewusstes Pausieren. Still werden. Zu dir selbst zurückfinden. Sein. Dürfen. Leben.

Wer sagt denn eigentlich, dass wir ständig etwas tun müssen? *Wir erlauben es uns nicht, einfach nur zu existieren.* Wann habt ihr es das letzte Mal zugelassen, einfach »nur« zu sein? Nichts erledigen zu müssen, nicht an die To-do-Liste im Kopf zu denken?

Ich gebe es zu, ich tue mir da immer noch etwas schwer. Einfach nur dazusitzen oder zu liegen und zu sein. Das ist alles andere als einfach. Wir wurden gedrillt darauf, zu allen Zeiten produktiv zu sein. Das Beste aus unserer Zeit zu machen. *Aber vielleicht ist das alleinige Existieren alles, was wir müssen*. Denkt an Tiere, eine Kuh oder ein Schaf auf der Weide frisst den ganzen Tag vor sich hin, schaut und existiert. Es macht sich keine Gedanken über seine Daseinsberechtigung. In Wahrheit sind wir als Menschen nichts anderes als ein solches Tier. Klar, wir haben uns kognitiv stark weiterentwickelt, doch unsere Bedeutung für die Welt und das Universum ist ähnlich relevant wie die der Kuh. Alles, was wir uns einbilden, sein zu müssen, spielt sich nur in unseren Köpfen und dem menschengemachten gesellschaftlichen Konstrukt ab. Ich kann es nicht oft genug wiederholen: Wir müssen gar nichts. Es ist ein Geschenk, auf diesem Planeten zu sein, und unsere alleinige Existenz ist ausreichend. Die Gesellschaft spiegelt uns vor, wir seien wertlos, wenn wir nichts beitragen, keinen Nine-to-five-Job haben und nicht acht Stunden täglich vor dem Computer sitzen. Natürlich müssen wir arbeiten und Geld verdienen, doch Angst zu empfinden, nicht wertvoll zu sein bzw. nicht zu genügen, wenn wir nicht andauernd etwas tun und erschaffen, ist krankhaft. *Wie viel entspannter, wie viel zufriedener und weniger rastlos wären wir als Gesellschaft, wenn wir alle einfach mehr und öfter sein könnten?*

Vielleicht ist das alleinige Existieren alles, was wir müssen.

Ein ganz wichtiger Schlüsselpunkt für unsere Generation, unserer FOMO zu entkommen, ist der Abstand zu Social Media. Doch einer Sucht einfach so zu entsagen, fällt nicht leicht – liebgewonnene Gewohnheiten schleichen sich immer wieder ein.

Social-Media-Pausen müssen also kontrolliert und strikt eingeführt und konsequent eingehalten werden. Radikal oder Schritt für Schritt, das kommt ganz auf den Typ Mensch an. Ich bin mir dessen bewusst, dass ich ohne meinen Instagram-Account erheblich glücklicher wäre. Ich rede mir aber immer wieder ein, dass ich ihn für meinen Beruf brauche. Schließlich erreiche ich ja viele Leute damit und kann auf dieser Plattform wichtige Inhalte kommunizieren. Egal wie viele es sind, jede bzw. jeder Einzelne zählt. Doch die Zeit ist gekommen, meinen Instagram-Konsum massiv einzuschränken. Ich möchte meine kostbare Lebenszeit nicht weiterhin in einer fiktiven Realität verbringen, die mir psychisch schadet.

JOMO erlaubt es uns, nicht dabei zu sein, uns aber trotzdem gut zu fühlen. Freude durch Abstand und Rückzug.

Ein Rückzug ist also wie in der Wirtschaft (Degrowth) eine Notwendigkeit für uns als Individuum, um zu einem gesunden Selbst zurückzufinden. Weniger ist mehr, langsamer ist nicht immer schlecht. In der Ruhe können wir unser tiefes Potenzial ausschöpfen. Wir müssen nicht immer besser, schneller, weiter und höher hinaus.

Eine allgemeine Entschleunigung des Lebensrhythmus hilft uns dabei, immer mehr in unsere Humanität und unsere wahre, natürliche Kraft zu treten. Durch Achtsamkeitsübungen, Sport oder Yoga, Verbundenheit mit der Natur und schließlich Meditation kann FOMO entgegengewirkt werden.

FOMO ist ein Angstzustand. Aber wie kann ich einen solchen erfolgreich überwinden? Das Gegenteil von Angst ist Vertrauen – und Mut. Wir müssen es wieder erlernen, Vertrauen in unsere Zukunft zu haben, Vertrauen darin, dass für uns im Kleinen alles gut werden wird. *Angst zu bekämpfen heißt, sich dieser zu stellen und ihr furchtlos*

> Unserer Angst zu trotzen bedeutet, genau die Dinge zu tun, vor denen wir uns fürchten.

ins Auge zu blicken. Ihr zu trotzen bedeutet, genau die Dinge zu tun, vor denen wir uns fürchten. Gewöhnen wir uns daran oder machen es uns zur Gewohnheit, uns täglich dieser Angst zu stellen, uns zum Beispiel schnell und intuitiv für eine Sache oder bewusst dagegen zu entscheiden, können wir irgendwann mutig zu unseren Entscheidungen stehen und somit unsere ewige FOMO besiegen. Doch zuversichtlich in die Zukunft zu blicken, ist schwierig, wenn uns ständig eingetrichtert wird, dass die Zukunft nicht rosig aussieht. Vielleicht sollten wir deshalb auch gar nicht zu viel an die Zukunft denken.

Die größte Kunst im Leben ist es, das Jetzt an der Hand zu nehmen.

Damit meine ich nicht, dass alle Aktivist*innen aufhören sollen, zu protestieren, nein, ganz im Gegenteil – wir sollten mehr denn je für eine gute Zukunft für alle kämpfen! Gleichzeitig bringt es aber auch nichts, ununterbrochen an morgen und übermorgen zu denken. An das, was in 50 Jahren passieren wird. Das ist vollkommener Quatsch, denn somit verpassen wir – genauso wie mit Social Media – unsere jetzige Realität.

Die große Kunst im Leben ist es, völlig im Moment zu sein, das Jetzt an der Hand zu nehmen und voll und ganz auszuschöpfen.

Die Frage nach dem Hier und Jetzt

Es ist schwierig, trotz all dem Leid, das auf der Welt gerade herrscht, positiv zu bleiben und unser kleines, persönliches Glück zu bewahren. Es passieren täglich grausame Dinge, wie sollen wir denn da wegsehen? Ich spreche hier auch nicht vom Wegsehen, schließlich sind Bildung und das Informiert-Bleiben essenziell, um Zusammenhänge zu erkennen und die eigenen Werte ausbilden zu können. Es ist keine Lösung, sich in einen Bunker zurückzuziehen und vor dem Leid der Welt die Augen zu verschließen oder, noch schlimmer, es nicht anzuerkennen. So sehr in unserer

Bubble gefangen zu sein, dass das Gesamtbild der Missstände auf Erden verschwimmt und es uns nicht mehr tangiert. Wir reduzieren alles auf unsere kleinen alltäglichen Probleme, die natürlich auch ihre Berechtigung haben, aber stets in Relation zu setzen sind. Ich spreche daher von einem gesunden Medienkonsum, der uns informiert, aber nicht niederdrückt.

Wir machen uns ununterbrochen viel zu viele Gedanken. Ständig. Immer. Pausenlos. Unsere Gedanken kreisen wie Raubvögel den ganzen Tag in unserem Kopf hin und her und erlauben uns nicht, zur Ruhe zu kommen. Warum …? Weshalb …? Was …? Wie kann ich dieses Problem lösen? Es muss doch eine Lösung dafür geben! Nein, vielleicht muss es sie nicht geben. Das ständige Denken macht uns nämlich ziemlich unfrei. Wir Erwachsene verlernen somit stückweise, im Moment präsent zu sein. Unsere Gedanken hängen meist irgendwo in der Vergangenheit fest, oder wir denken verzweifelt über die Zukunft nach. Und dabei verpassen wir das Allerwichtigste: die Gegenwart. Im Zeichentrickfilm Kung Fu Panda wird es treffend gesagt: *»Yesterday is history, tomorrow is a mystery, but today is a gift. That is why it is called the present.«*

In Wahrheit haben wir nichts außer den jetzigen Moment. Die Vergangenheit und die Zukunft existieren nicht. Und die Gegenwart kann nur real werden, wenn wir ihr in unseren Gedanken Raum geben.

Der jetzige Moment ist im nächsten Augenblick einfach vorbei und kann nicht mehr gelebt oder reproduziert werden. Wenn wir doch dauernd in unseren Köpfen gefangen sind, sind wir dann überhaupt je im Hier und Jetzt? Bekommen wir unser aktuelles Leben überhaupt richtig mit? Oder leben wir immer rückblickend auf die unmittelbare Vergangenheit oder vorausplanend für die Zukunft? Unser Gehirn funktioniert nämlich mit einem Mechanismus, der alle Bilder und aufgenommenen Sinneseindrücke, bevor sie als Signal bei uns ankommen, durch eine Art Filter laufen lässt und mit bisher erlebten Bildern vergleicht. Unser Hirn sucht nach Parallelen, an die es sich klammern kann, um das Gesehene, Gesagte, Gehörte besser einordnen und erfassen zu können. Es wird geprüft, verglichen und analysiert. Demnach kann ein neuer Eindruck gar nicht pur und unverfälscht zu uns vordringen, weil uns unser Gehirn immer dazwischenkommt. Das ist natürlich ein sehr sinnvoller Mechanismus, er schützt uns zum Beispiel vor Gefahren. Doch wir erleben den jetzigen Moment somit immer etwas zeitversetzt. Krass – heißt das, dass wir eigentlich nie wirklich im Hier und Jetzt leben können?

Die Lehre des Taoismus bzw. Daoismus (Lehre des Weges) ist eine uralte chinesische Philosophie und Religion. Sie besagt, dass wir mit Achtsamkeit und Gelassenheit leben sollen, um glücklich und erfolgreich zu werden. Die Wu-Wei-Methode ist ein Grundgedanke des Taoismus, bei dem das »Nichthandeln« im Mittelpunkt steht. So liegt die Kunst im Wu Wei in der achtsamen Beobachtung und dem Nichtstun.

Wir sind demnach nur wahrlich im Moment, wenn wir beobachten. Wenn wir nicht denken, nicht beurteilen und benennen, was wir gerade sehen. Wenn wir uns nicht denken: »Was für ein schöner Kirschbaum«, sondern ihn einfach nur betrachten und wahrnehmen. Durch diesen meditativen Sein-Zustand des Beobachtens und Nichthandelns schaffen wir es, immer mehr loszulassen und wieder präsent zu sein.

Versucht es mal: Geht raus oder schaut einfach nur aus dem Fenster. Einfach nur beobachten. Gar nicht so einfach, nicht wahr? Wenn wir es öfter tun, wird es jedes Mal leichter. Und je öfter wir uns daran erinnern und innehalten, atmen und kurz etwas beobachten, desto öfter leben wir im Moment und nach dem Prinzip von Wu Wei. Laut Taoismus werden wir, je inniger wir in Verbundenheit mit der Natur und im Zustand des Nichthandelns leben, zunehmend durch eine kosmische Energie geführt. Wir müssen immer weniger Anstrengung aufbringen, unsere Ziele zu erreichen – so sagt es zumindest das Prinzip von Wu Wei.

Wir sind so oft so tief in unseren Gedanken verwoben, so gestresst, dass wir nichts mehr um uns herum wahrnehmen. Wir werden unachtsam. Es ist, als würden wir uns dadurch ein Stück unserer Zeit stehlen. Wir sind zwar physisch anwesend, doch mit unserem Kopf ganz woanders. Und Zeit, in der wir nicht präsent sind, ist verlorene Zeit. Wir gehen durchs Leben und sehen all die Schönheiten rund um uns kaum mehr. Die kleinen Wunder der Welt. All die Flora und Fauna, die Komplexität und Genialität der Natur. Wir nehmen sie als gegeben hin und würdigen sie nicht mehr – was sich in unserem Verhalten ihr gegenüber so traurig widerspiegelt.

Als Kind ist es uns möglich, alles ohne diesen Gedankenfilter zu erleben. Deshalb fühlen wir intensiv und sinnesüberflutend. Wir erfreuen uns an dem kleinen Marienkäfer auf unserem Handrücken oder an der tellergroßen dottergelben Sonnenblume. Doch wir werden älter, abgebrühter und lassen es zu, dass sich unsere Persönlichkeiten verändern. In manchen Bereichen natürlich zum Positiven, doch wir verlernen unsere spielerische Leichtigkeit, die uns als Kind geholfen hat, zu (er-)leben. Schlussendlich ist das hier doch alles nur ein großes Spiel, oder nicht? Nehmen wir Dinge nicht mehr so ernst, blicken wir wieder durch die Augen unseres inneren Kindes. Im Endeffekt sind wir die Einzigen, die entscheiden, wie wir Situationen auffassen, auf sie reagieren und uns dabei fühlen. Wir müssen nicht alles immer so ernst nehmen – vor allem uns selbst.

Eine weitere Weisheit aus dem asiatischen Raum ist das Prinzip von Ikigai. Es ist eine jahrhundertealte Weisheit aus Japan, dennoch aktueller denn je, die als Anleitung für Freude und ein gutes Leben dient. Ikigai ist die Suche nach dem persönlichen Sinn des Seins, danach, wofür es sich lohnt, zu leben und morgens aufzustehen.

Die Lebensphilosophie besagt, dass wir die große Freude in unseren ganz eigenen kleinen Vergnügen, sei es Kunst, Sport oder ein Handwerk, suchen und finden sollten. Ikigai ist ein wunderbares Prinzip, um unser Leben zu entschleunigen, die Dinge Schritt für Schritt anzugehen und wieder Glück in scheinbaren Kleinigkeiten zu entdecken. Finden wir eine Tätigkeit, eine Aufgabe oder ein Hobby, die/das uns Freude bereitet – sei es die Liebe zur täglichen Yoga-Routine oder die Freude an selbst getöpferter Keramik –, bringen uns die fünf Säulen von Ikigai einem glücklichen Leben immer näher.

Ikigai setzt sich aus folgenden fünf Stadien zusammen:

1. Klein anfangen
2. Loslassen lernen
3. Harmonie und Nachhaltigkeit leben
4. Die Freude an kleinen Dingen entdecken
5. Im Hier und Jetzt leben

Ken Mogi beschreibt in seinem Buch über Ikigai, dass die Achtsamkeit, im Hier und Jetzt zu sein, mit Loslassen und dem Negieren des Ichs zu tun hat. Der Schlüssel zum Leben im Jetzt liege demnach im sinnlichen Vergnügen.[138] Das Riechen an einer frisch aufgeblühten Knospe, der Genuss einer liebevoll selbst zubereiteten Speise, die Berührungen eines nahestehenden Menschen – alles, was durch unsere Sinne intensiv wahrgenommen wird, lässt uns für den Augenblick nahezu komplett im aktuellen Moment leben. Das Vergnügen, das wir empfinden, wenn wir nach dem Joggen in der Morgensonne ein Glas eiskaltes Wasser trinken oder im Juni in die erste süße, rote Erdbeere der Saison beißen – dann empfinden wir ein Gefühl von Vergnügen, das dem Geheimnis des Lebens gleichkommt.

Das Loslassen, das Vergessen des Ichs ist ganz eng mit der Entdeckung sinnlicher Freuden verknüpft. »Indem wir uns von der Last des Ichs befreien, können wir uns für die unendliche Welt der sinnlichen Freuden öffnen.«[139] *Beim Fühlen, Riechen, Tasten, Spüren, Schmecken und Hören können wir somit einen unglaublichen Jetzt-Zustand erreichen.*

Wir nehmen uns selbst viel zu wichtig. Unsere Probleme scheinen oft unlösbar und versperren uns die Sicht auf alles Schöne. Wir regen uns auf, werden emotional und verlieren die Kontrolle. Wut bricht aus, Enttäuschung oder Angst nehmen überhand. Diese Gefühle beherrschen uns dann gänzlich, wir handeln unüberlegt und sagen verletzende Dinge, die wir später vielleicht bereuen.

Wie wäre es, wenn wir in der Sekunde, in der ein Problem auftaucht, einfach einen Schritt zurück machen und uns von der Sache distanzieren könnten? Für einen Moment lang alles in Relation setzen könnten, bevor wir die Nerven verlieren? Rational und am Boden bleiben könnten? Das eben noch erdrückend scheinende Problem würde an Dimension verlieren. Wie schlimm ist es jetzt wirklich, dass mein Partner schon wieder eine Stunde zu spät dran ist? Ist es das echt wert, schon wieder darüber zu streiten? Mist, die Traumwohnung hat in letzter Sekunde ein anderer bekommen und die ganze Woche ist im Arsch! Ist das echt der Weltuntergang? Bedenkt, dass es Kinder gibt, die unter Marktständen schlafen oder auf Kartons auf offener Straße.

Uns direkt von unseren Emotionen zu distanzieren, funktioniert mit einem bewussten »Hinauszoomen«. Wir entfernen uns immer weiter von unserem Standpunkt, sehen die Stadtgrenze, die Ländergrenze, den ganzen Kontinent und irgendwann die ganze Welt von oben. Dort herrscht völlige Stille, kein Windhauch weht. Wir sind mitten im Universum, in der massiven Ewigkeit und schauen runter auf einen mikroskopisch kleinen Punkt, der gerade denkt, er hätte so viele Probleme. Wir merken, wie winzig und nichtig so viele Geschehnisse und Dinge um uns herum eigentlich sind. Es ist alles immer eine Sache der Perspektive. Jede zwischenmenschliche Diskussion, jeder Streit, jedes ach so groß wirkende Problem – *die Nichtigkeit unseres Daseins zu erfassen, hilft uns dabei, Dinge zu relativieren und demnach ehrlicher einzuschätzen.*

Die Nichtigkeit unseres Daseins zu erfassen, hilft uns dabei, Dinge zu relativieren

Die Welt dreht sich weiter und nimmt ihren gewohnten Lauf – mit oder ohne uns. Die lebenswichtigen Entscheidungen, über die wir uns meist Tage und Nächte lang den Kopf zerbrechen, sind dann im Endeffekt doch nicht so gravierend. Es hilft wirklich, probiert es! Geht in einer sternenklaren Nacht hinaus und schaut in den Himmel hinauf, in die ewigen Weiten des Universums. Abermilliarden Sterne da draußen, die Millionen von Kilometern entfernt sind, die unbegreifliche Weite. Und wir hier unten, mit unseren ach so großen Problemen und rastlosen Gedanken. In der Dimension des Universums nicht mal so groß wie ein Staubkorn. Ein kurzes Hinauszoomen und ein paar tiefe Atemzüge (das hilft wirklich, um körperliche Entspannung auszulösen) können uns helfen, in Momenten der Verzweiflung bei uns zu bleiben und die Dinge zu relativieren. Es bleibt eine bewusste Entscheidung, wie wir reagieren wollen.

Übrigens: Die Atome, aus denen wir gemacht sind, gehörten einst zu einem dieser Sterne im Nachthimmel, zu denen wir so sehnsüchtig hinaufblicken. Wir sind wortwörtlich aus Sternenstaub gemacht. Klingt kitschig, ist aber vielleicht auch einfach nur schön.

Ein weiteres Tool für eine Gedankenreinigung und psychisches Wohlbefinden sind tägliche »Morning-Pages« – Morgen-Seiten. Dabei greifst du direkt nach dem Aufstehen zu Stift und Papier und schreibst einfach drauflos. Du schreibst alle Gedanken, die dir in den Sinn kommen, ungefiltert nieder. Es ist wichtig, dabei in einem stetigen Fluss zu bleiben, ohne innezuhalten. Zwei ganze Seiten lang, ohne eine Pause, in der sich wieder zielgerichtete Gedanken einschleichen könnten.

Morgen-Seiten zu füllen, ist eine der einfachsten Methoden, um den Geist und den Kopf morgens bereits zu reinigen, durchzulüften, den ganzen Ballast niederzuschreiben und unser Unterbewusstsein unkontrolliert sprechen zu lassen. Es darf dabei alles rauskommen. Der ganze Blödsinn, der ganze Müll, alle Ängste, alle Freuden, alle Erwartungen. Es ist wie ein Abfall-Tagebuch unserer Gedanken. Eine wunderbare Katharsis. Wir fühlen uns sofort um einiges leichter, freier und können mit viel klarerem Kopf in den Tag starten.

Wenn wir uns verloren fühlen, suchen wir händeringend nach einem Wegweiser, einem Richtungspfeil. Wir suchen nach der Wurzel des Problems und werden anfällig für spirituelle Praktiken. Verschiedene Lehren der Spiritualität erlebten in den letzten Jahrzehnten einen Megaboom. Seien es Tarotkarten, Kristalle, Sessions mit Wahrsager*innen oder Human-Design-Readings – mit existenziellen Krisen kann aktuell viel Geld gemacht werden.

Spiritualität ist für mich der Glaube oder das Vertrauen in etwas Größeres, eine höhere Macht, die uns führt und leitet. Hielt ich lange Zeit für kompletten Humbug. Doch was kann uns helfen, auf den richtigen Weg zu kommen und unsere eigene Intuition wieder zu spüren? Was katapultiert uns noch sofort ins Hier und Jetzt?

Die Urvölker Südamerikas und Afrikas haben ihre Macht immer schon zu schätzen gewusst und sie wie eine Gottheit verehrt: die Natur. Auch sie kann eine spirituelle Kraft sein.

Zurück in die Natur

Die Natur ist das Grundlegendste und Wertvollste, was wir haben. Und doch gehört sie uns nicht. Wir sind nur Gäste, die kurz vorbeischauen, sich an allem bedienen und dann wieder verschwinden. Wir leben in ihr, mit ihr und doch ist sie nicht unser. Wir behandeln sie aber so, als wäre sie unser

Eigentum. Wir beuten und schlachten sie aus, lassen sie ausbluten, rauben ihr den letzten Atemzug und wirtschaften sie zu Tode. Doch die Natur wird sich von unserer Spezies nicht unterkriegen lassen, dafür hat sie schon zu viel gesehen und erlebt. Obwohl wir bis dato vermutlich ihr größter Feind sind, wird sie uns lange überdauern. Für die Sonne, die schon seit Milliarden Jahren existiert, ist die Lebensdauer der Spezies Mensch nur ein kurzer Wimpernschlag. Sie blickt täglich auf unseren Planeten, der noch lange da sein wird. Die Menschheit jedoch könnte bald Geschichte sein. Vielleicht kommen ja dann wieder Dinosaurier, wer weiß, oder ganz neue Lebensformen entstehen, von denen wir nie zu träumen gewagt hätten. Die Sonne macht uns bewusst, wie vergänglich wir sind und dass wir eines Tages nicht mehr mit ihren ersten Strahlen aufwachen werden.

Ohne die Erde und die Natur gäbe es uns nicht. Ohne sie gäbe es überhaupt nichts von dem, was wir kennen. Warum behandeln wir sie dann wie den letzten Dreck?

Wie waren wir, bevor wir zu diesen gestressten, digitalen, abgekapselten Menschen wurden? Ohne Hochhäuser, Betonmauern, Straßen und U-Bahnen? Der Mensch lebte in einer ausschließlich natürlichen Umgebung. Die Natur war immer unser Zuhause und bot uns alles, was wir zum Überleben brauchten. Nahrung, Geborgenheit, Sicherheit. Die Abhängigkeit von der Natur ist demnach noch immer archaisch in uns verankert.

> Heute sind wir abgespalten von Umwelt und Natur.

Heute sind wir jedoch fast komplett abgespalten von Umwelt und Natur. Gehen uns die Zerstörung der Welt, die Abholzung der Wälder, die Bodenversiegelung, Luftverpestung und Verschmutzung der Meere nicht mehr nahe, weil wir die Natur nicht mehr erleben können? Hat sie überhaupt noch einen Stellenwert für die digitalen Zombies in den heutigen Großstädten? Sind die Digitalisierung und die technischen Möglichkeiten so weit vorangeschritten, dass wir den echten Wald nicht mehr brauchen, weil er auf unseren Bildschirmen und in unseren virtuellen, digitalen Welten genauso realitätsnah dargestellt wird? Ist die junge Generation derart entfremdet von ihren Ursprüngen, fühlen wir so wenig Verbundenheit zur Natur, dass wir die Schönheit und die Wunder dieses Planeten gar nicht mehr wirklich wahrnehmen – weil wir zu sehr damit beschäftigt sind, auf einen Computerscreen oder ein Smartphone zu schauen?

Wir benötigen als Lebewesen ein gesundes Einfügen und Eingliedern in die Natur. Ein Zurückfinden in unsere natürliche Heimat. Immer mehr junge Menschen zieht es aufs Land, sie suchen sich Jobs im Homeoffice, renovieren einen alten Bauernhof und fangen an, ihr eigenes Gemüse und Obst anzubauen. Egal ob es der extreme Weg oder bloß der gelegentliche Spaziergang im Wald an der Stadtgrenze ist – Zeit in der Natur ist essenziell für ein heilsames Zurückfinden zu unserer ursprünglichen Menschlichkeit und Verbundenheit mit der Erde. Es geht um eine menschliche Entschleunigung im Einklang mit der Natur. Um ein Bewusstsein für saisonale und regionale Produkte, für Jahreszeiten und natürliche Rhythmen, für ein natürliches Gleichgewicht. Wie viel Wissen wir in der Natur entdecken können, seien es Symbiosen, Formationen oder Heilpflanzen!

Der Trend zum Langsamer-Werden, zum Rückzug macht sich bereits unter jungen Menschen bemerkbar. Wir suchen händeringend nach einem Ausgleich zu unserem schnelllebigen, stressigen Alltag. Auch in puncto Ernährung (eine der fünf Kehrtwenden des Club of Rome, siehe Kapitel »Klimawandel und Ungleichheit«) geht der Trend immer mehr in Richtung Regionalität, Saisonalität und Slow Food. Das Pendant zu Fast Food bedeutet genussvolles, bewusstes und regionales Essen, lokale Produktion sowie die Erhaltung der typischen Küche und den Gebrauch heimischer pflanzlicher und tierischer Produkte. Im Fokus stehen die ursprüngliche und traditionelle Herstellung. Slow Food soll nicht nur eine neue Achtsamkeit und Liebe für Essen erzeugen, sondern auch regionale Betriebe wirtschaftlich stärken. Ursprünglich kommt der Begriff »Slow Food« aus Italien und soll Menschen wieder kulinarisch an ihre Region binden. Für heimische und nachhaltig produzierte Lebensmittel sind wir bereit, mehr Geld zu investieren und dafür eine besonders gute Qualität zu erhalten – Genuss steht im Mittelpunkt.

Die Slow-Food-Bewegung will die Sensibilisierung für regionale Küche vorantreiben, umweltfreundliche Herstellungsmethoden fördern und den Erhalt der biologischen und kulturellen Vielfalt sichern. Außerdem soll Slow Food der Massentierhaltung, dem Anbau von Monokulturen und dem Einsatz von Gentechnik und Pestiziden entgegenwirken. Das Wissen um regionale und saisonale Anbau- und Verarbeitungsweisen und eine Wertschätzung für unsere lokalen Speisen soll verbreitet werden.

Besonnenheit und Bewusstsein sollte in alle unsere Lebensbereiche Eingang finden und zu einem besseren Leben voller Wertschätzung und innerer Balance führen.

Wenn ich bei meinen Eltern am Land bin, spaziere ich öfter zum See hinunter. An einen Spaziergang der letzten Jahre erinnere ich mich besonders gut. Es war ein stiller, kühler Herbsttag, die rot-orangen Farben der Bäume spiegelten sich im glasklaren See. Kein anderer Mensch war zu sehen. Nur ein Entenpärchen und ein einsamer Schwan zogen ihre Bahnen. Weil ich schon am Vortag nichts für sie zu essen mitgenommen hatte, versuchten sie an dem Tag erst gar nicht, näherzukommen und nachzuschauen, ob es etwas für sie zu knabbern gäbe. Ich blickte auf die Wasseroberfläche und beobachtete zwei Karpfen, als plötzlich der Schwan seine Flügel aufspannte, sich mit schweren Schlägen aus dem Wasser erhob und mit seinen riesigen weißen Flügeln bis zum nächsten Steg hinüberflog. Ich saß einfach nur da und war gerührt von dieser Schönheit, dieser Fülle. Dem

Reichtum der Natur und ihrer unendlichen Reinheit. Ich realisierte, dass ich in diesem Augenblick eigentlich nichts anderes brauchte und dass das Klischee, dass *die wertvollsten Dinge die kleinen Momente sind, die wir nicht kaufen können*, einfach stimmt. Ich fühlte mich so voll, so ruhig und zufrieden. Ich konnte auf diesen See hinausschauen, die Spiegelung der gegenüberliegenden Felswand im Wasser beobachten und empfand keinerlei Sorgen. Der Moment war vollkommen und rein. Und ich kann sagen, dass ich völlig präsent war, ihn zur Gänze wahrgenommen habe. Und genau deshalb ist er so klar in meinem Gedächtnis gespeichert. Hätte ich mich in diesem Moment mit meinem Handy beschäftigt oder hätte ich an die Dinge gedacht, die ich an dem Tag noch erledigen wollte, wäre dieser Moment womöglich einfach an mir vorbeigezogen und wäre für immer verloren gewesen.

Die wertvollsten Dinge sind kleine Momente.

Wie selten wir doch wirklich präsent sind! An wie viele solcher Momente können wir uns so klar und deutlich erinnern? Es ist wichtig, zwischendurch kurz innezuhalten und uns dessen immer wieder bewusst zu werden, wo wir gerade sind. Physisch und in Gedanken. Es ist nicht schwer und benötigt nur ein klein bisschen Aufmerksamkeit, um das Prinzip von Wu Wei und dem achtsamen Leben zu verfolgen und die Welt um uns herum in ihrer ganzen Fülle zu erleben.

Sport und Bewegung

Sport gibt es schon ganz schön lange – bereits 2000 v. Chr. gab es bei den Ägyptern strukturiertes Akrobatik- und Fitnesstraining.[140] Heute ist Sport für manche die größte Erfüllung, für andere die reinste Plage. Fitnessstudios, Personal Trainer, Spinning, Aerobic- und Zumba-Klassen. Sport ist in, und die Fitnessindustrie boomt. Proteinshakes, Trainingsleggings und Hometrainer werden massenhaft produziert und gekauft. Doch wie wichtig ist das Lifestyle-Hobby Sport, das Endorphine ausschüttet und unsere Lebenszeit verlängern soll, wirklich für unser psychisches Wohlbefinden?

Als meine Familie und ich in Washington, D. C., lebten, hat mich meine Mutter drei- bis viermal die Woche zu unserem gemeinsamen Taekwondo-Training geschleppt. Völlig erledigt kam ich nachmittags aus der Schule zurück, hatte noch Hausaufgaben zu erledigen und wirklich überhaupt keine Lust, einen Trainingsanzug anzuziehen und mit schwitzenden Jungs in einem stinkenden Studio zu kämpfen. Trotzdem brachte sie mich meistens dazu, mich aufzurappeln und hinzufahren. Zwei Stunden später – siehe da: Eine komplett neue, energetisierte, hüpfende Teenagerin verließ das Studio voller Elan und Lebensfreude. Die Welt sah nach dem Training einfach ganz anders aus. Der Himmel war blauer, das Essen schmeckte besser und ich empfand ein Gefühl von Glückseligkeit. Meine Hausaufgaben erledigte ich dann auch doppelt so schnell wie sonst.

Sport verändert vieles zum Guten. Wer täglich Sport macht und seinen Puls mehrmals wöchentlich hochtreibt, ist ausgeglichener, gesünder und lebt länger. Wie oft sind wir in schlechter Stimmung und fühlen uns unrund, weil wir schon länger keinen Sport mehr gemacht haben?

Bewegung wirkt sich positiv auf unser Immunsystem und unseren Stoffwechsel aus. Unser Nervensystem beruhigt sich, und es kommt zu Neubildungen von Nervenzellen im Gehirn – Sport hat also auch positive seelische Auswirkungen. Ebenso werden das Herz-Kreislauf-System und die Entwicklung des Muskel-Skelett-Systems gestärkt.

Die körpereigenen Substanzen wie Endocannabinoide sind es, die einen rauschähnlichen Zustand auslösen können. Ähnlich wie nach dem Rauchen von Marihuana steigt das Wohlbefinden, und Schmerzen und Ängstlichkeit lassen nach. Bewegen wir unseren Körper, »erhöhen wir die Menge an Serotonin und anderen Botenstoffen wie Dopamin, Adrenalin und Noradrenalin«.[141] Diese Botenstoffe können ebenfalls zu einem Rauschzustand führen. Serotonin kann jedoch als der wahre Heitermacher beim Sport bezeichnet werden, schließlich wird es auch Stimmungsaufheller- und Glückshormon genannt.[142]

Gibt es etwas Besseres, als nach einem langen Tag in einem stickigen Raum die Sportschuhe anzuziehen und an der frischen Luft laufen zu gehen? Alle Gedanken loszulassen und den Körper so richtig in Bewegung zu bringen? Wie sehr es der Körper braucht, physisch und psychisch ausgelüftet zu werden! Viele Formen der Bewegung wirken reinigend für Geist und Seele – so kann selbst ein einfacher Spaziergang durch eine schöne Landschaft meditativ sein.

Intermittierendes Fasten

Was für einen gesunden und sportlichen Lebensstil zusätzlich nützlich sein kann, ist das Fasten. Ob Heilfasten oder als Saftkur – Fasten ist gesund und hat unheimlich viele positive Auswirkungen auf den menschlichen Körper. Der absichtliche Verzicht auf Nahrung wirkt heilsam, regenerierend und sogar verjüngend. »Auch die medizinische Bedeutung wird immer klarer. Denn Fasten wirkt wie ein – heilsamer – Schock auf den Körper. Er stellt die Physiologie auf den Kopf und löst ganze Kaskaden von biochemischen Reaktionen aus.«[143]

Das Fasten für Einsteiger – was ich persönlich als sehr wirksam einstufe – ist das intermittierende Fasten, auch 16:8-Methode genannt: Hierbei wird für mehrere Stunden pro Tag auf Nahrung verzichtet. Die populärste Aufteilung ist 16 Stunden fasten und 8 Stunden essen. Demnach hören wir beispielsweise um 19 oder 20 Uhr abends auf zu essen und nehmen am nächsten Tag um 11 oder 12 Uhr zu Mittag wieder Nahrung zu uns.

Das hat einen ganz logischen Hintergrund: Ursprünglich war der Mensch dazu programmiert, als erste Tätigkeit nach dem Aufstehen jagen zu gehen. Um den Muskeln Energie zu verleihen, produziert der Körper am Morgen Insulin. Wenn wir also direkt nach dem Aufstehen süß frühstücken und Marmeladecroissants oder Zerealien essen, fügen wir unserem Körper doppelt Zucker zu. Das Resultat: Wir nehmen zu. Der Körper schüttet morgens sowieso Insulin aus, um uns Energie für den Tag zu schenken. Für den Stoffwechsel und die Autophagie (= Zellerneuerung) soll deshalb intermittierendes Fasten gesund sein. Hierbei achten wir auf eine längere Ruhephase für den Darm. Die Zeiten der Ruhephase können frei gewählt werden und sollten mit ärztlicher Beratung abgestimmt werden.

In der Natur zu sein, Präsenz und Taoismus zu üben, Sport zu treiben und uns gut um unseren Körper zu kümmern – all diese Dinge helfen uns dabei, uns auf den Moment zu konzentrieren, den wir gerade erleben. Doch der unumstrittene Gewinner der Möglichkeiten, uns ins Hier und Jetzt zu katapultieren, ist und bleibt die Meditation.

Meditation

Zu Zeiten von Corona drehte ich eine Serie in Husum, einem kleinen Städtchen an der Nordsee. Ich hatte, ehrlich gesagt, nicht sehr viel zu tun und immer wieder lange Wartezeiten. Ich habe mir im Vorhinein schon Sorgen gemacht, was ich denn da oben im Norden mit meiner ganzen Zeit anfangen sollte. Doch es kam ganz anders – ich genoss jede Minute. Die Ruhe, den Regen, das Gefühl, absolut nichts machen zu müssen. Es fühlte sich richtig gut an. Ich musste nichts beweisen, nichts schaffen, musste nicht mal rausgehen, wenn ich nicht wollte. Es war ein kleiner Urlaub für die Seele. Ich machte mir meinen heiß geliebten Bananen-Porridge, und eine warme Kanne Chai-Tee erwärmte sich vor mir über einem Teelicht. Absolute tranquility. You get the picture? Zeiten zu finden, in denen wir nichts machen, ist absolut notwendig für Geist und Körper. *Wir funktionieren im Dauermodus* – wie ein Duracell-Häschen – und müssen unsere leeren, sozial ausgeschöpften Batterien immer wieder aufladen. Ich kann euch nur empfehlen, jedes Jahr eine Woche lang mit euch selbst in Urlaub zu fahren. Alleine aufstehen, alleine zum Strand gehen, alleine ins Café oder ins Restaurant. Nirgends finden wir so sehr zu uns selbst wie in einem fremden Örtchen mit ganz viel freier Zeit. Zeit zu haben, nachzudenken, zu reflektieren – weg vom Alltagstrott und all den Pflichten und Sorgen, die uns täglich begleiten. Nicht jede und jeder ist der Typ dazu, und natürlich sind geteilte Erfahrungen auch wertvoll, doch *es ist wichtig, ab und zu auch aus unserer Komfortzone auszubrechen* und etwas nur für uns zu tun. Um uns aufgeladen und frisch wieder in die Gesellschaft zu Hause einzugliedern.

Wir funktionieren im Dauermodus.

Zurück zur Meditation: Ich las damals ein Buch über den Dalai Lama, in dem es viel um Meditation geht. Es behandelt auch die Frage des Glücks und wie wir es am besten erleben können. Zu Beginn wird gleich mal festgehalten, dass sich unsere moderne westliche Welt auf der Suche nach Glück viel zu sehr am Außen orientiert. An materiellen Werten und Oberflächlichkeiten. Um wahre Zufriedenheit zu erlangen, müssen wir aber nach innen schauen. Geht es unserem wahren, inneren Selbst gut, fügen sich die äußeren Umstände automatisch. Das scheint auf den ersten Blick leicht zu klingen, aber können wir uns selbst den Vorgaben der westlichen Welt entziehen? Wir sind nun mal Teil des Konstrukts und so sozialisiert. Da können wir noch so sehr vorgeben, spirituell zu sein, in einem Aschram in Indien eine zehntägige Silent-Meditation buchen und

Es ist wichtig, aus unserer Komfortzone auszubrechen.

trotzdem zu Hause unseren Audi fahren. Wir benehmen uns heuchlerisch, wollen das Beste aus beiden Welten. *Den materiellen Luxus und die spirituelle Erleuchtung. Doch diese stehen meist im Gegensatz zueinander.* Wer seine Aufmerksamkeit in das Anhäufen von Kapital steckt, wird weniger Energie in Meditation und tägliche Achtsamkeitsübungen investieren können. Wem das geistige Wohlergehen, Harmonie, Spiritualität und ein gesundes Miteinander wichtig sind, wird sich nicht in das Haifischbecken der Ellbogengesellschaft des Finanzmarktes begeben, denn es geht um völlig andere Dinge, ein völlig anderes »Level« an Glück.

> Materieller Luxus und spirituelle Erleuchtung stehen im Gegensatz zueinander.

Jegliche Form von Achtsamkeit kann aber relativ sein und die kognitive Dissonanz, wenn die Wertvorstellung und das praktische Handeln nicht übereinstimmen, einen ziemlichen Konflikt in uns entstehen lassen. Wer entscheidet denn, wer nun wirklich achtsam lebt? Wie sehr beurteilen und verurteilen wir das Verhalten von anderen? Ist es wirklich der vegan lebende Hipster aus Berlin, der mit dem Fahrrad alle Wege fährt, aber dreimal im Jahr seine Backpack-Tour durch Bali oder Thailand macht? Oder ist es die Oma, die jeden Tag Fleisch kocht und den Müll nicht trennt, aber noch nie in ihrem Leben geflogen ist?

Was zählt, ist der Wille zur Achtsamkeit. Meditation – gut und schön. Viele schwören auf sie und bezeichnen sie als lebensverändernde Praxis. Aber was genau bedeutet es, zu meditieren? So einfach lässt sich das nämlich gar nicht erklären. Es gibt so viele verschiedene Arten, zu meditieren, in sich zu gehen, das ist bei jeder und jedem ganz individuell. Was für die eine funktioniert, funktioniert bei dem anderen vielleicht überhaupt nicht.

Die wohl bekannteste Art der Meditation ist, sich im Schneidersitz oder kniend mit aufrechtem Rücken hinzusetzen und die Hände sanft auf den Knien ruhen zu lassen. Die Augen werden geschlossen, und du versuchst, still zu werden, in dich hineinzuspüren und deinen Atem ganz bewusst wahrzunehmen. Du machst tiefe Atemzüge, atmest durch die Nase ein und durch den Mund aus. Hier kannst du den Atem unterschiedlich lang anhalten und in einem Rhythmus die Sekunden zählen, die Luft in den Bauch, die Flanken oder den unteren Rücken strömen lassen. Du nimmst alle Geräusche um dich herum wahr, im Raum und außerhalb des Raumes. Vordergründig ist es der Rhythmus des eigenen Atems, auf den du dich konzentrierst. Du bist achtsam, wo die Luft genau hinfließt. Schaffst du es, sie tief sinken zu lassen, in den Bauch- und Rückenbereich, oder bleibt sie schon bei den Schultern stecken? Wichtig ist aber, bloß zu beobachten und nicht zu versuchen, etwas zu forcieren oder zu kontrollieren. Der Atem sollte fließen. Du spürst in dich hinein: Wie fühlst du dich heute? Welche Stelle deines Körpers fühlt sich eng und verkrampft an? Wohin kannst du atmen, um Spannungen im Körper zu lösen? Hierbei ist es wichtig, sanft und in der Beobachtung zu bleiben. Anzuerkennen, wie es dir gerade geht, aber nicht zu werten und zu beurteilen. Es geht hierbei um Akzeptanz.

Wann sind wir uns unseres Körpers so bewusst? Wir besitzen ein Herz, das konstant Blut pumpt, und Lungen, die unermüdlich Luft ein- und wieder ausatmen. Das alles geschieht nebenbei und automatisch. Wie schön ist es, unseren Körper und das, was er leistet, bewusst wahrzunehmen!

Eine andere Möglichkeit, in einen meditativen Zustand zu gelangen, ist das Betrachten einer Kerze oder einer Flamme. Wir bemerken, wie unser Körper still wird und wir uns ganz vom Anblick des Feuers vereinnahmen lassen. Hierbei wird bewusst an nichts gedacht, bloß die Flamme wird wahrgenommen. Bei wem beim Betrachten einer Flamme nicht dieses Ruhegefühl ausgelöst wird, kann durch die Konzentration auf eine Vielzahl von Dingen in eine Art Meditation hineinfinden, hier kann jede und jeder einen eigenen Weg finden.

Für manche kann ein Spaziergang in der Natur die beste Form, zu meditieren, sein. Eine Art Bewegungsmeditation. Durch den Rhythmus der Schritte und die frische Luft, die Natur um uns herum, kommen Körper und Geist zur Ruhe. Wenn wir angespannt oder gestresst sind, kann ein Spaziergang im Wald wahre Wunder bewirken. Wie es heute viele Wissenschaftler*innen bestätigen, ist das Umarmen von Bäumen unheimlich erdend und gut für die Gesundheit. Es hilft dabei, das Stresshormon Cortisol abzubauen und in eine tiefere Entspannung zu kommen. Wir spüren förmlich die Energie des Waldes und die Kraft des Baumes, die auf uns überfließen. Es fühlt sich an wie ein Aufladen und Auftanken mit neuer Energie. Qing Li, Professor der Nippon Medical School in Tokio, wies nach, »dass die Terpenoide [Anm.: Duftstoffe, die von Bäumen abgesondert werden], die beim Atmen oder über die Haut aufgenommen werden, im menschlichen Körper die sogenannten Killerzellen aktivieren. Deren Aufgabe ist es, Krankheitserreger wie Viren oder kranke Zellen zu identifizieren und zu zerstören.«[144] Im Wald zu sein oder Bäume zu umarmen kann also eine heilende Wirkung haben.

Als wir an der Schauspielschule mal einen Baum umarmen sollten, lachte ich laut auf und verweigerte es, so einen Blödsinn zu machen. Heute spüre ich die positiven Effekte eines Waldbades und kann nur wärmstens weiterempfehlen, gelegentlich mal einen Baum in die Arme zu schließen!

Es gibt unzählige verschiedene Formen der Meditation. Meditation kann bei einem Museumsbesuch stattfinden, wenn uns beim Betrachten eines Ölgemäldes oder einer Acryllandschaft die Emotionen überkommen und wir vollkommen präsent sind.

Wem es – wie mir – schwerfällt, abzuschalten, kann eine geführte Meditation ausprobieren. Es gibt heute viel Apps und YouTube-Videos, die dich sanft durch eine Meditationseinheit führen. Für viele ist dies der leichteste Weg, um in dieses große Thema einzusteigen. Unumstritten bleibt, wie lebensverändernd Meditieren sein kann.

Minimalismus

Was ist wirklich wichtig?

Anders als es uns die Werbung vorgaukelt, macht es uns Menschen sicherlich nicht glücklich, immer mehr materiellen Besitz anzuhäufen. Haben wir nun das neue Auto, das neue Parfum oder essen wir in den schicksten Restaurants und leben in luxuriösen Häusern – dann müssten wir doch eigentlich endlich mal glücklich sein?

Doch was geschieht, wenn unser Konsumdurst immer wieder aufs Neue gestillt wird? Wir bemerken, dass all diese Dinge uns in keinster Weise wirklich ausfüllen. »Ist doch logisch«, würde jemand sagen, der nach dem Prinzip von Ikigai (siehe Kapitel »Die Überwindung unserer FOMO« – »Wie lebe ich im Moment und bewahre mir mein Glück«) lebt, »dass euch eure kapitalistischen Werte und euer ständiges Verlangen nicht glücklich machen. Glück liegt verborgen im Kleinen.« In der Simplizität und der Schönheit von Details oder dem Schaffen und der Vollendung von Kunstwerken oder handwerklichen Arbeiten. Die Welt durch Kinderaugen zu sehen, die eigene Freude an scheinbaren Kleinigkeiten wiederzuentdecken. Das Glück ist ein Vogel, der jeden Augenblick wieder fortfliegen kann – deshalb ist es ja so kurzlebig und kostbar. Es kann nicht eingefangen werden, nicht in einen Käfig gesperrt werden.

»Fortune is fickle – coming and going as she pleases.«

Vielleicht ist deshalb ein Leben im Minimalismus der Weg zum Glück. Durch die bewusste Entscheidung, weniger Besitz anzuhäufen und, noch wichtiger, es zu schaffen, uns nicht über unseren Besitz in der Gesellschaft zu definieren, könnten wir ein leichtes, befreites Leben ohne viel Müll und Ballast führen. Wenn wir darüber nachdenken, schleppen wir diesen Besitz ständig mit uns. Natürlich ist es wunderbar, schöne Dinge zu haben, sich hier und da etwas Besonderes zu gönnen. Doch ich kann es nicht oft genug erwähnen, wie wichtig der achtsame Konsum und das Abwägen von Qualität über Quantität sind. Wir verbringen Stunden damit, etwas in unseren Unmengen an Dingen zu suchen oder am Morgen auszuwählen, was wir anziehen sollen. Stell dir vor, du hättest nur zehn Blusen zur Auswahl anstatt der 40 in deinem Schrank. Zehn gute Blusen von toller Qualität, die du nicht nach zwei Jahren wieder wegwirfst.

Wer braucht all diesen Krempel? Wer schon mal das Haus oder die Wohnung eines verstorbenen Verwandten ausgeräumt hat, weiß, wie viel Zeug sich über die Jahrzehnte anhäufen kann. Am Ende des Tages ist es wertlos, und wir entsorgen es. In der Modeindustrie kommt alle paar Wochen eine neue Kollektion auf den Markt, wer am Zahn der Zeit sein will und gut aussehen möchte, kauft sich die neuesten Trendteile und vergisst die guten Stücke ein paar Monate später wieder. Mode sowie elektronische Geräte werden zu Abfallprodukten, und das ist von der Industrie auch so gewollt. Geräte werden heute nicht mehr hergestellt, um möglichst lange gut zu funktionieren, sondern um möglichst bald ein Problem aufzuweisen, das die Kund*innen zwingt, es auszutauschen. Mit Software-Updates schleichen sich gewisse Viren auf unsere Handys und Laptops, die sie langsamer werden lassen und die Akkus aussaugen – die Konsequenz: Wir konsumieren aufs Neue. Wir verlernen somit, Dinge wertzuschätzen, denn sie werden ohnehin bald weggeworfen und durch neue, glänzende Artikel ersetzt. Das Problem ist, dass sich dieses Verhalten langsam, aber sicher auf unsere Beziehung zu unseren Mitmenschen überträgt. *Das Mutieren zur Wegwerfgesellschaft macht* *sich in allen Lebensbereichen und daher auch im eigenen Wertesystem bemerkbar. Alles ist nur so lange gut genug, bis das Nächstbessere um die Ecke kommt.*

Alles ist nur so lange gut genug, bis das Nächstbessere um die Ecke kommt.

Etwas auszutauschen, muss aber nicht in allen Belangen etwas Schlechtes sein. Es lebt sich wesentlich leichter, wenn wir anerkennen, dass es okay ist, Verbindungen zu lösen. Sei es eine Partnerschaft oder eine Freundschaft. Nur weil eine Person vor Jahren mal meine beste Freundin war, heißt das nicht, dass sie es aus Gewohnheit und Komfort für immer bleiben muss. Wir entwickeln uns weiter, gehen neue Lebensabschnitte ein und manchmal passen gewisse Wege, Ziele oder Einstellungen eben nicht mehr zueinander. Wir müssen nicht krampfhaft an diesen Beziehungen festhalten, es ist völlig okay, uns von ihnen zu lösen, und für die eigene persönliche Weiterentwicklung manchmal sogar erforderlich. Eine »Trennung« von der besten Freundin oder dem Partner kann als etwas Positives gesehen werden, und all die schönen gemeinsamen Jahre sollen zelebriert werden. Die Bereitschaft, Verbindungen zu lösen, die nicht mehr in unser Leben passen, ist essenziell für ein leichteres, kompakteres Leben. Minimalistisches Denken in unserem persönlichen Umfeld kann uns dabei helfen, uns auf die Menschen zu konzentrieren, die wir für ein erfülltes Leben wirklich brauchen.

Ich durfte knapp zwei Monate auf den Galapagosinseln verbringen und habe dort erfahren, wie sich minimalistisches Leben anfühlen kann. Es waren rückblickend sicherlich ein paar der spannendsten, intensivsten, anstrengendsten und schönsten Wochen meines Lebens. Ich bekam die Chance, zwei Wochen lang auf einer unbewohnten Insel neben schlafenden oder im Wasser spielenden Seelöwen zwölf Stunden pro Tag auf das offene Meer hinauszuschauen – wann erleben wir so etwas? Zur Erklärung: Für einen

Dokumentarfilm wollten wir eine ganz spezielle Jagdtechnik dokumentieren, bei der die Seelöwenherde kilometerweit aufs offene Meer schwimmt, die Seelöwenweibchen dann wie Delfine aus dem Wasser springen, um die Fische schließlich in die Bucht zu treiben, wo sie leichte Beute für die Herde sein würden. Unsere Aufgabe war es, am Gipfel der Insel an einem Aussichtspunkt mit Ferngläsern zu warten, um den Beginn der Jagd, das Springen der Seelöwen, so früh wie möglich zu entdecken, sodass die Kameramänner und -frauen sich mit ihrer Tauchausrüstung rechtzeitig im Wasser platzieren konnten, um die Jagd bestmöglich filmisch einzufangen.

Was für manche vielleicht langweilig oder eintönig klingen mag, war für mich ein unbezahlbares Geschenk.

Eins mit der Natur zu sein, jeden Tag in der prallen Sonne auf Vulkanstein zu sitzen, um mich herum nichts als Ozean. Die raue See, die pure nackte Härte und Schönheit der Natur. Kein Haus, kein Unterschlupf, keine Internetverbindung. Zweimal täglich brachte uns der Kapitän des Bootes, auf dem wir schliefen, Essen auf einem Schlauchboot vorbei. Um 5 Uhr morgens läutete der Wecker, und zum ersten Sonnenstrahl saßen wir bereits auf unseren Positionen, um ja keine springende Seelöwin zu verpassen. Nachdem die Sonne untergegangen war, holte uns das Schlauchboot wieder ab und brachte uns zurück auf unser Versorgungsboot. Es war ein kleines Boot mit bescheidenen Kabinen. Nachts schien der Mond hell, fast so stark wie die Sonne, die ewigen Wellen reflektierten sein Licht.

Ich habe mich selten so lebendig und frei gefühlt. So müsste das Leben doch sein. Ohne Stress und Zwang, barfuß und ungeschminkt. Leicht und roh, simpel und voll.

Leichtigkeit

Fühlt sich so ein Leben ohne FOMO an?

Und plötzlich war sie da. Die langersehnte Leichtigkeit. Ich habe ihre Ankunft nicht sofort bemerkt, aber eines Tages, als ich aufwachte, hatte sie sich ganz deutlich in mir breitgemacht. Ich lächelte und lachte auf einmal viel und oft, ohne einen wirklichen Grund dafür zu haben. Nichts schien so wichtig zu sein, um sich darüber Sorgen machen zu müssen oder deswegen gar angespannt und grantig zu sein. Ich konnte über so manche Banalität, die üblicherweise meine Stimmung in den Keller getrieben hätte, einfach lachen. Ich hatte scheinbar gelernt, Nichtigkeiten loszulassen, bevor sie meinen Tag vermiesen konnten.

Und plötzlich war sie da. Die langersehnte Leichtigkeit.

Ich fühlte mich zehn Kilo leichter. Ich war spontan und lebendig und voller Lebensdurst. Ich hatte mehr Energie als je zuvor, und es fühlte sich verdammt gut an.

Zwei Jahre lang war »Leichtigkeit leben« mein Neujahrsvorsatz gewesen – zwei Jahre lang erfolglos. So sehr ich mich auch bemüht hatte, ich wurde schnell und immer wieder in meinen Alltag, meine deprimierenden Gedanken und den täglichen Stress hineingesogen.

Doch plötzlich hatte ich Klarheit. Es stimmt: *Abstand gibt uns Klarheit.* Nach meinem zweimonatigen Aufenthalt auf den Galapagosinseln hatte ich eine neue Perspektive gewonnen. Die intensive und permanente Auseinandersetzung mit der Natur, mit dem Hier und Jetzt, und die lockere, unbeschwerte Art der Südamerikaner*innen hatten mich ein Stück weit näher zur Lösung meines persönlichen Rätsels gebracht.

Leichtigkeit ist Lebenskunst und alles andere als leicht beizubehalten. Immer wieder machte sich der Stress einer mitteleuropäischen Stadt in den Wintermonaten psychisch wie auch physisch bei mir bemerkbar. Das kalte Nass, das industrielle Grau von Berlin gaben mir in dem darauffolgenden Winter fast den Rest. Es war wieder mal Berlinale, und noch nie zuvor habe ich mich so fehl am Platz gefühlt. Zwar traf ich unheimlich viele Menschen, hatte auch nette Gespräche mit großartigen Kolleg*innen, ich fühlte mich aber eigentlich durchgängig unwohl. Mir wurde immer mehr bewusst, dass diese Welt der Selbstdarstellung, Posens und des nichtssagenden Smalltalks vielleicht nicht die richtige für mich war. Viel lieber wäre ich in Flipflops ungeschminkt irgendwo in der Natur gewesen als auf einer Party mit Champagner, umgeben von Glitzer und Glamour. Diese eine Woche in Berlin hatte ausgereicht, um mir die neugewonnene Leichtigkeit wieder fast auszutreiben. Doch ich versuchte mit allem, was ich hatte, an ihr festzuhalten. Denn – wie auch das Glück –: Sie ist ein Vogel, der hin und wieder vorbeifliegt, manchmal landet, doch nie ewig bleibt.

Ich konnte für mich festhalten, dass sich Leichtigkeit aus folgenden Bausteinen zusammensetzt: *Verbundenheit mit der Natur, nichts zu ernst zu nehmen und sich Zeit zu lassen.* Dinge nicht zu tragisch zu nehmen, ist leichter gesagt als getan. Doch Stress ist der absolute Killer von Leichtigkeit. Als ich mich so frei und voller Leichtigkeit gefühlt habe, konnte mich nichts auf der Welt stressen. Ich hatte die absolute Ruhe in mir, es war nichts wichtig genug, um mich aus dem Gleichgewicht zu bringen.

Versuch es doch als kleines Selbstexperiment: Das nächste Mal, wenn dich etwas stresst, du Panik hast, einen Zug zu verpassen oder zu spät zu einer Prüfung zu kommen, bleib gelassen – du erreichst den Zug nicht schneller, wenn dein Körper und dein Kiefer sich verkrampfen und dein innerer Kritik-Gnom zu nörgeln beginnt, warum du zu dumm warst, um rechtzeitig loszugehen.

Es läuft dir nichts davon. Na und, dann nimmst du halt den nächsten Zug – es gibt Schlimmeres im Leben! Cool zu bleiben, fällt uns schwer, weil wir Stress und Druck gewohnt sind. Aber so macht das Leben keinen Spaß. Und darum geht es doch wirklich im Leben – Freude, Lachen, schöne Momente, die kleinen Dinge zwischendrin, die Sonnenstrahlen im Park am Wochenende, Leidenschaft, Genuss, gutes Essen. Dies soll kein Plädoyer für Hedonismus sein, doch die Hedonist*innen der griechischen Antike müssen schon so einiges vom Leben verstanden haben.

Ist vielleicht Hedonismus vereint mit Solidarität und Humanität der Schlüssel zum Glück? Sich selbst möglichst viel Genuss zu ermöglichen und trotzdem empathisch und solidarisch seinen Mitmenschen gegenüber zu agieren? *Denn ist nicht das Helfen die höchste Form von Erfüllung?*

Ich nenne es nun ganz plump Sozialhedonismus – das Ermöglichen von Genuss und Freude für alle Menschen und uns selbst.

Denn ist nicht das Helfen die höchste Form von Erfüllung?

Was uns bleibt

Mit Solidarität zurück zur Humanität?

Während der Coronapandemie hatten wir die Chance, für eine Weile stillzustehen und über unsere Lebensweise nachzudenken. Plötzlich drückte jemand auf Pause, und unsere Mutter Natur konnte für einen Moment lang aufatmen. Doch wir haben unsere Chance auf einen potenziellen Neubeginn, ein kollektives Umdenken nicht wahrgenommen und sind zurückgefallen in die gleichen, altbekannten Muster. Wir sind zu unseren Gewohnheiten zurückgekehrt und haben den gleichen oder einen noch schlimmeren Weg eingeschlagen:

> Wir zerstören weiterhin aus Gier das einzige Zuhause, das wir haben.

Wir zerstören weiterhin aus Gier das einzige Zuhause, das wir haben. Wir führen Kriege und kaufen Waffen für Billionen von Dollar, anstatt Armut, Hungersnöte, Ungleichheiten und den Klimawandel zu bekämpfen. Der neoliberale Kapitalismus infiziert weiterhin wie ein Virus die Zellen unserer Zivilisation. Er hat unsere Moral und unsere Humanität bis ins Mark kontaminiert. Es sind die großen Unternehmen, die um jeden Preis Gewinn machen wollen, Kriege führen, ausbeuten und die Welt, die Politik und die Gesellschaften steuern, die endlich zur Verantwortung gezogen werden müssen. Wir, die Bevölkerung, bleiben zahm und werden durch die Verheißungen des Konsums und der sozialen Medien manipuliert und stillgehalten. Durch unser Wirtschaftssystem, welches unsere FOMO befeuert und ausnutzt, werden immer mehr Mangeldenken und Angst kreiert. Abgesehen von der Ansammlung katastrophaler humanitärer und politischer Umstände ist es die gewollte, künstlich fabrizierte FOMO, die uns davon abhält, jemals zufrieden zu sein.

Wenn wir als Einzelpersonen schon nicht Krieg, Hunger und Armut beenden können, haben wir bei unserer FOMO die Chance, ihr zu entkommen: durch das Bewusstsein und die Achtsamkeit, im Hier und Jetzt zu leben, durch ein verstärktes Vertrauen in die Zukunft, eine radikale Reduktion unseres Social-Media-Konsums, durch Lehren wie Taoismus, durch die Natur, Sport, Meditation, durch eine allgemeine Entschleunigung und vor allem durch die Wiederentdeckung unserer Freude an kleinen Dingen haben wir die Möglichkeit, unser kleines, persönliches Glück zu finden und zu bewahren.

Unsere begrenzte Zeit auf diesem Planeten ist ein einmaliges Geschenk. An jeder Ecke finden wir kleine Wunder, die uns durch unseren oft grau erscheinenden Alltag tragen. Unser Leben ist viel zu kurz, um es nicht zu genießen und den Druck um uns herum, die grauenhaften Nachrichten an jeder Ecke oder die Angst in unseren Köpfen überhandnehmen zu lassen.

Mir ist bewusst, dass das Geschriebene keinen besonders positiven Nachgeschmack hinterlässt – unsere Situation ist nun mal komplex und wirkt für uns kleine Individuen oft aussichtslos. Doch eine der mächtigsten Kräfte, die wir in uns tragen, ist unsere unzerstörbare Fähigkeit, Hoffnung zu empfinden. Wenn alles verloren zu sein scheint, trüb und aussichtslos, dann ist sie es, die – zuerst sachte und dann immer bemerkbarer – in uns aufflackert.

Wir Menschen sind träge und es wäre einfacher für uns, aufzugeben oder erst gar nicht anzufangen, wenn wir denken, dass keine Lösung, keine Chance auf Veränderung in Sicht ist. Sehen wir nicht die geringste Möglichkeit, den kleinsten Spalt, durch den das Licht des Optimismus durchblitzen kann, dann gibt es auch keine Motivation, keine Energie, die uns antreibt und in Aktion treten lässt. Wenn alle Bemühungen ins Leere laufen, sich nichts nur einen Millimeter in die richtige Richtung bewegt, wenn wir kurz davor sind, aufzugeben, das Handtuch werfen wollen und nur noch erschöpft und resigniert unseren Kopf in den Sand stecken wollen – dann ist es die Hoffnung, die uns innerlich anstupst und uns zurück in Bewegung bringt.

»Kritisches Denken ohne Hoffnung ist Zynismus. Hoffnung ohne kritisches Denken ist Naivität«, schreibt die bulgarische Autorin Maria Popova.[145]

Natürlich ist Hoffnung oft mit Gutgläubigkeit und Naivität verbunden. Doch sind und waren es nicht die größten Träumer*innen, die an das Unvorstellbare geglaubt haben, die ihre Ziele auch durch eine Portion Naivität erreicht haben? Wie viel Zeit verschwenden wir damit, zu denken, dass wir etwas nicht schaffen und nicht gewinnen können? Der Glaube und die Hoffnung, dass wir die Macht haben, Dinge zu beeinflussen, sind essenziell, um unserer Ohnmacht entgegenzuwirken. Wie hätte Nelson Mandela ganze 28 Jahre als politischer Gefangener im Gefängnis überstanden, ohne einen Hoffnungsschimmer, ohne einen Glauben an sich und seine Vision von Gleichstellung?[146]

Doch Hoffnung ohne Aktion ist wertlos.

Hoffnung ohne Aktion ist wertlos.

Die US-amerikanische Schriftstellerin Rebecca Solnit schreibt in ihrem Buch »Hope in the Dark«: »Hoffnung ist nur ein Anfang, kein Ersatz für Aktion, nur die Basis dafür.«[147] Hoffnung allein reicht nicht aus – das Hoffen auf ein Ereignis oder einen guten Ausgang ist unzureichend ohne das entsprechende Handeln.

Worauf hoffen wir denn? Auf ein Wahlergebnis, das unseren Vorstellungen entspricht? Das Ende der Dummheit der Menschen? Auf das Überwinden unserer Unersättlichkeit? Auf die politische und menschliche Bekehrung von Faschisten?

Wo hört Hoffnung auf, und wo fängt Realismus an? Sind Realist*innen in der Lage, Hoffnung zu empfinden? Wann hoffen wir?

Hoffen tritt dann ein, wenn ich das Resultat nicht (mehr) durch meine Handlungen beeinflussen kann. Wenn ich einen Ausgang steuern kann und er an keiner anderen Person oder keinem anderen Umstand hängt, muss ich ja nicht hoffen – dann weiß ich es.

Hoffnung kommt also dann zum Einsatz, wenn wir die Faktoren und Resultate nicht verändern können. Genau diese Ohnmacht heute, das Gefühl, nichts tun zu können, ein Passagier auf einem fremdgesteuerten Schiff zu sein, das gerade auf einen gewaltigen Eisberg zusteuert, bedeutet, dass Hoffnung oft das Einzige ist, was uns bleibt. Doch unser Ohnmachtsgefühl trügt – geht es um nichts Geringeres als unsere Zukunft und die Zukunft unserer Erde, gibt es immer etwas, was wir tun können. Wir sind nicht machtlos, ganz im Gegenteil: Wir haben die Möglichkeit, in jedem beliebigen Moment das Schiff zu verlassen, uns in die Fluten zu stürzen und eigene Wege des Beitragens, des Protests und der Aktion zu finden.

»Wir können Teil der Veränderung sein, wenn wir in Aktion treten.«[148]

Es ist schlicht und einfach sinnlos und kraftraubend, deprimiert und gelähmt mit defätistischer Perspektive durchs Leben zu gehen. Unsere Ohnmacht kann nur durch Aktion überwunden werden. Ein vereintes Tun, ein kollektives, soziales Handeln, welches keineswegs perfekt sein muss. In Aktion zu treten heißt, irgendwo anzufangen. Sich zu informieren, bei einer Demonstration auf die Straße zu gehen, sich vielleicht einer Gruppierung von Aktivist*innen anzuschließen oder auch nur beim Abendessen mit Freunden über die nächste Wahl oder ein tagespolitisches Thema zu sprechen, das uns alle betrifft. Wir können nicht ständig auf den richtigen Moment warten, um aktiv zu werden – Handeln passiert spontan, urplötzlich, wenn uns die Motivation packt. Wir müssen hier keineswegs planen, wir müssen nur loslegen.

»Perfect is the enemy of action.« (Perfekt ist der Feind von Aktion.)

»Imperfect Advocacy« (= unvollkommene Einflussnahme) bedeutet, dass wir keine Angst haben müssen, einfach anzufangen, ohne einen genauen Gameplan zu verfolgen, und offen zu sein, unsere Stimmen für den Klimawandel und andere sozialpolitische Themen zu erheben. Auch wenn wir selbst nicht alles perfekt machen, heißt das nicht, dass wir uns nicht für wichtige Themen starkmachen können. Imperfect Advocacy ist um Welten besser als gar keine Advocacy. Wir sind Menschen, wir sind meilenweit davon entfernt, alles richtig zu machen, und können trotzdem bewegen, inspirieren, laut sein und unsere Meinung für das Richtige kundtun.

Wir können und müssen nicht perfekt sein. Aber wir müssen uns nach Niederlagen wieder aufrappeln, weitermachen und selbst die kleinsten Erfolge feiern. Unsere allgemeine Haltung darf keineswegs in einen »naiven Zynismus« verfallen.[149] Wenn zum Beispiel eine kleine Gesetzesänderung in puncto Klimawandel verabschiedet wird, für die die Zuständigen und Aktivist*innen seit Jahren gekämpft haben, wird dieser vermeintlich winzige Erfolg von der Allgemeinheit schnell mal als Tropfen auf den heißen Stein abgetan, die harte Arbeit dahinter nicht erfasst und anerkannt. Skeptiker*innen beschweren sich, nörgeln und werten das hart erkämpfte Resultat ab. Wie gut können wir uns über andere aufregen und uns beschweren, ohne uns dabei selbst den Spiegel vorzuhalten? Kleine Meilensteine müssen also gefeiert werden

Wir können und müssen nicht perfekt sein.

und als Motivation für künftige weitere Schritte eingesetzt werden. Es bringt gar nichts, von außen zuzusehen und zu nörgeln, dass zu wenig passiert und scheinbar nichts vorangeht. Nur wer involviert ist und mit anpackt, das Ausmaß der Arbeit und des Aufwandes wirklich versteht und am eigenen Leib erfahren hat, kann den Kopf ab und zu frustriert in den Sand stecken. Doch paradoxerweise sind es genau diejenigen Aktivist*innen, die oft jahrelang ohne Erfolg und mit vielen Rückschlägen leben müssen, die weitermachen, positiv bleiben und die Hoffnung bewahren.

Patrisse Cullors, eine US-amerikanische Künstlerin und Black-Lives-Matter-Aktivistin, bringt es auf den Punkt: »[Wir müssen] Hoffnung und Inspiration für kollektives Handeln geben, um kollektive Macht aufzubauen und kollektive Veränderungen zu erreichen, die in Trauer und Wut wurzeln, aber auf Visionen und Träume ausgerichtet sind.«[150]

Genau dieses Kollektiv, dieses Zusammengehörigkeitsgefühl wird vonnöten sein, um jegliche Veränderung zu initiieren. Anstatt »apart« (weg) voneinander und der Natur zu sein, müssen wir wieder »a part« (ein Teil) der Gesamtheit und der Natur werden.

Und da wären wir nun beim springenden Punkt. Dieser eine Begriff ist auf der Suche nach dem Glück essenziell und ebenso die Lösung für eine Vielzahl unserer gesellschaftlichen Probleme. Er ist der Schlüssel, um zu unserer verlorenen Humanität zurückzufinden: *Solidarität* – Mitgefühl, Empathie und Achtsamkeit für unsere Mitmenschen, die Natur und unseren Planeten.

Ein solidarisches, wohlwollendes Miteinander ist der Schlüssel zu einem friedlichen Sein – denn Mensch sein kann ich nicht allein.

Finden wir durch Solidarität wieder zu unserer ursprünglichen Menschlichkeit zurück und flicken wir Stück für Stück die zerbröckelten Fragmente unserer entfremdeten Gesellschaft wieder zusammen.

Danksagung

Danke an meine großartigen Eltern. Ihr seid die besten Menschen, die ich kenne.

Danke an Yvette und Imaculate für eure Lebensfreude.

Danke an Franz für dein Wesen, ich hätte dein Buch gerne gelesen.

Danke an Paul Pizzera für die Idee zum Titel dieses Buches, »FOMO Sapiens«.

Danke an alle Familienmitglieder, Freundinnen und Freunde für die uneingeschränkte Unterstützung und Inspiration.

Endnoten

1 European Academy of Neurology (EAN), https://healthcare-in-europe.com/de/news/intensive-smartphone-nutzung-kann-arm-nerven-schaedigen.html

2 https://www.who.int/europe/de/home/10-10-2023-mental-health-in-europe-and-central-asia--girls-fare-worse-than-boys

3 https://www.ots.at/presseaussendung/OTS_20230313_OTS0026/studie-psychische-gesundheit-von-schuelerinnen-durch-pandemie-weiter-verschlechtert

4 (zitiert nach) https://beratungmarienstrasse.de/fobo-ueber-die-angst-entscheidungen-zu-treffen/

5 (zitiert nach) https://beratungmarienstrasse.de/fobo-ueber-die-angst-entscheidungen-zu-treffen/

6 https://beratungmarienstrasse.de/fobo-ueber-die-angst-entscheidungen-zu-treffen/

7 https://www.br.de/br-fernsehen/sendungen/wir-in-bayern/ratgeber/entscheidungen-treffen-zweifel-ueberwinden-familientherapeutin-birgit-salewski-102.html

8 https://www.planet-wissen.de/gesellschaft/psychologie/entscheidungen_die_wahl_zwischen_alternativen/index.html

9 https://www.planet-wissen.de/gesellschaft/psychologie/entscheidungen_die_wahl_zwischen_alternativen/index.html

10 https://www.psychotipps.com/selbstsicher-nein-sagen.html

11 https://www.nationalgeographic.de/umwelt/2021/11/26-harte-fakten-zum-klimawandel

12 UNICEF, 2021, ZeitOnline-Bericht, https://www.zeit.de/wissen/umwelt/2021-08/unicef-index-kinder-klimawandel-auswirkungen

13 https://unicef.at/news/einzelansicht/welternaehrungstag-alle-13-sekunden-stirbt-ein-kind-an-hunger/

14 https://www.unicef.de/informieren/aktuelles/blog/-/hungersnot-ernaehrungskrise-mangelernaehrung-was-ist-das/273952

15 Jean Ziegler, Ändere die Welt!, 2014, S. 52

16 https://www.spiegel.de/ausland/drei-prozent-der-g7-militaerausgaben-koennten-hunger-in-der-welt-beenden-a-3e710aad-19ae-4ec4-8331-dd59717ec499

17 https://www.spiegel.de/ausland/drei-prozent-der-g7-militaeraus-gaben-koennten-hunger-in-der-welt-beenden-a-3e710aad-19ae-4ec4-8331-dd59717ec499
18 https://www.ots.at/presseaussendung/OTS_20240411_OTS0170/oesterreichs-entwicklungshilfeleistungen-care-statement-zu-oecd-zahlen
19 (zitiert nach) https://www.welt.de/wissenschaft/article116534487/Unangenehmes-wird-un-bewusst-verdraengt.html
20 https://www.germanwatch.org/de/20182
21 https://www.germanwatch.org/de/20182
22 Rebecca Solnit, Hope in the Dark, S. 17
23 https://www.nationalgeographic.de/wissenschaft/2023/03/glue-cksforschung-was-wir-wirklich-brauchen-um-gluecklich-zu-sein-psychologie-skandinavien-deutschland
24 https://www.nachrichten.at/meine-welt/gesundheit/kein-vogerl-und-kein-zufall-glueck-ist-arbeit-und-ansichtssa-che;art114,3342278
25 https://www.derpragmaticus.com/r/baby-boomer
26 https://science.orf.at/v2/stories/2918463/; https://www.focus.de/wissen/mensch/werden-wir-immer-duemmer-intelligenzforscher-erklaert-warum-unser-iq-seit-jahren-sinkt_id_10943200.html
27 https://www.derstandard.at/story/3000000215520/warum-ist-gen-z-depressiv-nervoes-und-suizidgefaehrdet
28 https://www.derstandard.at/story/3000000215520/warum-ist-gen-z-depressiv-nervoes-und-suizidgefaehrdet
29 https://www.wwf.at/artikel/folgen-der-klimakrise-15-grad-oder-2-grad/
30 Club of Rome, Earth for All, S. 45
31 Frei zitiert nach: Club of Rome, Earth for All, S. 47–48
32 Club of Rome, Earth for All, S. 35
33 https://www.momentum-institut.at/news/niedrigsteuerland-fuer-superreiche/
34 https://www.moment.at/story/superreiche-steuern-barbara-blaha/
35 (zitiert nach) https://kontrast.at/zucman-steuern-milliardaere-welthunger/
36 https://kontrast.at/das-monopoly-experiment-zeigt-dass-reichtum-die-menschen-unsozial-und-gierig-macht/
37 https://kontrast.at/das-monopoly-experiment-zeigt-dass-reichtum-die-menschen-unsozial-und-gierig-macht/
38 https://kontrast.at/das-monopoly-experiment-zeigt-dass-reichtum-die-menschen-unsozial-und-gierig-macht/

39 https://www.mein-grundeinkommen.de/magazin/darum-freuen-wir-uns-ueber-die-ergebnisse-aus-finnland
40 https://www.mein-grundeinkommen.de/magazin/darum-freuen-wir-uns-ueber-die-ergebnisse-aus-finnland
41 https://www.derstandard.at/story/2000115678178/ungleichheits-forscher-piketty-fordert-120-000-euro-startkapital-fuer-alle
42 https://pfd.alaska.gov/docs/permanentfunddividendlibraries/annual-reports/2021-pfd-annual-report---final.pdf?sfvrsn=72af26ba_4
43 Club of Rome, Earth for All, S. 120
44 https://www.energie-klimaschutz.de/fleischkonsum-katastrophale-auswirkungen-klima/)
45 https://www.dw.com/de/faktencheck-wie-schädlich-für-das-klima-ist-der-verzehr-von-fleisch-wirklich/a-63252828 Deutsche Welle, „Faktencheck: Wie klimaschädlich ist Fleischkonsum wirklich?", Wulf Wilde, 30.10.2022
46 zitiert nach: https://www.energie-klimaschutz.de/fleischkonsum-katastrophale-auswirkungen-klima/)
47 https://www.seaspiracy.org/facts
48 https://www.ardalpha.de/wissen/umwelt/klima/klimawandel/ozeane-weltmeere-erwaermung-co2-klimawandel-100.html
49 https://www.focus.de/panorama/boulevard/mode-vivienne-westwood-wirbt-fuer-nachhaltigkeit_id_4739225.html
50 https://www.derstandard.at/story/3000000185853/overtourism-8211-eine-220berforderung
51 https://www.faz.net/aktuell/gesellschaft/menschen/massentourismus-in-spanien-proteste-auf-kanarischen-inseln-19675928.html
52 https://www.stadtmarketing.eu/uebertourismus-ursachen-gegenstrategien/; https://www.derstandard.at/story/3000000185853/overtourism-8211-eine-220berforderung
53 https://positionen.wienenergie.at/grafiken/emissionen-transport/
54 https://www.umweltbundesamt.de/daten/verkehr/emissionen-des-verkehrs#verkehr-belastet-luft-und-klima-minderungsziele-der-bundesregierung
55 https://www.diepresse.com/17858157/schlechte-luft-mehr-als-300000-vorzeitige-todesfaelle
56 https://www.derstandard.at/story/2000136388835/kobalt-das-schmutzige-metall-hinter-der-gruenen-mobilitaet
57 https://www.derstandard.at/story/2000136388835/kobalt-das-schmutzige-metall-hinter-der-gruenen-mobilitaet
58 https://www.derstandard.at/story/2000136388835/kobalt-das-schmutzige-metall-hinter-der-gruenen-mobilitaet

59 https://www.bund.net/themen/mobilitaet/autos/
60 https://de.statista.com/infografik/26813/co2-emissionen-durch-menschliche-aktivitaeten-nach-verursacher-weltweit/
61 (zitiert nach) https://www.umwelt-im-unterricht.de/hintergrund/gueterverkehr-in-deutschland
62 https://www.dw.com/de/schwer%C3%B6l-der-schiffe-kann-t%C3%B6dlich-sein/a-15703639
63 https://www.dw.com/de/schwer%C3%B6l-der-schiffe-kann-t%C3%B6dlich-sein/a-15703639
64 https://www.zeit.de/kultur/2023-05/ebace-2023-privajets-klimawandel-reichtum-ungleichheit/seite-2#
65 https://www.welt.de/vermischtes/article234857788/Klimawandel-Kleine-Elite-goennt-sich-Freifahrtschein-fuer-die-Zerstoerung-des-Klimas.html
66 https://www.derstandard.at/story/2000131895101/bezos-weltraumausflug-kostete-eine-lebenszeit-an-co2-ausstoessen
67 https://www.sueddeutsche.de/politik/klimawandel-cop-glasgow-superreiche-1.5456856
68 https://de.euronews.com/green/2023/06/01/verbot-von-kurzstreckenflugen-welche-europaischen-lander-konnten-dem-beispiel-frankreichs-#:~:text=Von%20Euronews%20Green&text=Letzte%20Woche%20hat%20Frankreich%20offiziell,dem%20Flugzeug%20durchgef%C3%BChrt%20werden%20d%C3%BCrfen.
69 Club of Rome, Earth for All, S. 143
70 https://www.wwf.at/artikel/wwf-aktionsplan-fuer-eine-ernaehrungswende/
71 https://www.hss.de/news/detail/wirkt-nachhaltige-intensive-landwirtschaft-gegen-hunger-news9126/
72 Club of Rome, Earth for All, S. 144 f.
73 Club of Rome, Earth for All, S. 145
74 https://www.epo.de/index.php?catid=14&id=5420:fao-ernteertraege-muessen-bis-2050-um-70-prozent-steigen&Itemid=88&option=com_content&view=article
75 Frei zitiert nach: Club of Rome, Earth for All, S. 147
76 Club of Rome, Earth for All, S.156
77 Haines, A., Frumkin, H. (2021). Planetary Health: Safeguarding Human Health and the Environment in the Anthropocene. Cambridge/UK.
78 https://www.wwf.at/nachhaltig-leben/lebensmittelverschwendung/
79 Club of Rome, Earth for All, S. 164

80 https://media-bubble.de/greenwashing-und-die-action-value-gap/
81 Felix Lobrecht (2019), deutscher Comedian
82 https://www.volkshilfe.at/armut-kinderarmut/
83 https://www.bundeskanzleramt.gv.at/themen/europa-aktuell/eurobarometer-umfrage-zum-klimawandel.html
84 (zietiert nach) https://lampert-nachhaltigkeit.com/klimakommunikation/
85 (zitiert nach) https://lampert-nachhaltigkeit.com/klimakommunikation/
86 https://www.zeit.de/arbeit/2024-04/generation-z-vorurteile-faulheit-diw-studie
87 https://www.derstandard.de/story/2000134786230/viele-junge-menschen-wollen-lieber-arbeitslos-als-ungluecklich-im-job
88 https://www.wienerzeitung.at/a/frauen-sind-die-besseren-menschen
89 https://www.theguardian.com/lifeandstyle/2019/may/25/women-happier-without-children-or-a-spouse-happiness-expert
90 https://www.zeit.de/arbeit/2023-10/zusammenleben-maenner-heterosexuelle-frauen
91 https://www.zeit.de/arbeit/2023-10/zusammenleben-maenner-heterosexuelle-frauen
92 https://www.zeit.de/wissen/umwelt/2023-07/hitze-tote-europa-sommer-2022-praevention
93 https://www.stern.de/neon/wilde-welt/gesellschaft/erinnerungskultur--viele-jugendliche-wissen-nichts-ueber-den-holocaust-8561586.html
94 https://www.politische-bildung-brandenburg.de/lexikon/populismus
95 https://www.zdf.de/nachrichten/panorama/studie-jugend-stimmung-rechts-100.html
96 https://www.zdf.de/nachrichten/panorama/studie-jugend-stimmung-rechts-100.html
97 https://www.zdf.de/nachrichten/panorama/studie-jugend-stimmung-rechts-100.html
98 https://www.vice.com/de/article/yw33mb/diese-beiden-sind-nichtwahler
99 https://www.derstandard.at/story/3000000223718/rechtsruck-unter-jungen-europas-jugend-suchte-alternativen-zum-establishment
100 https://www.dw.com/de/europawahl-im-osten-kein-rechtsruck-so-überraschen-polen-slowakei-und-ungarn-bei-der-euwahl/a-69323505

101 (zitiert nach) https://www.caritas-ooe.at/hilfe-angebote/asylwerberinnen/informationen-zum-thema-flucht/asyl#:~:text=c) Bei Privatunterbringung, bedingt Erlaubnis, bis zu 330 Euro/Monat. (Stand Juli 2024)

102 https://www.sueddeutsche.de/karriere/oecd-bildung-frauen-gehalt-studium-1.4594794

103 https://lauraseiler.com/yin-und-yang-weibliche-und-mannliche-energie/

104 (zitiert nach) https://de.statista.com/statistik/daten/studie/1254543/umfrage/erlebte-formen-sexueller-belaestigung-nach-geschlecht/

105 https://www.egofm.de/blog/weibliche-regisseurinnen

106 https://bechdeltest.com

107 http://poly-graph.co/bechdel/

108 https://www.statistik.at/fileadmin/announcement/2023/03/20230303GenderStatistik.pdf

109 https://jobs.derstandard.at/lebenslauf-und-bewerben/gender-pay-gap-wie-hoch-ist-die-einkommensschere/

110 https://jobs.derstandard.at/lebenslauf-und-bewerben/gender-pay-gap-wie-hoch-ist-die-einkommensschere/

111 https://jobs.derstandard.at/lebenslauf-und-bewerben/gender-pay-gap-wie-hoch-ist-die-einkommensschere/

112 (zitiert nach) https://www.tagesschau.de/ausland/spanien-frauenquote-101.html

113 https://www.economist.com/international/2024/03/13/why-the-growing-gulf-between-young-men-and-women?

114 https://www.derstandard.at/story/3000000206648/driften-junge-frauen-und-maenner-politisch-zunehmend-auseinander

115 https://www.zdf.de/nachrichten/politik/deutschland/politischer-gender-gap-100.html

116 https://www.derstandard.at/story/3000000206648/driften-junge-frauen-und-maenner-politisch-zunehmend-auseinander

117 https://www.derstandard.at/story/3000000206648/driften-junge-frauen-und-maenner-politisch-zunehmend-auseinander

118 https://www.tagesanzeiger.ch/geschlechtergraben-junge-frauen-haben-keine-lust-auf-rechte-maenner-616484830313

119 https://ec.europa.eu/eurostat/documents/2995521/10749945/3-22042020-BP-DE.pdf/bb59063a-af87-45a7-d093-38e5282d4463

120 https://www.tagesanzeiger.ch/geschlechtergraben-junge-frauen-haben-keine-lust-auf-rechte-maenner-616484830313

121 https://www.tagesanzeiger.ch/geschlechtergraben-junge-frauen-haben-keine-lust-auf-rechte-maenner-616484830313

122 https://www.nationalgeographic.de/geschichte-und-kultur/2023/01/patriarchat-schwache-geschlecht-kulturelle-erfindung-frau-mann-gleichberechtigung

123 https://www.nationalgeographic.de/geschichte-und-kultur/2023/01/patriarchat-schwache-geschlecht-kulturelle-erfindung-frau-mann-gleichberechtigung

124 https://www.nationalgeographic.de/geschichte-und-kultur/2023/01/patriarchat-schwache-geschlecht-kulturelle-erfindung-frau-mann-gleichberechtigung

125 https://www.nationalgeographic.de/geschichte-und-kultur/2023/01/patriarchat-schwache-geschlecht-kulturelle-erfindung-frau-mann-gleichberechtigung

126 https://www.politische-bildung-brandenburg.de/glossar/patriarchat

127 https://www.weforum.org/agenda/2015/11/18-countries-where-women-need-their-husbands-permission-to-get-a-job/

128 https://www.daserste.de/information/politik-weltgeschehen/weltspiegel/Guinea-Bissau-Matriarchat-auf-der-Insel-Orango-100.html

129 https://sz-magazin.sueddeutsche.de/nackte-zahlen-sexkolumne/wo-gehts-lang-84041

130 (zitiert nach) https://www.spiegel.de/gesundheit/sex/klitoris-und-weibliche-lust-koenigin-des-kommens-kanzlerin-aller-orgasmen-a-5951701e-69f0-4dfc-a716-844b47262adc

131 https://www.desertflowerfoundation.org/de/home.html

132 https://www.desertflowerfoundation.org/de/was-ist-fgm.html

133 https://www.desertflowerfoundation.org/de/was-ist-fgm.html

134 https://www.unicef.de/informieren/aktuelles/blog/-/kindersoldaten-in-afrika-und-weltweit/275182

135 https://www.stern.de/gesellschaft/oxfam--drei-prozent-der-g7-militaerausgaben-koennten-hunger-beenden-34791140.html

136 (zitiert nach) https://www.welthungerhilfe.de/informieren/laender/malawi/hoffnung-durch-bessere-ernaehrungssituation

137 https://www.bmz.de/de/laender/suedsudan

138 Ken Mogi, Ikigai, S. 74-75

139 Ken Mogi, Ikigai, S. 75

140 https://www.lesmills.com/de/studios/forschung-insights/zielgruppen-insights/die-entstehung-des-modernen-fitnessstudios/

141 (zitiert nach) https://www.spiegel.de/gesundheit/ernaehrung/

endorphine-serotonin-flow-warum-sport-gluecklich-macht-a-959763.html

142 (zitiert nach) https://www.spiegel.de/gesundheit/ernaehrung/endorphine-serotonin-flow-warum-sport-gluecklich-macht-a-959763.html

143 https://www.geo.de/magazine/geo-magazin/273-rtkl-ernaehrung-verzichten-heilt-warum-fasten-so-gesund-ist

144 (zitiert nach) https://www.geo.de/natur/oekologie/21200-rtkl-heilsame-duftstoffe-wie-baeume-unser-immunsystem-staerken

145 https://www.themarginalian.org/2015/02/09/hope-cynicism/

146 https://www.planet-wissen.de/geschichte/menschenrechte/geschichte_der_menschenrechte/menschenrechte-nelson-mandela-100.html

147 Rebecca Solnit, Hope in the Dark, S. 16

148 Rebecca Solnit, Hope in the Dark, S. 17

149 Rebecca Solnit, Hope in the Dark, S. 140

150 Rebecca Solnit, Hope in the Dark, S. 12

Quellenverzeichnis

Albring Lea, „Warum vor allem junge Leute nicht wählen", 22.09.2017, URL: https://www.vice.com/de/article/yw33mb/diese-beiden-sind-nichtwahler

Blaha Barbara, Moment.at, „Sind Superreiche zu reich, um Steuern zu zahlen?", 18. April 2024, https://www.moment.at/story/superreiche-steuern-barbara-blaha/

BR Redaktion, „Entscheidungen treffen - Zweifel überwinden", 05.07.21, URL: https://www.br.de/br-fernsehen/sendungen/wir-in-bayern/ratgeber/entscheidungen-treffen-zweifel-ueberwinden-familientherapeutin-birgit-salewski-102.html

Cain Sian, 25.5.2019, The Guardian, „Women are happier without children or a spouse, says happiness expert", URL: https://www.theguardian.com/lifeandstyle/2019/may/25/women-happier-without-children-or-a-spouse-happiness-expert

Dedek Iwona, FOBO – Über die Angst, Entscheidungen zu treffen, Beratung Marienstraße, Praxis für Psychosoziale Beratung, aufgerufen: 7.3.2024, URL: https://beratungmarienstrasse.de/fobo-ueber-die-angst-entscheidungen-zu-treffen/

Der Standard, „Braucht der Mensch Fleisch?", Christoph Stifter, 14. Februar 2024, URL: https://www.derstandard.at/story/3000000207058/braucht-der-mensch-fleisch

Dewitz Inka, Referentin für Internationale Ernährungspolitik, Heinrich-Böll-Stiftung, Berlin, Stiftung Energie und Klimaschutz, „Fleischkonsum und die katastrophalen Auswirkungen auf unser Klima", 03. September 2020 - aufgerufen: 23.2.2024, URL: https://www.energie-klimaschutz.de/fleischkonsum-katastrophale-auswirkungen-klima/

Dr. Merkle Rolf, „Warum wir uns mit dem Neinsagen schwertun und wie wir es üben können", 20.8.24, URL: https://www.psychotipps.com/selbstsicher-nein-sagen.html

Eine Analyse von Tin Fischer, 13. Februar 2019, Zeit Online, Selbstverletzungen, „Die traurige Seite von Instagram“, URL: https://www.zeit.de/digital/internet/2019-02/selbstverletzungen-instagram-suizid-molly-russel-soziale-netzwerke
Erlebte Formen sexueller Belästigung nach Geschlecht 2020, Veröffentlicht von Statista Research Department, 25.07.2024, URL: https://de.statista.com/statistik/daten/studie/1254543/umfrage/erlebte-formen-sexueller-belaestigung-nach-geschlecht/
Fernandes Irina, „Psychologie, Entscheidungen“, Erstveröffentlichung 2012. Letzte Aktualisierung 25.08.2020, URL: https://www.planet-wissen.de/gesellschaft/psychologie/entscheidungen_die_wahl_zwischen_alternativen/index.html
Friedman Lyle, Daniels Matt, Blinderman Ilia, Hollywood's Gender Divide and Its Effect on Films: Examining the Gender of Writers, Producers, and Directors Who Make Films That Fail the Bechdel Test, URL: http://poly-graph.co/bechdel/
Future Zone Redaktion, „Teenager beging nach Instagram-Abstimmung Suizid“, 16.05.2019, URL: https://futurezone.at/digital-life/teenager-beging-nach-instagram-abstimmung-suizid/400496347
Heitfeld Marie, Bals Christoph, Germanwatch Weitblick - Zeitung für eine globalgerechte und zukunftsfähige Politik, »Verdrängung und Resignation – oder Hoffnung, Mut und Handeln? Wie wir auf globale Herausforderungen reagieren“, URL: https://www.germanwatch.org/de/20182
Hoffmann Heiner, 3.4.22, „Was ist anders, wenn Frauen die Entscheidungen treffen?“, URL: https://www.spiegel.de/ausland/matriarchat-in-guinea-bissau-frieden-dank-frauen-a-0251daa0-6d28-4151-ba2e-3e0f43c735fa
https://www.seaspiracy.org/facts (Ali Tabrizi, Filmmaker & Director)
Jimenez Fanny, 26.05.2013, Welt, „Unangenehmes wird (un)bewusst verdrängt“, URL: https://www.welt.de/wissenschaft/article116534487/Unangenehmes-wird-un-bewusst-verdraengt.html
Kein Vogerl und kein Zufall: »Glück ist Arbeit und Ansichtssache“, Von Barbara Rohrhofer, 23. Jänner 2021, URL: https://www.nachrichten.at/meine-welt/gesundheit/kein-vogerl-und-kein-zufall-glueck-ist-arbeit-und-ansichtssache;art114,3342278
Klein Susanne, München, „Gender Pay Gap: Studium lohnt sich für Männer mehr als für Frauen“, 10. September 2019, URL: https://www.sueddeutsche.de/karriere/oecd-bildung-frauen-gehalt-studium-1.4594794

Kontrast.at, Kathrin Glösel in Verteilungsgerechtigkeit, 3. September 2018, „Das Monopoly-Experiment zeigt, dass Reichtum die Menschen unsozial und gierig macht", URL: https://kontrast.at/das-monopoly-experiment-zeigt-dass-reichtum-die-menschen-unsozial-und-gierig-macht/

Media Bubble, Greenwashing und die Action-Value-Gap, Ein Interview mit Kathrin Reichmann, URL: https://media-bubble.de/greenwashing-und-die-action-value-gap/

Oxfam-Studie, „Reiche bald für 16 Prozent der globalen Treibhausgase verantwortlich", 5. November 2021, URL: https://www.sueddeutsche.de/politik/klimawandel-cop-glasgow-superreiche-1.5456856

Populismus, Auf schwierige Fragen gibt es keine einfachen Antworten, Lexikon, URL: https://www.politische-bildung-brandenburg.de/lexikon/populismus

Redaktion ARD Alpha, Ökosystem Meer in Gefahr, Ozeane werden warm und sauer, 15.9.2021, URL: https://www.ardalpha.de/wissen/umwelt/klima/klimawandel/ozeane-weltmeere-erwaermung-co2-klimawandel-100.html

Redaktion Gesundheitsportal, Letzte Aktualisierung: 21. Dezember 202, Erstellt durch: Redaktion Gesundheitsportal, Expertenprüfung durch: Dr. Tobias Glück, „Stress, was ist das?", Gesundheit.gv.at, 25.2.2024, URL: https://www.gesundheit.gv.at/leben/stress/auswirkungen

Rueter Gero, Redaktion: Judith Hartl Deutsche Welle, Schweröl: Gefahr für die Gesundheit, 30.01.2012, URL: https://www.dw.com/de/schweröl-der-schiffe-kann-tödlich-sein/a-15703639

Schuhmacher Stella, Der Standard, 23. April 2024. Warum ist Gen Z depressiv, nervös und suizidgefährdet?, URL: https://www.derstandard.at/story/3000000215520/warum-ist-gen-z-depressiv-nervoes-und-suizidgefaehrdet

Statistiken zum Thema Scheidung, Veröffentlicht von Statista Research Department, 22.02.2024, URL: https://de.statista.com/themen/134/scheidung/

Strohm Christina, „Darum freuen wir uns über die Ergebnisse aus Finnland, Vorläufige Auswertung des finnischen Grundeinkommens-Experiment" am 01.03.2019, URL: https://www.mein-grundeinkommen.de/magazin/darum-freuen-wir-uns-ueber-die-ergebnisse-aus-finnland

Unsleber Steffi, aktualisiert am 19. Oktober 2023, Zeit.de, „Zusammenleben mit Männern, Leben Sie lieber ohne Mann?“, URL: https://www.zeit.de/arbeit/2023-10/zusammenleben-maenner-heterosexuelle-frauen

Website Bundesministerium für wirtschaftliche Zusammenarbeit und Entwicklung Deutschland: Geschlechterbasierte Gewalt, Überwindung der weiblichen Genitalverstümmelung (FGM), 19.12.2023, URL: https://www.bmz.de/de/themen/frauenrechte-und-gender/gewalt-gegen-frauen-und-maedchen/fgm-weibliche-genitalverstuemmelung

WWF Österreich, Folgen der Klimakrise: 1,5 Grad versus 2 Grad, 8 Zukunftsthemen im Überblick, 5. Dezember 2023, URL: https://www.wwf.at/artikel/folgen-der-klimakrise-15-grad-oder-2-grad/

ZDF Redaktion, Repräsentative Umfrage, Stimmungstief und Rechtsruck bei Jugend, 23.04.2024, URL: https://www.zdf.de/nachrichten/panorama/studie-jugend-stimmung-rechts-100.html

Zeit, „Faul sind nur die Vorurteile“, eine Analyse von Jana Gioia Baurmann 21. April 2024, URL: https://www.zeit.de/arbeit/2024-04/generation-z-vorurteile-faulheit-diw-studie